高职高专"十三五"规划教材

化工设备基础

● 赵忠宪 主编 ● 胡相斌 主审

HUAGONG SHEBEI
JICHU

·北京·

内容提要

《化工设备基础》是根据高等职业教育化工技术类专业的教学计划组织编写的。全书包括化工设备概述、压力容器基础、压力容器设计计算、加热设备、化工管道与阀门、泵、压缩机、换热设备、传质设备、反应设备及储存设备的运行管理等内容,每章后附有思考与练习。

本书紧密联系生产实际,内容精炼、资料翔实,实用性强。

本书可作为高职高专院校化工技术类专业及相关专业的教材,也可作为成人教育化工及相关专业的教材,还可供从事化工技术工作的人员参考。

图书在版编目 (CIP) 数据

化工设备基础/赵忠宪主编. —北京:化学工业出版社,2020.7(2024.6重印)
高职高专"十三五"规划教材
ISBN 978-7-122-36553-8

Ⅰ.①化… Ⅱ.①赵… Ⅲ.①化工设备-高等职业教育-教材 Ⅳ.①TQ05

中国版本图书馆CIP数据核字(2020)第052243号

责任编辑:高 钰 　　　　　　　　文字编辑:陈 喆
责任校对:赵懿桐 　　　　　　　　装帧设计:刘丽华

出版发行:化学工业出版社(北京市东城区青年湖南街13号　邮政编码100011)
印　　刷:三河市航远印刷有限公司
装　　订:三河市宇新装订厂
787mm×1092mm　1/16　印张17¾　字数435千字　2024年6月北京第1版第5次印刷

购书咨询:010-64518888　　　　　　　售后服务:010-64518899
网　　址:http://www.cip.com.cn
凡购买本书,如有缺损质量问题,本社销售中心负责调换。

定　价:49.00元　　　　　　　　　　　　　　　　　　版权所有　违者必究

前言

本书根据高等职业教育化工技术类专业化工设备课程的教学要求而编写。本书从高等职业教育的特点出发,突出"实践应用为核心、能力培养为目的"的教育理念,遵循"能用、够用"的原则,以培养生产一线的高级技术技能型人才为目标,总结吸收了双高院校建设的相关成果和有关院校教学改革的成功经验;根据本专业学生的就业方向和行业特点,从生产实际出发,突出工程应用和标准规范的使用,重点介绍了化工设备的类型和应用,压力容器的基本理论计算,化工设备主要零部件、常用材料、标准规范和质量保证,典型化工工艺设备的结构类型、选择、使用和维护等内容,对内容精心选择、合理安排,注重工程应用和实际操作。

为了方便学习,本书在每章的开头以"本章学习指导"的形式提出了学习本章内容要达到的能力目标和需要掌握的知识点,在每章末编排了一定数量的思考与练习,以检验学习效果。

本书的内容已制作成用于多媒体教学的 PPT 课件,并将免费提供给采用本书作为教材的院校使用。如有需要,请发电子邮件至 cipedu@163.com 获取,或登录 www.cipedu.com.cn 免费下载。

本书可作为高职高专院校化工技术类专业及相关专业的教材,也可作为成人教育化工及相关专业的教材,还可供从事化工技术工作的人员参考。

参与本书编写的人员有:赵忠宪(第一章、第二章及第十一章),王宇飞(第三章、第四章),魏晓道(第五章、第六章、第七章),高宗华(第八章、第九章、第十章)。全书由赵忠宪教授任主编并负责全书的统稿。本书由胡相斌教授主审,胡教授对本书的初稿进行了认真审阅,提出了宝贵的修改意见;参加审稿的还有兰州石化油品储运厂的李龙辉和兰州铀浓缩有限公司的封志娟等,他们也提出了许多宝贵的意见。在此对胡相斌教授及全体审稿人员、相关编者及所有对本书的出版给予支持和帮助的同志表示衷心的感谢。

本书在编写过程中参阅了相关的文献资料,在此表示衷心的感谢。

由于编者水平所限,书中不足之处,请广大读者批评指正。

编 者
2020 年 3 月

目 录

第一章　化工设备概述 … 1

第一节　化工设备的应用 … 1
第二节　化工设备的特点、类型及基本要求 … 2
一、化工生产的特点 … 2
二、化工设备的类型 … 3
三、生产对化工设备的基本要求 … 4
第三节　化工设备常用材料 … 6
一、对压力容器用钢的基本要求 … 6
二、常用钢材介绍 … 6
三、压力容器用钢的选用原则 … 9
第四节　化工设备材料热处理与腐蚀防护 … 9
一、金属材料热处理 … 9
二、金属材料的腐蚀与防护 … 11
思考与练习 … 14

第二章　压力容器基础 … 15

第一节　压力容器的结构和类型 … 15
一、压力容器的基本概念 … 15
二、压力容器的结构 … 16
三、压力容器的分类 … 16
第二节　压力容器的标准规范 … 19
一、国外主要标准规范 … 19
二、我国主要标准规范 … 20
第三节　压力容器主要部件 … 22
一、封头 … 22
二、法兰 … 23
三、开孔与补强 … 32
四、支座 … 37
思考与练习 … 48

第三章 压力容器设计计算 ······ 49

第一节 压力容器设计概述 ······ 49
一、容器的失效模式 ······ 49
二、容器设计准则的发展 ······ 51

第二节 内压薄壁容器强度计算 ······ 52
一、容器设计计算 ······ 52
二、容器的校核计算 ······ 53
三、封头的强度计算 ······ 53
四、容器厚度的确定 ······ 55

第三节 内压薄壁容器设计参数的确定 ······ 56
一、设计压力 ······ 56
二、设计温度 ······ 58
三、许用应力 ······ 59
四、焊接接头系数 ······ 59
五、厚度附加量 ······ 65

第四节 外压容器的设计计算 ······ 67
一、外压容器的失效形式 ······ 67
二、外压容器的临界压力 ······ 68
三、外压圆筒类型的判定 ······ 68
四、外压圆筒的计算长度 ······ 69
五、外压薄壁容器的壁厚确定 ······ 70

第五节 压力容器的耐压试验 ······ 75
一、耐压试验的目的 ······ 75
二、耐压试验的方法及要求 ······ 76

思考与练习 ······ 78

第四章 加热炉 ······ 80

第一节 常见加热炉炉型 ······ 80
一、圆筒加热炉 ······ 81
二、立式加热炉 ······ 84
三、箱式加热炉 ······ 86
四、梯台加热炉 ······ 87
五、斜顶加热炉 ······ 88
六、加热炉发展趋势 ······ 88

第二节 加热炉的运行和维护 ······ 90
一、加热炉的操作 ······ 90
二、加热炉操作要求 ······ 91

三、加热炉的检修与维护 …………………………………………………… 92
　思考与练习 …………………………………………………………………… 94

第五章　化工管道与阀门　95

　第一节　化工管道 ……………………………………………………………… 95
　　一、管道的分类 …………………………………………………………… 96
　　二、管道的布置、安装及连接 ………………………………………… 101
　　三、管道配件 ……………………………………………………………… 104
　　四、管道的使用与维护 …………………………………………………… 105
　第二节　阀门 …………………………………………………………………… 107
　　一、阀门的分类与型号 …………………………………………………… 107
　　二、常用阀门的结构及特点 ……………………………………………… 111
　　三、阀门的操作与检修 …………………………………………………… 115
　　四、阀门常见故障及排除 ………………………………………………… 117
　思考与练习 ………………………………………………………………… 119

第六章　泵　120

　第一节　泵的类型和主要性能参数 ………………………………………… 120
　　一、泵的应用与分类 ……………………………………………………… 120
　　二、泵的适用范围 ………………………………………………………… 121
　第二节　离心泵 ………………………………………………………………… 122
　　一、离心泵的结构、分类及性能参数 …………………………………… 122
　　二、离心泵的工作原理 …………………………………………………… 126
　　三、离心泵的主要零部件 ………………………………………………… 126
　　四、离心泵的气蚀及预防 ………………………………………………… 134
　　五、离心泵的性能曲线 …………………………………………………… 136
　　六、离心泵的工况调节 …………………………………………………… 138
　　七、离心泵的操作和维护 ………………………………………………… 139
　　九、离心泵的润滑 ………………………………………………………… 142
　　十、离心泵的常见故障及排除方法 ……………………………………… 143
　第三节　其它类型泵 ………………………………………………………… 144
　　一、其它类型泵简述 ……………………………………………………… 144
　　二、典型化工用泵的特点和选用要求 …………………………………… 160
　思考与练习 ………………………………………………………………… 161

第七章　压缩机　162

　第一节　压缩机的类型和主要性能参数 …………………………………… 162
　　一、压缩机的分类 ………………………………………………………… 162

二、压缩机主要性能参数 ··· 163
第二节　离心压缩机 ··· 164
　　一、离心压缩机的应用 ··· 164
　　二、离心压缩机的工作原理及分类 ·· 165
　　三、离心压缩机的组成 ··· 166
　　四、离心压缩机常见故障现象和处理 ·· 178
第三节　活塞压缩机 ··· 179
　　一、活塞压缩机的分类 ··· 179
　　二、活塞压缩机的结构和工作原理 ·· 182
　　三、活塞压缩机的日常维护及故障处理 ·· 186
思考与练习 ··· 188

第八章　换热设备　189

第一节　换热设备的应用与分类 ··· 189
　　一、换热设备的应用 ··· 189
　　二、换热设备的分类及特点 ··· 190
　　三、换热设备选型 ··· 191
第二节　管壳式换热器 ··· 192
　　一、管壳式换热器的主要结构类型及特点 ·· 192
　　二、管壳式换热器的主要部件 ··· 193
　　三、管壳式换热器标准简介 ··· 198
第三节　其它类型换热器 ··· 201
　　一、板面式换热器 ··· 201
　　二、废热锅炉 ··· 203
　　三、套管式换热器 ··· 205
　　四、热管换热器 ··· 206
第四节　换热设备日常维护与故障处理 ··· 208
　　一、换热设备的日常维护 ··· 208
　　二、换热设备的压力试验 ··· 210
　　三、换热设备的清洗 ··· 210
思考与练习 ··· 211

第九章　传质设备　212

第一节　传质设备的应用与分类 ··· 212
　　一、塔设备基本要求 ··· 212
　　二、塔设备总体结构 ··· 213
　　三、塔设备选用原则 ··· 214
第二节　板式塔 ··· 215
　　一、塔板结构及主要特征 ··· 215

二、塔板型式的选用 ·················· 218
　　三、板式塔内件结构 ·················· 219
　　四、塔板的组装 ······················ 221
　　五、板式塔附属装置 ·················· 222
第三节　填料塔 ·························· 225
　　一、填料分类与要求 ·················· 225
　　二、填料的选择与安装 ················ 228
　　三、填料塔内件结构 ·················· 229
第四节　传质设备日常维护与故障处理 ······ 232
　　一、塔设备的操作及维护 ·············· 232
　　二、塔设备常见机械故障及排除方法 ···· 233
思考与练习 ······························ 235

第十章　反应设备　237

第一节　反应设备的应用与分类 ············ 237
　　一、反应设备的应用 ·················· 237
　　二、反应设备的分类 ·················· 238
第二节　搅拌釜式反应器 ·················· 239
　　一、釜体 ···························· 239
　　二、搅拌装置 ························ 240
　　三、轴封装置和内部构件 ·············· 244
　　四、传动装置 ························ 245
第三节　聚合反应器 ······················ 246
　　一、聚合釜 ·························· 246
　　二、塔式聚合反应器 ·················· 247
　　三、管式聚合反应器 ·················· 247
　　四、固定床反应器 ···················· 248
　　五、流化床反应器 ···················· 249
第四节　其它类型反应器 ·················· 250
　　一、电极式反应器 ···················· 250
　　二、微反应器 ························ 250
第五节　反应器的操作与维护 ·············· 250
　　一、釜式反应器的日常运行与操作 ······ 250
　　二、固定床反应器操作与维护 ·········· 252
　　三、流化床反应器的操作 ·············· 252
思考与练习 ······························ 253

第十一章 储存设备 254

第一节 储存设备的应用与分类 254
一、储罐的应用 254
二、储存设备的分类 254
三、储罐的材质及结构设计 255

第二节 立式储罐 258
一、立式储罐的总体结构 258
二、立式储罐的主要附件 263
三、立式储罐事故的原因、预防与处理 266

第三节 其它类型储罐 267
一、卧式储罐 267
二、球形储罐 268
三、低温储槽 270

思考与练习 271

参考文献 272

第一章

化工设备概述

本章学习指导

● 能力目标
- 能比较熟练地应用有关标准规范,根据工艺要求对不同用途的设备合理选用材质。

● 知识点
- 了解化工设备的类型及在化工生产中的应用;
- 掌握化工设备常用钢材的性能及应用;
- 了解压力容器相关标准规范。

化工生产是以流程性物料(气体、液体、粉体)为原料,以化学处理和物理处理为手段,以获得设计规定的产品为目的的过程工业生产;化工生产过程不仅取决于化学工艺过程,也取决于化工机械设备。化工生产涉及的化工设备种类繁多、用途各异,有的用于给工作介质提供热量、有的用于热量交换、有的用于介质的传质和分离、有的用于完成介质的化学或物理反应、有的则用于介质的储存等,这些设备的工艺要求和结构特征各不相同,但也有一些共性的特点。本章主要介绍石油化工生产中所涉及工艺设备的类型、结构特点及化工生产对相关设备的基本要求,化工设备常用金属材料的种类、性能及热处理,腐蚀对设备的影响及化工生产中常用的防腐措施等。

第一节 化工设备的应用

任何一种石油化工产品,都是利用一定的生产技术、特定的工艺流程,将原料介质经过一系列物理或化学加工处理后得到的。这一系列加工处理的步骤称为化工生产过程。在生产实践中,要实现某种化工生产就必须要有相应的生产设备。例如,对物料进行混合、加热、分离和化学反应等操作,就需要有搅拌设备、加热设备、分离设备、传热和反应设备;对流体进行输送,就需要有泵、压缩机、管道、阀门和储存设备等。因此,化工设备是实现化工生产的重要组成部分。

下面以煤化工生产为例,说明化工设备在化工生产中的应用。

煤化工是以煤为原料,经化学加工使煤转化为气体、液体和固体产品或半成品,而后进一步加工成化工、能源产品的过程,主要包括煤的气化、液化、干馏,以及焦油加工和电石乙炔化工等。随着世界石油资源不断减少，煤化工有着广阔的前景。

新型煤化工以生产洁净能源和可替代的石油化工产品为主，如柴油、汽油、航空煤油、液化石油气、乙烯原料、聚丙烯原料、甲醇、二甲醚以及煤化工独具优势的特有化工产品，如芳香烃类产品。

煤化工装备种类较多，主要分为动、静两大类。其中，加氢反应器、气化炉、还原炉、换热器、储运容器等压力容器和管道、阀门都属于静装备，泵、风机、压缩机和空分装备等属于动装备。气化炉是煤化工最为关键的装备，大部分煤化工项目都需要将煤炭经气化炉转换为合成气这一环节。煤气化及煤液化也均需使用大量的高纯度氧气，所以空分装备也是煤化工的关键装备之一，均具有较高的技术要求。

炼油化工生产装置所需的化工设备见表1-1。

表1-1 炼油化工生产装置所需的化工设备

序号	种类	所需的主要设备
1	固态物料加工设备	混合设备、捏合设备、团聚设备等
2	流态物料加工设备	萃取设备、分离设备、流体输送设备、搅拌设备、蒸发设备、结晶设备、吸收设备等
3	化工专业炉	乙烯裂解炉、变换炉、电烷炉、沸腾干氨炉等
4	换热设备	列管式换热器、淋洒式换热器、板式换热器、石墨制各类换热器等
5	传质设备	管类设备、塔类设备、床类化工设备、回转筒式反应器等
6	干燥设备	耙式干燥机、喷雾干燥机、膨胀干燥机、气流式干燥机、烘干机、回转干燥器、沸腾干燥器等

由此可见，化工生产离不开化工设备，化工设备是化工生产必不可少的物质技术基础，是影响化工生产力的主要因素之一，是化工产品质量保证体系的重要组成部分。不同的化工生产对化工设备有不同的要求，而结构合理、质量优良的新型高效化工设备又会促使产品质量和产量的提高及能耗的降低，甚至使原来难以实现的生产工艺成为现实，生产出许多新的产品。例如，大型压缩机和超高压容器的研制成功，使人造金刚石的构想变为现实，使高压聚合反应得以实现。随着我国工业的发展，化工设备不仅是化工和炼油生产中的核心要素之一，而且在轻工、医药、食品、冶金、能源、交通等工业部门也有着越来越广泛的应用。

第二节 化工设备的特点、类型及基本要求

一、化工生产的特点

与其它工业生产相比，化工生产具有其自身的特点。

1. 生产的连续性强

由于化工生产所处理的大多是气体、液体和粉体等流动性物料，便于输送和控制，处理过程如传质、传热、化学反应等均可连续进行，为了提高生产效率，节约成本，化工生产过程一般采用连续的工艺流程。在连续性的生产过程中，每一生产环节都非常重要，若出现事故，将破坏连续性生产。

2. 生产的条件苛刻

（1）介质腐蚀性强

化工生产过程中，有很多介质具有腐蚀性。例如酸、碱、盐一类的介质，对金属或非金属部件都有较强的腐蚀性，使机器与设备的使用寿命大为降低。腐蚀生成物的沉积，可能堵塞机器与设备的通道，破坏正常的工艺条件，影响生产的正常进行。

(2) 温度和压力变化大

根据不同的工艺条件要求，介质的温度和压力各不相同。介质温度从深冷到高温，压力从真空到数百兆帕，使得有的设备要承受高温或高压，有的设备要承受低温或低压。温度和压力的不同，影响到设备的材料选择和工作条件。

(3) 介质大多易燃易爆有毒性

化工生产过程中，有不少介质是容易燃烧和爆炸的，例如氨气、氢气、苯蒸气等均属此类。还有不少介质有较强的毒副作用，如二氧化硫、二氧化氮、硫化氢、一氧化碳等。这些易燃、易爆、有毒性的介质一旦泄漏，不仅会造成环境的污染，而且还可能造成人员伤亡和重大事故的发生。

(4) 生产原理的多样性

由于化工工艺过程的多样性，如工作压力、温度、介质特性及生产要求是各不相同的，这就导致在化工生产中应用的化工设备功能原理、结构特征是多种多样的。生产过程按作用原理可分为质量传递、热量传递、能量传递和化学反应等若干类型。即便同一类型中功能原理也多种多样，如传热设备的传热过程，按传热机理又可分为热传导、对流和辐射。故化工设备的用途、操作条件、结构形式也千差万别。

(5) 生产的技术含量高

现代化工生产既包含了先进的生产工艺，又需要先进的生产设备，还离不开先进的控制与检测手段。因此，生产技术含量要求高。并呈现出学科综合，专业复合，化、机、电一体化的发展势态。

3. 外壳多为压力容器

虽然不同类型的设备服务对象不同，形式多样，功能原理及内部构造也不同，但就其总体结构而言都是承受压力的容器，有共同之处。所以凡有关设备所共有的问题都将在"压力容器"的名称下予以介绍。压力容器是一种特殊的设备，往往是在高温、高压、或高真空、低温下工作，且工作介质大多易燃、易爆、有毒和强腐蚀等，这种设备一旦发生安全事故其后果是不堪设想的，所以国家劳动部门对其进行严格、系统和强制性的管理，制定了相应的标准和技术规范，并且实施了设计、制造、检验、安装、操作等持证上岗制度。

4. 设备结构大型化

随着先进生产工艺的提出和设备设计、制造以及检测水平的不断提高，对产能大、设备大、高负荷的化工设备需求日趋增加。如目前使用的乙烯换热器直径可达 2.4m，高压加氢反应器直径可达 6m、壁厚 450mm、质量达千吨以上。设备结构的大型化，增加了材料应用、设计制造、安装检修、使用维护等方面的难度，也对相关人员提出了更高的要求。

二、化工设备的类型

按化工设备在生产中的作用可将其归纳为加热设备、换热设备、传质设备、反应设备及储存设备等几种类型。

1. 加热设备

加热设备是将原料加热到一定的温度，使其汽化或为其进行反应提供足够的热量。在石油化工生产中常用的加热设备是加热炉,它是一种火力加热设备,按其结构特征有圆筒炉、立式炉及斜顶炉等,其中应用较多的是圆筒炉。管式加热炉是乙烯生产、氢气和合成氨等工艺过程中,进行裂解或转化反应的核心设备,加热设备的好坏将直接影响整个装置的产品质量、能耗及操作周期等。

2. 换热设备

换热设备的作用是将热量从高温流体传给低温流体,以达到换热、冷凝、冷却的目的,并从中回收热量、节约燃料。换热设备的种类很多,按其使用目的有加热器、换热器、冷凝器、冷却器和再沸器等,按换热方式可分为直接混合式、蓄热式和间壁式。在石油化工生产中,应用最多的是各种间壁式换热设备。在石油化工生产企业中,换热设备的投资也是非常大;在化工厂的建设中,换热设备约占总费用的 10%~20%,在炼油厂中换热设备约占全部工艺设备总投资的 35%~40%。换热设备在动力、原子能、冶金、轻工、制药、食品、交通及家电等工业部门也有着广泛的应用。

3. 传质设备

传质设备是利用物料之间某些物理性质,如沸点、密度、溶解度等的不同,将处于混合状态的物质(气态或液态)中的某些组分分离出来。在进行分离的过程中物料之间发生的主要是质量的传递,故称其为传质设备。这类设备就其外形而言,大多都为细而高的柱状结构,形如塔状,所以通常也称为塔设备,如精馏塔、吸收塔、解吸塔、萃取塔等。按结构组成,塔设备可分为板式塔和填料塔,其中板式塔应用较多。在炼油、化工生产装置中,塔设备的投资费用占整个工艺设备费用的 25%~30%。需要说明一点,有些设备外形也呈塔状,但核心工艺是反应或换热,如合成氨生产的合成塔及化工厂常见的凉水塔等。

4. 反应设备

反应设备就是为一定的化学和物理反应提供反应空间和反应条件的装置,其中化学反应是起主导和决定作用的,物理过程是辅助的或伴生的。反应设备在石油化工生产中应用也是很多的,如苯乙烯、乙烯、高压聚乙烯、聚丙烯、合成橡胶、合成氨、苯胺染料和油漆颜料等工艺过程,都要用到反应设备;在炼油生产中,如催化裂化、催化重整、加氢裂化、加氢精制等装置,都采用不同类型的反应设备。反应设备的种类很多,有的已标准化,如夹套式搅拌反应器。

5. 储存设备

储存设备是用来盛装生产用的原料气、液体、液化气等物料的设备。这类设备属于结构相对比较简单的容器类设备,所以又称为储存容器或储罐,按其结构特征有立式储罐、卧式储罐及球形储罐等。球形储罐用于储存石油气及各种液化气,大型卧式储罐用于储存压力不太高的液化气和液体,小型的卧式和立式储罐主要作为中间产品罐和各种计量、冷凝罐用。

三、生产对化工设备的基本要求

化工生产过程复杂、工艺条件苛刻,介质大多易燃、易爆、有毒、腐蚀性强,加之生产装置大型化、生产过程具有连续性和自动化程度高等特点,因此要求化工设备既能满足工艺过程的要求,又要能安全可靠地运行,同时还应具有较高的技术经济指标及便于操作和维护的特点。

(一) 安全性能要求

(1) 足够的强度

材料强度是指载荷作用下材料抵抗永久变形和断裂的能力。屈服点和抗拉强度是钢材常用的强度判据。化工设备主要是由金属材料制造而成的，其安全性与材料强度紧密相关。在相同设计条件下，提高材料强度，可以增大许用应力，减薄化工设备的壁厚，减轻设备重量，便于制造、运输和安装，从而降低成本，提高综合经济性。对于大型化工设备，采用高强度材料的效果尤为显著。

（2）良好的韧性

韧性是指材料断裂前吸收变形能量的能力。由于原材料制造（特别是焊接）和使用（如疲劳、应力腐蚀）等方面的原因，化工设备的构件常带有各种各样的缺陷，如裂纹、气孔、夹渣等。如果材料韧性差，就可能因其本身的缺陷或在波动载荷作用下发生脆性破断。

（3）足够的刚度和抗失稳能力

刚度是过程设备在载荷作用下保持原有形状的能力。刚度不足是化工设备过度变形的主要原因之一。例如，螺栓、法兰和垫片组成的连接结构，若法兰因刚度不足而发生过度变形，将导致密封失效而泄漏。

（4）良好的抗腐蚀性

化工生产中的介质往往是腐蚀性强的酸、碱、盐。材料被腐蚀后，不仅会导致壁厚减薄，而且有可能改变其组织和性能。因此，材料必须具有较强的耐腐蚀性能。

（5）可靠的密封性

密封性是指化工设备防止介质泄漏的能力。由于化工生产中的介质往往具有易燃、易爆和有毒等危害性，若发生泄漏不仅有可能造成环境污染，还可能引起中毒、燃烧和爆炸等事故。因此密封的可靠性是化工设备安全运行的必要条件。

（二）工艺性能要求

（1）达到工艺指标

化工设备都有一定的工艺指标要求，以满足生产的需要。如换热设备的传热量、存储设备储存量、反应设备的反应速率、传质设备的传质效率等。工艺指标达不到要求，将影响整个过程的生产效率，造成经济损失。

（2）生产效率高、消耗低

化工设备的生产效率用单位时间内单位体积（或面积）所完成的生产任务来衡量。如换热设备在单位时间单位传热面积的传热量、反应设备在单位时间单位容积内的产品数量等。消耗是指生产单位质量或体积产品所需要的资源（如原料、燃料、电能等）。设计时应从工艺、结构等方面来考虑提高化工设备的生产效率和降低消耗。

（三）使用性能要求

（1）结构合理、制造简单

化工设备的结构要紧凑、设计要合理、材料利用率要高。制造方法要有利于实现机械化、自动化，有利于成批生产，以降低生产成本。

（2）运输与安装方便

化工设备一般由机械制造厂生产，再运至使用单位安装。对于中小型设备运输安装一般比较方便，但对于大型设备，应考虑运输的可行性，如运载工具的能力、空间大小、码头深度、桥梁与路面的承载能力、吊装设备的吨位等。对于特大型设备或有特殊要求的设备，则应考虑采用现场组装的条件和方法。

（3）操作、控制、维护简便

化工设备的操作程序和方法要简单，最好能设有防止错误操作的报警装置。设备上要有测量、报警和调节装置，能检测流量、温度、压力、浓度、液位等状态参数，当操作过程中出现超温、超压和其它异常情况时，能发出警报信号，并可对操作状态进行调节。

（四）经济性能要求

在满足安全性、工艺性、使用性的前提下，应尽量减少化工设备的基建投资和日常维护、操作费用，并使设备在使用期内安全运行，以获得较好的经济效益。

第三节　化工设备常用材料

材料是构成化工设备的物质基础，化工生产工艺的复杂性决定了化工设备用材料的广泛性，但使用量最多的还是各种钢材。要确保化工设备安全可靠地运行就必须对其所用的钢材有较为全面的、综合的认识，不仅要熟悉钢材的常规性能，也要了解设备在特殊条件下，如高温、低温、特殊介质下长周期运行，对材料的特殊要求，以便合理地选用材料。

在化工生产企业使用的设备中，尽管设备作用各不相同，形状结构差异很大，尺寸大小也千差万别，内部构件更是多种多样，但它们都有一个外壳，这个外壳就叫化工容器。化工容器是化工生产中所用设备外部壳体的总称。在化工生产中，介质通常具有较高的压力，故化工容器通常称为压力容器。所以化工设备的主体是一个承受压力的容器，压力容器是一种特殊的设备，所以材料选用主要是针对压力容器而言的。

一、对压力容器用钢的基本要求

根据化工工艺对化工设备的基本要求，对压力容器用钢的基本要求是：较高的强度，良好的塑性、韧性，良好的焊接性和耐腐蚀性。

钢材的性能是通过控制钢中的化学成分及实施不同热处理方法来获得，由钢材的力学性能来体现的，所以对压力容器用钢的出厂、交接货都有非常严格的要求。作为钢厂出厂时必检项目是：化学成分、抗拉强度、屈服点、断后伸长率、180°冷弯、冲击功。制造厂接收钢材来货时必须检查钢厂的质量保证书，对制造重要容器的钢材甚至还要进行抽样复验，以至逐张进行超声波100%面积检验以确定其轧制质量。

二、常用钢材介绍

1. 碳钢

工业上使用的金属材料大多是由金属与金属、金属与非金属熔合在一起的合金。以铁为主，碳含量小于2.11%并含有少量的锰、硅、硫、磷等元素的合金称为碳钢，又称为非合金钢。

碳的含量≤0.25%时称低碳钢，这种钢强度较低，但塑性好、焊接性能好，在化工设备中广泛应用。碳的含量在0.25%～0.60%时称为中碳钢，这种钢强度、硬度高，塑性、韧性稍差，焊接性较差，不适宜制造化工工艺设备的壳体，多用于制造传动设备的零件。碳的含量≥0.60%时称高碳钢，这种钢强度、硬度很高，塑性差、焊接性差，常用来制造弹簧、刃具及钢丝绳等。

碳钢中硫的存在会使钢产生热脆性，磷的存在会使钢产生冷脆，因此一般认为硫和磷是有害元素，硫和磷的含量越少，碳钢的品质越好。当碳钢中硫和磷的含量不超过0.045%时称为普通碳钢，硫和磷的含量不超过 0.035% 时称为优质碳钢，硫和磷的含量不超过 0.025% 时称为高级优质碳钢。化工设备中常用的普通碳钢见表1-2，优质碳钢见表1-3。

表 1-2 普通碳钢的力学性能及应用

钢号	质量等级	R_{eL}/MPa	R_m/MPa	A_5/%	性能及应用
Q195	—	195	315	33	用于制作承受载荷不大的金属结构件、铆钉、垫圈、地脚螺栓、冲压件及焊接件等
Q215	A、B	215	335	31	
Q235	A、B C、D	235	375	26	有良好的强度、塑性和焊接性，用于制作一般的金属结构件、钢筋、型钢、螺栓、螺母、轴，非受压容器。B、C在限定条件下可制作压力容器的壳体
Q255	A、B	255	410	24	强度较高，用于制作承受中等载荷的零件，如键、销、转轴、拉杆及链轮等
Q275	—	275	490	20	

表 1-3 部分优质碳钢的力学性能及应用

钢号	R_{eL}/MPa	R_m/MPa	A_5/%	Z/%	性能及应用
10	335	205	31	55	强度、硬度低，塑性、韧性高，冷塑性加工性和焊接性优良，切削加工性欠佳
20	410	245	25	55	
40	570	335	19	45	综合力学性能好，热塑性加工性和切削性较差，冷变形能力和焊接性中等，多在调质或正火下使用，45应用最广
45	600	355	16	40	
60	670	400	12	35	强度、硬度高，耐磨性、弹性好，切削性能中等，焊接性能不佳，可做弹簧、钢丝绳等
65	695	410	10	30	
60Mn	695	410	11	35	淬透性和强度较高，可用于制造截面尺寸较大的零件，65Mn常用
65Mn	735	430	9	30	

表1-2中Q235B和Q235C在限定条件下可用其制作压力容器的壳体。Q235B的使用温度为0～350℃，用作压力容器壳体时厚度不超过20mm，容器的设计压力也不得超过1.6MPa，不得用于毒性程度为高度或极度危害介质的压力容器；Q235C的使用温度为0～400℃，用作压力容器壳体时厚度不超过30mm，容器的设计压力也不得超过2.5MPa。

2. 合金钢

合金钢是在低碳钢的基础上，加入了一定量的合金元素而得到的。常加的元素有锰、钼、铌、钒、钛、镍、铬、硅、硼、钨、铝等。当合金元素总量≤5%（一般不超过3%）时称为低合金钢。低合金结构钢的牌号由"平均含碳量的万分数＋元素符号＋该元素平均含量的百分数"表示，当钢中某合金元素的平均含量不超过1.5%时，牌号中只标出元素符号而不标明含量；当含量大于1.5%而不超过2.5%时，在该元素后只标整数2；以此类推。如09Mn2V，平均含碳量0.09%、锰的含量1.4%～1.8%、钒的平均含量1.5%以下（0.04%～0.1%）。化工设备常用低合金钢见表1-4、表1-5。

不锈钢是化工设备中使用较多的一种合金钢，其牌号由"平均含碳量的千分数＋元素符号＋该元素平均含量的百分数"表示，如1Cr13，平均含碳0.10%，铬的平均含量13%。当碳的含量0.03%～0.10%时，含碳量用0表示，含碳量≤0.03%时，用00表示。如0Cr18Ni10Ti钢的平均含碳量为0.03%～0.10%，00Cr19Ni10钢的平均含碳量≤0.03%。化工设备常用不锈钢见表1-6。

表 1-4　压力容器用碳素钢和低合金钢

钢号	使用状态	厚度/mm	使用温度/℃	说　明
20R	热轧或正火	6～100	-20～475	①钢号后的"R"表示是压力容器用钢 ②20R 为碳素钢,其它均为低合金钢 ③15MnVNR 与 16MnR 和 15MnVR 相比,在高温下过热敏感性低且强度高 ④18MnMoNbR、13MnNiMoR 是高强度钢,在高压容器中用得较多 ⑤15CrMoR 具有良好的热强性、热稳定性和高温抗氧化性
16MnR	热轧或正火	6～120	-20～475	
15MnVR	热轧或正火	6～60	-20～400	
15MnVNR	正火	6～60	-20～400	
18MnMoNbR	正火加回火	30～100	-20～475	
13MnNiMoR	正火加回火	30～120	-20～400	
15CrMoR	正火加回火	6～100	-20～550	

表 1-5　低温压力容器用低合金钢

钢号	使用状态	厚度/mm	使用温度/℃	最低冲击试验温度/℃
16MnDR	正火	6～36	-40～350	-40
		36～100	-30～350	-30
15MnNiDR	正火,正火加回火	6～60	-45～100	-45
09Mn2VDR	正火,正火加回火	6～36	-50～100	-50
09MnNiDR	正火,正火加回火	6～60	-70～350	-70
07MnNiCrMoVDR	调质	16～50	-40～350	-40

表 1-6　不锈钢的耐腐蚀性及应用

钢号	耐腐蚀性	应用举例
0Cr13	耐水蒸气、碳酸氢铵及 500℃ 以下含硫石油等介质的腐蚀	制作设备衬里,内部元件垫片等
1Cr13	在 30℃ 以下的弱腐蚀性介质中有良好的耐蚀性,在淡水、蒸汽和潮湿的大气中有足够的耐蚀性	在 450℃ 以下可制造法兰、汽轮机的叶片、螺栓和螺母等零件
1Cr17	对氧化性酸,如一定温度和浓度的硝酸,有良好的耐蚀性	制作腐蚀性不强的防污染设备,家庭用品、家用电器部件
00Cr18Ni8	对氧化性酸有强的耐蚀性,对碱液及大部分有机酸也有一定的耐蚀性,有一定耐晶间腐蚀的能力	制作食品设备、化工设备、输酸管道及容器等
00Cr18Ni10	耐硝酸、大部分有机酸和无机酸的水溶液及碱的腐蚀,能耐晶间腐蚀	制作硝酸、维尼龙及制药等工业设备和管道
0Cr17Ni12Mo2	在海水和其它介质中耐蚀性比 0Cr18Ni9Ti 好,主要用作耐小孔腐蚀,高温下有较高的强度	制作锅炉过热器、蒸汽管道、高温耐蚀螺栓等
1Cr18Ni9Ti	在不同温度和浓度的各种强腐蚀性介质中有较好的耐蚀性	广泛用于制作耐酸设备、管道及衬里等

3. 铸铁

铸铁是含碳量>2.11%的铁碳合金,工业上常用的铸铁碳的含量一般在 2.5%～4.5% 之间,而锰、硅、硫及磷的含量都高于钢。有时为了改善其性能,还可加入铬、铜、铝等元素,得到合金铸铁。根据碳在铸铁中的存在形式有白口铸铁、灰口铸铁和麻口铸铁之分,其中灰口铸铁应用较多。在灰口铸铁中碳大多以石墨的形式存在,断口呈灰色;根据石墨的存在形式又可将灰口铸铁分为普通灰铸铁、球墨铸铁、可锻铸铁和蠕墨铸铁。

铸铁具有良好的铸造性、减振性、耐磨性和切削加工性，而且生产工艺简单、成本低，在化工设备、特别是转动设备中有着广泛的应用。灰铸铁可用于制造机器的底座、带轮、不太重要的齿轮、阀体、管线附件、飞轮、气缸体、轴承座等，也可用来制造使用温度在—15~250℃的常压容器，但不能用于储存剧毒或易燃的物料。灰铸铁的牌号是由"HT+数字"表示，其中"HT"是"灰铁"两字的汉语拼音字头，数字表示最低抗拉强度。如HT200，是最小抗拉强度为200MPa的灰铸铁。球墨铸铁可用于制造曲轴、连杆、摇臂、齿轮、缸体、阀体、法兰等。球墨铸铁的牌号是由"QT+两组数字"表示，其中"QT"是"球铁"两字的汉语拼音字头，前一组数字表示最低抗拉强度，后一组数字表示最小断后伸长率。如QT450-10，是最小抗拉强度为450MPa、最小断后伸长率为10%的球墨铸铁。

三、压力容器用钢的选用原则

压力容器的操作条件各不相同，所用钢材种类繁多，所以在选材上没有统一的标准，只能根据具体情况分析确定。一般应考虑如下几个方面。

① 化工容器用钢一般使用由平炉、电炉或氧气顶吹转炉冶炼的镇静钢，若是受压元件用钢应符合国家标准 GB 150—2011 的规定。

② 化工容器应优先选用低合金钢。低合金钢的价格比碳钢提高不多，其强度却比碳钢提高30%~60%。按强度设计时，若使用低合金钢的壁厚可比使用碳钢减薄15%以上，则可采用低合金钢；否则采用碳钢。

③ 化工容器用钢应有足够的塑性和适当的强度，材料强度越高，出现焊接裂纹的可能性越大。为使钢板在加工（锤击、剪切、冷卷等）与焊接时不致产生裂纹，也要求材料具有良好的塑性和冲击韧性。

④ 不同的钢材其弹性模量的大小相差不多，因此，按刚度设计的容器（如外压容器）不宜采用强度过高的材料。

⑤ 对于使用场合为强腐蚀性介质的，应选用耐介质腐蚀的不锈钢，且尽量使用铬镍不锈钢钢种。

⑥ 高温容器用钢应选用耐热钢，以保证抗高温氧化和高温蠕变。

第四节 化工设备材料热处理与腐蚀防护

一、金属材料热处理

热处理就是将钢在固态范围内加热到给定的温度，经过保温，然后按选定的冷却速度冷却，以改变其内部组织结构，从而获得所需要的性能的一种工艺。通过热处理可以充分发挥金属材料的潜力，改善金属材料的性能，延长使用寿命和节省金属材料。绝大部分重要的机械零件，在制造过程中都必须进行热处理。

热处理的工艺过程是由加热、保温和冷却三个阶段组成的。随着热处理三个阶段进行的具体情况不同，则材料内部组织和性能的变化也就不同，这样构成了各种热处理方法，以满足各种要求。

热处理分为普通热处理和表面热处理两大类。普通热处理包括退火、正火、淬火、回火等；表面热处理包括表面淬火、化学热处理等，这种热处理只改变工件表面层的成分、组织和性能。

热处理又分为预先热处理和最终热处理，它们在零件生产工艺过程中的使用顺序及目的不同。预先热处理通常是退火和正火，目的是消除上道工序产生的缺陷（如硬度过高而无法切削），为后面的工序做准备；最终热处理有淬火加回火、表面淬火等，目的是获得零件使用时所要求的性能。

1. 退火和正火

退火是将钢加热到适当温度，保温一定时间，然后缓慢冷却（炉冷、坑冷）的热处理工艺。正火是将钢加热到适当温度，保温一定时间，然后出炉空冷的热处理工艺。退火和正火主要用作预先热处理，目的是：软化钢材以利于切削加工；消除内应力以防止工件变形；细化晶粒，改善组织，为零件的最终热处理做好准备。与退火相比，正火冷却速度较快，得到的组织比较细小，强度和硬度也稍高一些。正火的生产周期短，节约能量，而且操作简便。生产中常优先采用正火工艺。对力学性能要求不高的零件，可用正火作为最终热处理。

2. 淬火和回火

淬火是将钢加热到适当温度，保温一定时间后，快速冷却（水冷或油冷）的热处理工艺。淬火后的钢硬而脆，组织不稳定，而且有内应力，不能满足使用要求。因此，淬火后必须回火。

按照温度范围不同，回火分为三类：低温回火、中温回火和高温回火。低温回火的回火温度范围为150～250℃，回火后的钢具有高硬度和高耐磨性，主要用于各种工具、滚动轴承、渗碳件和表面淬火件；中温回火的回火温度范围为350～500℃，回火后的钢具有较高的弹性极限和屈服强度，一定的韧性和硬度，主要用于各种弹簧和模具等；高温回火的回火温度范围为500～650℃，回火后的钢具有强度、硬度、塑性和韧性都较好的综合力学性能，广泛用于汽车、拖拉机、机床等机械中的重要结构零件，如各种轴、齿轮、连杆、高强度螺栓等，通常将淬火和高温回火相结合的热处理工艺称为调质。

3. 表面热处理

某些机械零件如齿轮、曲轴、活塞杆、凸轮轴等，工作时承受较大的冲击和摩擦，因此要求工件表层具有高的硬度、耐磨性以抵抗摩擦磨损，心部具有足够的塑性和韧性以抵抗冲击，即具有"外硬内韧"的性能。为满足这一要求，生产中广泛采用表面热处理。表面热处理方法有表面淬火和化学热处理。

（1）表面淬火

表面淬火是将钢的表面快速加热至淬火温度，并立即快速冷却的淬火工艺。表面淬火后一般进行低温回火，以满足工件表层的高硬度、高耐磨性要求。表面淬火不改变钢表层的成分，仅改变表层的组织，且心部组织及性能不发生变化。为满足对心部的塑性和韧性要求，表面淬火前一般进行调质处理。表面淬火用于中碳钢和中碳低合金结构钢。

（2）化学热处理

化学热处理是向工件表层渗入某种元素的热处理工艺。按照渗入元素的不同，化学热处理分为渗碳、渗氮（氮化）、碳氮共渗（氰化）、渗金属等。渗碳是向工件表层渗入碳元素的热处理工艺，适用于低碳钢和低碳合金钢。渗碳后由于工件表层和心部的含碳量不同，再经过淬火和低温回火热处理，便获得了外硬内韧的性能。渗氮是向工件表层渗入氮元素的热处理工艺。渗氮用钢大都含有铬、铝、钒等元素，经渗氮后工件表层形成各种高硬度的、致密而稳定的氮化物，从而使钢具有高的表面硬度、耐磨性和耐蚀性。材料心部的塑性和韧性要求通过渗氮前的调质处理获得。

二、金属材料的腐蚀与防护

（一）腐蚀的概念及类型

金属材料在周围介质的作用下发生破坏称为腐蚀。铁生锈、铜发绿锈、铝生白斑点等是常见的腐蚀现象。在化工生产中，由于物料（如酸、碱、盐和腐蚀性气体等）往往具有强烈的腐蚀性，而化工设备被腐蚀将造成严重的后果：引起设备事故影响生产的连续性；造成跑冒滴漏，损失物料，污染环境，增加原材料消耗，恶化劳动条件，提高产品成本，影响产品质量等。

化工设备的腐蚀按腐蚀机理的不同可分为化学腐蚀和电化学腐蚀；按腐蚀破坏的特征可分为均匀腐蚀、缝隙腐蚀、晶间腐蚀和应力腐蚀等。

1. 均匀腐蚀

腐蚀沿金属表面均匀进行，腐蚀的结果使设备壁厚减薄。如碳钢在强酸、强碱中的腐蚀就属于此类，这种腐蚀的危害性不大，可以通过在设计时增加设备的壁厚来保证设备具有一定的寿命。

2. 缝隙腐蚀

在腐蚀性介质中，若金属与金属或与非金属之间存在很小的缝隙，使缝隙内的介质处于滞流状态，使缝内的材料产生腐蚀。如法兰的连接面之间、螺母或铆钉的底面、焊缝的气孔内及锈层的缝隙间、未进行贴胀的换热管与管板孔之间的间隙等。几乎所有的介质、所有的金属都会产生缝隙腐蚀，其中不锈钢和铝在含有氯化物的中性介质中最易发生缝隙腐蚀，一般的介质温度越高，越容易引起缝隙腐蚀。

3. 晶间腐蚀

大多数的金属都是由晶粒组成的，晶粒与晶粒之间的边界称为晶界。腐蚀主要沿着晶界或晶界的邻近区域发生，而晶粒本身的腐蚀很轻微，这种腐蚀称为晶间腐蚀。发生了晶间腐蚀的材料，晶粒之间的结合力大大降低，甚至可使材料的机械强度完全丧失，虽然表面上看起来材料完整无损，但在稍大力量的敲击下便成碎块。由于晶间腐蚀不易被发现，所以容易造成设备的突然破坏，危害性很大。不锈钢、铝合金、镍基合金都对晶间腐蚀敏感性很高，而奥氏体不锈钢又是制造化工设备的常用材料，因此对它的晶间腐蚀问题应予以足够的重视。

4. 应力腐蚀

应力腐蚀是金属材料在拉应力和特定的介质共同作用下所遭受的一种破坏形式。金属发生应力腐蚀时，大部分表面并未遭受腐蚀，只是在局部区域出现一些由表及里的细裂纹，这些裂纹可能是穿过晶粒的，也可能是沿晶界延伸的，裂纹的主干是与最大拉应力垂直的。随着裂纹的扩展，材料的受力截面减小、应力增加，最后导致机械断裂。导致产生应力腐蚀的拉应力可以是设备在使用过程中所承受的各种应力，也可以是设备在制造过程中的残余应力，如焊接应力、变形应力、装配应力等。并不是金属材料在所有介质中都会发生应力腐蚀，只有材料和介质形成了某种组合时，应力腐蚀才会发生。常见的能产生应力腐蚀的一些材料与介质的组合见表1-7。

表 1-7　产生应力腐蚀的材料与介质的组合

金属材料	腐蚀介质
碳钢和低合金钢	NaOH 溶液、硝酸盐溶液、含 H_2S 和 HCl 的溶液、42%$MgCl_2$ 溶液、海水、海洋大气、工业大气、NH_4Cl 溶液等
奥氏体不锈钢	氯化物溶液、NH_3 气和溶液、NaOH、KOH、$H_2SO_4+CuSO_4$、浓缩锅炉水、海水、海洋大气等
铜和铜合金	含氨蒸汽、汞盐溶液、湿 H_2S、含 SO_2 大气、水蒸气等
镍和镍合金	NaOH 水溶液
铝合金	熔融 NaCl、NaCl 水溶液、海水、水蒸气、含 SO_2 大气等

5. 化学腐蚀

金属与干燥的气体或非电解质溶液发生化学作用而引起的腐蚀称为化学腐蚀。如管式加热炉的炉管在高温作用下的氧化，金属设备在苯、含硫石油、乙醇等非电解质溶液中的腐蚀，金属钠在氯化氢气体中的腐蚀等都属于化学腐蚀。化学腐蚀的特点是在反应过程中只有氧化-还原反应，没有电流产生，而且温度和腐蚀介质的浓度越高、腐蚀的速率就越快。化学腐蚀后在金属表面形成了一层氧化膜（腐蚀产物），若这层氧化膜在腐蚀介质中是稳定的、又能完整而牢固地附在金属表面，就可以阻止外部介质与金属继续发生化学反应，从而起到保护金属的作用。

6. 电化学腐蚀

金属与电解质溶液发生电化学作用而引起的腐蚀称为电化学腐蚀。如金属在酸、碱、盐溶液、土壤、海水中的腐蚀等都属于电化学腐蚀。石油化工生产中的腐蚀破坏绝大部分是由电化学腐蚀引起的。

电化学腐蚀是金属发生腐蚀电池作用而引起的，腐蚀过程中有电流产生。构成腐蚀电池：一是要有电位差，二是要有电解质，三是要有连续传递电子的回路。石油化工生产中的介质绝大多数都是电解质；不同的金属处于同一种介质中构成电偶腐蚀电池，如设备上的螺栓、螺母、焊接材料等和设备主体的连接；同一金属处于不同浓度的电解质中构成浓差腐蚀电池，如缝隙腐蚀；同一金属其表面由于化学成分不均匀、组织结构不均匀、物理状态不均匀等电化学不均匀性构成微观腐蚀电池，如金属中存在杂质、设备在制造过程中的变形和应力集中等。

在腐蚀电池中，电极电位负的一端称为阳极，电极电位正的一端称为阴极。电化学腐蚀过程中，阳极发生氧化反应、阳极金属失去电子，以离子的形式进入溶液，阳极金属被腐蚀；阴极发生还原反应，由溶液中能接受电子的物质（氢离子、氧及氧化性的离子等）得到来自阳极的电子而被还原。阳极反应和阴极反应是两个互为依存的电化学反应过程，这种反应不断进行，阳极金属就不断被腐蚀。

无论哪种类型的腐蚀都对设备有一定的损害，所以在实际使用设备的过程中，应根据腐蚀的不同类型，采取合理有效的防腐方法，以达到保护设备的目的。常用的防腐蚀措施有降低介质的腐蚀性、采用耐腐蚀材料、电化学保护等。

（二）化工设备常见防腐措施

1. 降低介质的腐蚀性

在腐蚀性介质中加入某种物质，以缓解介质对设备的腐蚀。如在原油加工时先通过脱盐脱水、注碱、注水、注氨、注缓蚀剂等方法进行预处理，以降低原油对设备的腐蚀作用。

2. 采用耐腐蚀材料

根据设备所接触介质的特性，选用能够耐受这种介质的材料制作设备。如选择不锈钢、用耐腐蚀材料对设备进行衬里、在设备的表面涂敷一层耐腐蚀材料、在设备的表面镀一层耐腐蚀材料等方法。

3. 隔离腐蚀介质

用耐蚀性良好的隔离材料覆盖在耐蚀性较差的被保护材料表面，将被保护材料与腐蚀性介质隔开，以达到控制腐蚀的目的。

隔离材料有金属材料和非金属材料两大类。

非金属隔离材料主要有涂料（如涂刷酚醛树脂）、块状材料衬里（如衬耐酸砖）、塑料或橡胶衬里（如碳钢内衬氟橡胶）等。

金属隔离材料有铜（如镀铜）、镍（如化学镀镍）、铝（如喷铝）、双金属（如钢上压上不锈钢板）、金属衬里（碳钢上衬铅）等。

4. 电化学保护

对发生电化学腐蚀的场合，利用电化学腐蚀的原理，通过改变金属在电解质溶液中的电极电位，达到防止电化学腐蚀的目的。有阴极保护和阳极保护两种方法，其中阴极保护使用历史长、技术成熟、使用广泛。

阴极保护是将被保护的金属作为腐蚀电池的阴极，从而使其免遭腐蚀的方法。具体有牺牲阳极保护法和外加电流保护法两种。牺牲阳极保护法是将被保护的金属与另一电极电位较低的金属连接起来，形成一个腐蚀电池，使被保护的金属作为腐蚀电池的阴极而免遭腐蚀，而电极电位较低的金属作为腐蚀电池的阳极而被腐蚀。外加电流保护法是将被保护的金属与一直流电源的阴极相连，而将另一金属片与直流电源的阳极相连、并与被保护的金属隔绝，从而达到防腐的作用。化工设备中使用的阴极保护实例见表1-8。

表 1-8 阴极保护实例

被保护设备	介质条件	保护措施	保护效果
不锈钢冷却蛇管	11% $NaSO_3$ 水溶液	石墨作辅助阳极，保护电流密度 80mA/m^2	无保护时，使用2~3月腐蚀穿孔。有保护时，使用5年以上
不锈钢制化工设备	100℃稀 H_2SO_4 和有机酸的混合液	阳极：高硅铸铁，保护电流密度 0.12~0.15mA/m^2	原来一年内焊缝处出现晶间腐蚀，阴极保护后获得防止
碳钢制碱液蒸发锅	100~115℃，23%~40% NaOH 溶液	阳极：无缝钢管，下端装有 ϕ1200 环形圈，集中保护下部焊缝，保护电流密度 3A/m^2，电位-5V	保护前 40~50 天后焊缝处产生应力腐蚀破裂，保护后2年多未发现破裂
浓缩槽的加热铜管	$ZnCl_2$，NH_4Cl 溶液	阳极：铅	保护前铜腐蚀引起产品污染，保护后防止了铜的腐蚀，提高了产品质量
铜制蛇管	110℃，54%~70% $ZnCl_2$ 溶液	牺牲阳极保护，阳极：锌	使用寿命由原来的6个月延长至1年
铅管	$BaCl_2$ 和 $ZnCl_2$ 溶液	牺牲阳极保护，阳极：锌	延长设备寿命2年
衬镍的结晶器	100℃的卤化物	牺牲阳极保护，阳极：镁	解决了镍腐蚀影响产品质量的问题

思考与练习 ◂◂◂

1-1 什么是化工设备?举例说明其应用。
1-2 化工设备有哪些主要类型?各有何作用?
1-3 化工设备有何特点?对其的基本要求是什么?
1-4 对压力容器用钢的基本要求是什么?钢厂出厂时的必检项目有哪些?
1-5 写出 20 种以上压力容器常用钢材的牌号,并解释各符号的含义。
1-6 选用压力容器用钢材时需考虑哪些因素?
1-7 什么是热处理?热处理分为哪些种类?钢材进行热处理的目的是什么?
1-8 什么是退火?什么是正火?说明退火和正火的目的与区别。
1-9 为什么工件淬火后应及时回火?说明各种回火方法的加热温度、回火后的性能及适用场合。
1-10 表面热处理的目的是什么?表面淬火与化学热处理有何区别?
1-11 说明化学腐蚀和电化学腐蚀的含义及区别。
1-12 化工设备的防腐措施有哪些?

第二章

压力容器基础

本章学习指导

● 能力目标
- 能够根据工艺条件,正确选择、使用化工设备主要零部件。

● 知识点
- 了解压力容器类型及主要的标准规范;
- 掌握压力容器主要零部件的构造。

化工设备是实现化工生产的硬件基础。由于生产工艺的不同,涉及的化工设备作用也各不相同,有的储存物料、有的加热介质、有的进行化学反应等,导致设备的结构差异很大,外形尺寸千差万别,内部构件也是多种多样。但总体而言,化工设备大都是需要承受压力的容器,以满足化工生产中介质通常所具有的较高的压力,故化工设备通常都称为压力容器。本书所有有关化工设备的问题都将在"压力容器"的名称下予以讨论。

第一节 压力容器的结构和类型

一、压力容器的基本概念

为了保障固定式压力容器安全使用、预防和减少事故、保护人民生命和财产安全,促进经济生产发展,根据《中华人民共和国特种设备安全法》《特种设备安全监察条例》的规定,凡是满足特种设备目录所定义的、同时具备下列条件的密闭容器即可视为压力容器。

① 工作压力大于或者等于 0.1MPa(说明 1);

② 容积大于或者等于 $0.03m^3$ 并且内直径(非圆形截面指截面内边界最大几何尺寸)大于或者等于 150mm(说明 2);

③ 盛装介质为气体、液化气体以及介质最高工作温度高于或者等于其标准沸点的液体(说明 3)。

说明 1:工作压力,是指在正常工作情况下,压力容器顶部可能达到的最高压力(表压力)。

说明 2:容积,是指压力容器的几何容积,即由设计图样标注的尺寸计算(不考虑制造公差)并且圆整。一般需要扣除永久连接在压力容器内部的内件的体积。

说明3：容器内介质为最高工作温度低于其标准沸点的液体时，如果气相空间的容积大于或者等于0.03m³时，也属于本规程的适用范围。

二、压力容器的结构

如图2-1所示卧式圆筒形压力容器，一般由筒体、封头、支座、接管及法兰等组成。

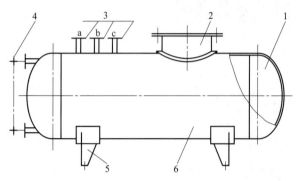

图2-1 化工容器的总体结构
1—封头；2—人孔；3—法兰；4—液面计；5—支座；6—筒体

筒体为压力容器储存物料，完成传质、传热或化学反应提供所需要的工作空间，是压力容器最主要的受压元件之一，其内直径和容积的大小由工艺计算确定。圆柱形筒体（即圆筒）和球形筒体是工程中最常用的筒体结构。

封头也是压力容器主要的受压元件之一，根据几何形状的不同，封头可以分为球形、椭圆形、碟形、球冠形、锥壳和平盖等几种，其中以椭圆形封头和碟形封头应用最多。

压力容器上需要有许多密封装置，如容器接管与外管道间的连接以及人孔、手孔盖的连接等，压力容器能否正常安全地运行在很大程度上取决于密封装置的可靠性。

压力容器中，由于工艺或结构的需要，常在筒体或封头上开设各种大小的孔并安装接管，如人孔、手孔、视镜孔、物料进出口接管等，以及安装压力表、液面计、安全阀、测温仪表等接管开孔。

支座是支承并固定设备的一个基础部件，通常由板材或型材组焊而成。随支座安装位置和形式不同，容器支座分立式支座、卧式支座和球形容器支座三类。其中立式支座又有腿式支座、支承式支座、耳式支座和裙式支座四种。卧式支座有支承式、鞍式和圈式支座三种；以鞍式支座应用最多。而球形容器多采用柱式或裙式支座。

上述筒体、封头、密封装置、开孔接管、支座等即构成一台化工设备的外壳。密封装置、开孔接管、支座等部件又称为化工设备通用零部件，都有标准，可直接根据条件参数进行选用。

三、压力容器的分类

由于化工生产过程工艺的多样化和复杂化，使得压力容器的种类十分繁多，在使用过程中一旦发生事故所造成的危害程度也各不相同。为了了解各种压力容器的结构特点、适用场合以及设计、制造、管理等方面的要求，需要对压力容器进行分类，做到合理使用和规范管理。

（一）按工艺用途分类

压力容器按照在生产工艺过程中的作用原理，可分为反应压力容器、换热压力容器、分离压力容器、储存压力容器。具体分类如下：

① 反应压力容器（代号R），主要是用于完成介质的物理、化学反应的压力容器，例如各种反应器、聚合釜、合成塔、变换炉、煤气发生炉等；

② 换热压力容器（代号E），主要是用于完成介质的热量交换的压力容器，例如各种热

交换器、冷却器、冷凝器、蒸发器等；

③ 分离压力容器（代号 S），主要是用于完成介质的流体压力平衡缓冲和气体净化分离的压力容器，例如各种分离器、过滤器、集油器、洗涤器、吸收塔、铜洗塔、干燥塔、汽提塔、分汽缸、除氧器等；

④ 储存压力容器（代号 C，其中球罐代号 B），主要是用于储存或者盛装气体、液体、液化气体等介质的压力容器，例如各种型式的储罐等。

在一种压力容器中，如同时具备两个或两个以上的工艺作用原理时，应当按照工艺过程中的主要作用来划分。

（二）按设计压力高低进行分类

压力容器按照承压方式有内压容器和外压容器。当容器内壁所承受的压力高于其外壁所承受的压力时称为内压容器，反之为外压容器。内压容器按设计压力（p）划分为低压、中压、高压和超高压四个压力等级：

① 低压（代号 L），$0.1\text{MPa} \leqslant p < 1.6\text{MPa}$；
② 中压（代号 M），$1.6\text{MPa} \leqslant p < 10.0\text{MPa}$；
③ 高压（代号 H），$10.0\text{MPa} \leqslant p < 100.0\text{MPa}$；
④ 超高压（代号 UD），$p \geqslant 100.0\text{MPa}$。

（三）按压力容器安全技术监察规程的要求分类

前面两种分类方法，分别从工艺用途和设计压力出发进行分类，不能全面反映容器的整体技术和安全状态。根据危险程度，结合技术管理和监督检查的区别对待，特种设备安全技术规范 TSG 21—2016《固定式压力容器安全技术监察规程》中，将规程适用范围内的压力容器划分为Ⅰ、Ⅱ、Ⅲ类，超高压容器划分为第Ⅲ类压力容器。这种分类方法对从事压力容器设计、制造、安装、使用、维护及管理人员而言更为重要。

1. 介质分组

压力容器的介质分为以下两组：

① 第一组介质，毒性危害程度为极度、高度危害的化学介质，易爆介质，液化气体；
② 第二组介质，除第一组以外的介质。

2. 介质危害性

介质危害性指压力容器生产过程中因事故致使介质与人体大量接触，发生爆炸或者因经常泄漏引起职业性慢性危害的严重程度，用介质毒性危害程度和爆炸危险程度表示。

（1）毒性介质

结合考虑急性毒性、最高容许浓度和职业性慢性危害等因素，极度危害介质的最高容许浓度小于 0.1mg/m^3；高度危害介质最高容许浓度 $0.1 \sim 1.0\text{mg/m}^3$；中度危害介质最高容许浓度 $1.0 \sim 10\text{mg/m}^3$；轻度危害介质最高容许浓度大于或者等于 10mg/m^3。

（2）易爆介质

易爆介质指气体或者液体的蒸气、薄雾与空气混合形成的爆炸混合物、并且其爆炸下限小于 10%，或者爆炸上限和爆炸下限的差值大于或者等于 20% 的介质。

介质毒性危害程度和爆炸危险程度，按照 HG 20660—2000《压力容器中化学介质毒性危害和爆炸危险程度分类》确定。HG 20660—2000 没有规定的，由压力容器设计单位参照 GBZ 230—2010《职业性接触毒物危害程度分级》的原则，确定介质组别。

3. 压力容器分类方法

(1) 基本划分

首先应当根据介质特征，按照以下要求选择分类图，再根据设计压力 p（单位 MPa）和容积（单位 m^3），标出坐标点，确定压力容器类别。第一组介质分类见图 2-2；第二组介质分类见图 2-3。

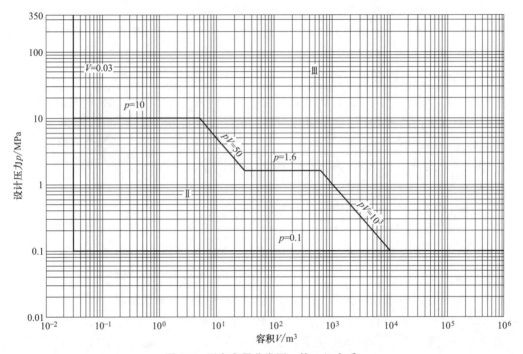

图 2-2　压力容器分类图—第一组介质

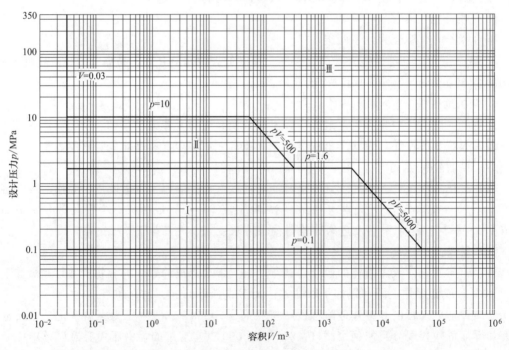

图 2-3　压力容器分类图—第二组介质

(2) 多腔体压力容器分类

多腔体压力容器（如热交换器的管程和壳程、夹套压力容器等）应当分别对各压力腔进行分类，划分时设计压力取本压力腔的设计压力，容积取本压力腔的几何容积；以各压力腔的最高类别作为该多腔压力容器的类别并且按照该类别进行使用管理，但是应当按照每个压力腔各自的类别分别提出设计、制造技术要求。

(3) 同腔体多种介质压力容器分类

同一压力腔内有多种介质时，按照组别高的介质分类。

(4) 介质含量极小的压力容器分类

当某一危害性物质在介质中含量极小时，应当根据其危害程度及其含量综合考虑，按照压力容器设计单位确定的介质组别分类。

(5) 特殊情况的分类

① 坐标点恰好位于图 2-2 或者图 2-3 的分类线上时，按照较高的类别划分；

② 简单压力容器统一划分为第一类压力容器。

除了以上几种分类方法外，按照容器的相对壁厚将其分为薄壁容器和厚壁容器。当圆筒形容器的外直径与内直径之比小于等于 1.2 时称为薄壁容器，大于 1.2 时为厚壁容器。按照容器安装时的相对位置，当圆筒形容器的轴线与地面垂直时为立式容器，当轴线与地面平行时为卧式容器。还可以按照容器的几何形状分为圆筒形容器、球形容器、锥形容器、椭圆形容器及矩形容器等。

第二节　压力容器的标准规范

化工生产的特点决定了化工设备安全的重要性，作为化工设备主体的压力容器，为了确保其在设计寿命内的安全运行，世界各国就压力容器的设计、制造、安装、检验和使用等方面提出基本要求，制定了适合本国的标准规范。

现行压力容器标准规范大致分为两类，一类是开放型的，即每一个规范只能解决特定的技术问题，如我国的 GB 150—2011《压力容器》标准。GB 150—2011《压力容器》是一系列标准的组合，如果要解决包括压力容器的设计、制造和检验等所有技术问题，除了要应用 GB 150—2011《压力容器》，还需要与其它一系列相关标准配套使用方可。另一类是封闭型的，即利用某一个规范或标准，基本上就可以解决压力容器的全部问题，具有代表性的是美国《ASME 锅炉及压力容器规范》。

一、国外主要标准规范

1. 美国 ASME 规范

ASME 是美国国家标准学会（ANSI，American National Standards Institute）发起单位之一。1911 年，ASME 开始制定锅炉及压力容器规范（BPVC，Boiler and Pressure Vessel Code）。1915 年，ASME 正式出版 BPVC 第一版，称为 1914 版。

ASME 锅炉及压力容器规范（BPVC）规定了锅炉和压力容器以及核电设备建设过程中有关设计、制造以及检测的各项安全事项。全世界有超过 110 多个国家和地区认可 ASME 锅炉及压力容器规范以满足其政府的安全法规。100 多年来，BPVC 的更新机制和流程不断变化，从 2013 年起为每两年更新一版，中间不再出版增补件。ASME 锅炉及压力容器规范

(BPVC）系列目前有14卷29册。其中与压力容器密切相关的主要是第Ⅷ卷《压力容器》。该卷又分为3个分册，即Ⅷ-1《压力容器建造规则》、Ⅷ-2《压力容器建造另一规则》和Ⅷ-3《高压容器建造另一规则》。

ASME Ⅷ-1 为常规设计标准，适用的最高压力为20MPa。该标准是以弹性失效设计准则为依据，根据经验确定材料的许用应力，并对零部件尺寸做出一些规定。由于该标准是以传统设计观点为基础，具有较强的经验性，因而许用应力较低。

ASME Ⅷ-2 为分析设计标准，是相对 ASME Ⅷ-1 的另一个标准。该标准以应力分析为基础，对压力容器各区域的应力进行详细分析，然后根据应力对容器失效的危害程度进行分类，再按不同的失效设计准则分别进行限制。与 ASME Ⅷ-1 相比较，ASME Ⅷ-2 对材料的控制以及设计、制造、检验和验收要求的细节上做了更为严格的规定，并允许采用较高的许用应力，使设计出的容器壁厚较薄。

ASME Ⅷ-3 是一个高压容器设计标准，主要适用于设计压力不超过70MPa的压力容器。该标准不仅要对容器各部分进行详细的应力分析和分类评定，而且还要做疲劳分析或断裂力学评估，它是目前世界上要求最高的一个压力容器规范。

2. 其它国家标准规范

除美国以外，其它国家标准规范还有日本的 JISB8270《压力容器（基础标准）》和 JISB8271～JISB8285《压力容器（单项标准）》、英国的《BS5500 非直接火焊接压力容器规范》、德国的《AD 压力容器标准》、法国的《ODAP 非直接火压力容器建造规范》和欧盟的《EN1591 标准》等。

二、我国主要标准规范

1. GB 150—2011《压力容器》

GB 150 的前身是实施了20多年的四部（原机械工业部、化学工业部、中国石油化工总公司、劳动部）标准《石油化工钢制压力容器》，经过多年的应用和实践，于1989年正式颁布实施国家标准 GB 150《钢制压力容器》。后于2011年颁布了 GB 150—2011《压力容器》。GB 150 是中国钢制压力容器设计、制造、检验的核心基础标准，是强制性国家标准。由中国国家标准化管理委员会编制，国家质量监督检验检疫总局颁布实施。

GB 150—2011《压力容器》是一系列标准的组合，规定了压力容器建造的基本要求、对压力容器用钢材的要求、典型受压元件的设计计算方法和制造、检验与验收的要求。标准按压力容器建造的逻辑顺序分为四个部分：

GB 150.1—2011《压力容器　第1部分：通用要求》；
GB 150.2—2011《压力容器　第2部分：材料》；
GB 150.3—2011《压力容器　第3部分：设计》；
GB 150.4—2011《压力容器　第4部分：制造、检验和验收》。

尽管标准的各部分都是名义上的独立标准，但在应用中应该组合使用，以充分体现标准各部分的关联，实现统一建造准则的基本要求。

① GB 150.1《压力容器　第1部分：通用要求》，该部分由前言、引言、四章正文和六个规范性附录构成。这部分规定了金属制压力容器材料、设计、制造、检验和验收的通用要求。其前言和引言不仅适用于 GB 150 的本部分，同时也适用于系列标准。

② GB 150.2《压力容器　第2部分：材料》，该部分由前言、七章正文、两个规范性附

录和两个资料性附录构成。这部分规定了压力容器受压元件允许使用的钢材牌号及其产品标准，钢材的附加技术要求，钢材的使用范围（温度和压力）和许用应力表。

③ GB 150.3《压力容器 第3部分：设计》，该部分由前言、七章正文、三个规范性附录和两个资料性附录构成。七章正文包括：范围、规范性引用文件、内压圆筒和内压球壳、外压圆筒和外压球壳、封头、开孔和开孔补强、法兰。

④ GB 150.4《压力容器 第4部分：制造、检验和验收》，该部分由前言、十三章正文构成。十三章正文的内容为：范围、规范性引用文件、名词术语、总则、材料复验、分割与标志移植、冷、热加工成形与组装、焊接、热处理、试件与试样、无损检测、耐压试验和泄漏试验、多层容器和容器出厂要求。

2. JB 4732—1995《钢制压力容器——分析设计标准》（2005年确认）

该标准是我国第一部压力容器分析设计的行业标准，其基本思路与 ASME Ⅷ-2 相同。对有分析设计要求的压力容器，该标准是强制性的规范。标准有正文11章；附录11个，其中6个为补充件、5个为参考件。该标准与 GB 150 同时实施，在满足各自要求的前提下，设计者可任选其一使用，但不得混合使用。与 GB 150 相比，JB 4732 适用的压力范围扩大了，可达 100MPa；设计温度的上限控制在钢材强度不受蠕变制约的温度以下；即碳素钢与碳锰钢 375℃，锰钼铌钢 400℃，铬钼钢 475℃，奥氏体不锈钢 425℃。该标准在同等条件下比用 GB 150 设计的容器壁厚小一些，但计算的工作量较大且对选材、制造、检验及验收等方面要求也较高，所以大多用于大型的、结构复杂的、操作条件苛刻或需要做疲劳分析的压力容器的设计。

3. GB/T 151—2014《热交换器》

GB/T 151—2014 是热交换器的国家标准，是热交换器设计、制造、检验与验收、安装、试车和维护的基本依据。由国家标准化管理委员会编制，国家质量监督检验检疫总局颁布实施。该标准由正文和附录两部分组成。正文包括范围、规范性引用文件、术语和定义、通用要求、材料、结构设计、设计计算、制造、检验与验收、安装、操作和维护等内容。附录部分由 1 个规范性附录和 12 个资料性附录组成；附录的内容包括管壳式换热器传热计算、流体诱发振动、污垢热阻、金属导热系数、换热管与管板接头的焊缝形式、波纹换热管热交换器的管板、拉撑管板、挠性管板等内容。

4. NB/T 47041—2014《塔式容器》

NB/T 47041—2014 是压力容器方面的行业标准，是塔式容器设计、制造、检验与验收的直接依据。该标准由正文和附录两部分组成。主要内容包括：范围、规范性引用文件、术语和定义、通用要求、材料、结构、计算、制造、检验与验收等内容。附录部分由 1 个规范性附录和 4 个资料性附录组成；附录的内容包括塔式容器高振型计算、塔式容器挠度计算、计算数据和地震载荷的底部剪力法等。

5. TSG 21—2016《固定式压力容器安全技术监察规程》

从前面所介绍的几个标准可见，中国压力容器方面的标准基本上是以设计为主体内容的，但实践表明，保证压力容器的安全可靠运行仅靠设计和制造方面的标准和规范是远远不够的。为此中国在 1981 年由当时的国家劳动总局颁发了《压力容器安全监察规程》，1990 年由当时的国家劳动部对此法规进行了修订并更名为《压力容器安全技术监察规程》，2016 年国家质量监督检验检疫总局再次进行修订，颁发了新版的《固定式压力容器安全技术监察规程》，并于 2016 年 2 月 22 日起正式实施。

该规范是压力容器安全管理的一个技术法规，同时也是政府对压力容器实施技术监督和管理的依据。由法定的压力容器安全监察机构，根据压力容器产品所使用的标准及技术规范，来控制和监督压力容器的设计、制造、安装、改造、使用、检验及修理等各个环节。它是压力容器安全技术的一个最低标准，凡是压力容器部颁标准、企业标准都不得低于《固定式压力容器安全技术监察规程》所规定的技术标准。

《固定式压力容器安全技术监察规程》包括：总则、材料、设计、制造、安装、改造与修理、监督检验、使用管理、定期检验、安全附件及仪表、附则等内容。

第三节　压力容器主要部件

一、封头

封头是压力容器的重要组成部分，也是压力容器最主要的受压部件之一，按其结构形状可分为凸形封头、锥形封头和平板形封头三类。封头的结构形式是根据工艺过程、承载能力、制造技术及材料消耗等方面的要求而确定的，各种封头的形式见图2-4。

凸形封头主要包括半球形封头、椭圆形封头、碟形封头和球冠封头四种。其中半球形封头、椭圆形封头、碟形封头受力均匀，承压能力好，可用于压力较高的场合。平板形封头、球冠形封头及无折边锥形封头加工制造比较容易，但在筒体与封头的连接处，二者的变形不协调，互相约束，自由变形受到限制，出现边缘应力，边缘应力大小随封头形状不同而异；当压力较高时，在封头与筒体连接处产生较大的边缘应力，因此这几种封头只能用于压力较低的场合。从承压能力的角度来看，半球形封头、椭圆形封头最好，碟形封头、带折边的锥形封头次之，而球冠形封头、不带折边的锥形封头和平板形封头较差。

（一）半球形封头

半球形封头如图2-4（g）所示，是由半个球壳构成的，半球形封头与球壳具有相同的优

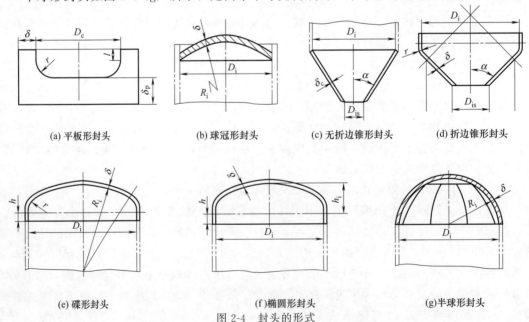

图 2-4　封头的形式

点。需要的厚度是同样直径的圆筒的二分之一，在同样的容积时，其表面积最小，可节省钢材。从受力来看，球形封头是最理想的结构形式，但缺点是深度大，当封头直径较小时整体冲压困难；大直径采用分瓣冲压其拼焊工作量亦较大。因此对一般中、小直径的容器很少采用半球形封头，对于大直径（$D_i > 2.5m$）的半球形封头，通常将数块钢板先在水压机上用模具压制成型后再进行拼焊。

（二）椭圆形封头

椭圆形封头如图 2-4（f）所示，是由半个椭球面和高度为 h 的短圆筒（通称为直边）两部分所构成。直边的作用是避免筒体与封头间的环向连接焊缝处出现边缘应力与热应力叠加的情况，以改善封头与圆筒连接处的受力情况。直边 h 的取值见表 2-1。

表 2-1　椭圆形封头直边高度 h 的选用　　　　　　　　　　　　　　　　　　　　mm

封头材料	碳素钢	普通低合金钢	复合钢板	不锈钢、耐酸钢		
封头厚度 δ_n	4～8	10～18	≥20	3～9	10～18	≥20
直边高度 h	25	40	50	25	40	50

由于椭圆部分经线曲率平滑连续，故封头中的应力分布比较均匀，另外椭圆形封头深度较半球形封头小得多，易于冲压成型，因此椭圆形封头是目前中、低压容器中应用较为普遍的一种。

（三）碟形封头

碟形封头又称带折边球形封头，如图 2-4（e）所示，由以 R_i 为半径的球面、以 r 为半径的过渡圆弧（即折边）和高度为 h 的直边三部分构成。在碟形封头中设置直边部分的作用与椭圆形封头相同，直边段 h 值的取法与椭圆形封头 h 的取法一致。

二、法兰

由于工艺操作的需要以及设备制造、安装、运输、检修的方便，设备和管道常采用可拆连接。为了安全，可拆连接必须满足强度、刚度、密封性和耐腐蚀性的要求。常见的可拆连接有法兰连接、螺纹连接和承插连接。因为法兰连接能较好地满足可拆连接的要求，所以在化工设备和管道中得到广泛应用。

如图 2-5 所示，法兰连接是由一对法兰、若干个螺栓、螺母和一个垫片组成。

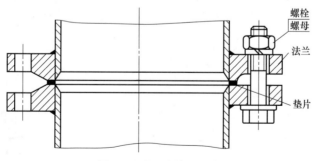

图 2-5　法兰连接的组成

（一）法兰类型

法兰可根据不同的方式进行分类。根据法兰的整体性程度分为整体式法兰、松式法兰和任意式法兰。

1. 整体式法兰

法兰与壳体或接管能有效地连接成一整体结构,如图 2-6(a)、(b)所示。颈部的存在提高了法兰和壳体连接的强度和刚度,可用于压力和温度较高、设备直径较大的场合,但它与设备壳体或接管连成一体,受力后会在壳体或接管上产生附加的弯曲应力。

2. 松式法兰

法兰和容器或接管不直接连成一体,如图 2-6(c)、(d)所示,法兰盘直接套在翻边或焊环上,对设备壳体或管道不产生附加弯曲应力,故又称活套法兰。活套法兰适用于有色金属或不锈钢制设备或管道上,法兰用碳钢材料可节约贵重金属用量。但法兰刚度小,承受同样载荷时其厚度较大,一般只适用于压力较低的场合。

3. 任意式法兰

任意式法兰的整体性介于整体式法兰和松式法兰之间,如图 2-6(e)、(f)所示。其中图 2-6(e)所示法兰与接管通过螺纹连接,法兰对管壁产生较小的附加弯曲应力,整体性接近于松式法兰,常用于高压管道连接。图 2-6(f)所示为压力容器用乙型法兰,其整体性接近于整体法兰。

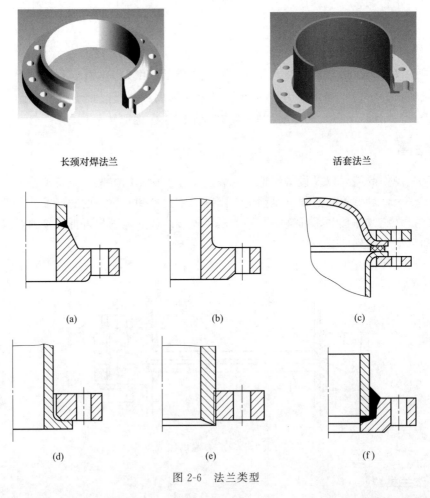

图 2-6 法兰类型

根据法兰接触面分为窄面法兰和宽面法兰。垫片与法兰接触面位于法兰螺栓孔包围的圆周内称为窄面法兰,如图 2-7(a)所示;垫片与法兰接触面分布在法兰螺栓中心圆的内外两侧称为宽面法兰,如图 2-7(b)所示。一般情况,设备和管道中采用窄面法兰。

根据使用场合分为压力容器法兰和管法兰。

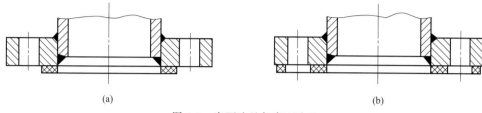

图 2-7 窄面法兰与宽面法兰

根据法兰形状分为圆形、方形和椭圆形法兰,如图 2-8 所示。圆形法兰最常见,方形法兰有利于把管子排列紧凑,椭圆形法兰通常用于阀门和小直径的高压管上。

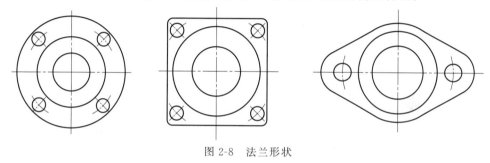

图 2-8 法兰形状

(二) 法兰连接的密封

泄漏是法兰连接的主要失效形式。一般来说,流体在密封处的泄漏主要有两种方式:如图 2-9 所示,一是"垫片渗透泄漏",即流体通过垫片材料本体毛细管的渗漏,其密封效果除了受介质压力、温度、黏度、分子结构等流体状态性质影响外,主要与垫片结构和材料性质有关,可通过对渗透性垫片材料添加某些填充剂进行改良,或与不透性材料组合成型来减少以至消除"渗透泄漏";另一种是"界面泄漏",即流体沿着垫片与法兰密封面之间的泄漏,泄漏量的大小主要与界面间隙尺寸有关。

法兰密封面是指上、下法兰与垫片的接触面,加工时的法兰密封面上凹凸不平的间隙及压紧力不足是造成"界面泄漏"的直接原因。由此界面产生的流体泄漏量可达总泄漏量的 80%~90%,因此"界面泄漏"是密封

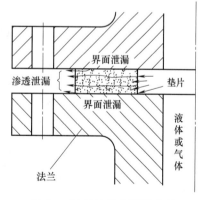

图 2-9 法兰连接的泄漏途径

失效的主要途径。而法兰连接密封就是要在螺栓压紧力的作用下,使垫片产生变形以填满法兰密封面上凹凸不平的间隙,阻止流体沿界面的泄漏,从而实现密封。

(三) 法兰的结构类型

1. 压力容器法兰

容器法兰亦称设备法兰,一般是设备本体部件相连的法兰,容器法兰在拆装允许的情况下,采用小螺栓多数量的均布结构。这样在同等工况下设备法兰刚性好,可做得小而薄。我

国现行的容器法兰标准为 NB/T 47021~47027—2012。

(1) 结构类型

压力容器标准法兰有甲型平焊法兰、乙型平焊法兰和长颈对焊法兰三种类型，见表 2-2。

表 2-2　压力容器法兰分类

类型	平焊法兰		对焊法兰
	甲型	乙型	长颈
标准号	NB/T 47021	NB/T 47022	NB/T 47023
简图			

公称直径 DN/mm	公称压力 PN/MPa															
	0.25	0.60	1.00	1.60	0.25	0.60	1.00	1.60	2.50	4.00	0.60	1.00	1.60	2.50	4.00	6.40
300	按 PN=1.00															
350																
400																
450	按 PN=1.00								—							
500																
550																
600																
650																
700																
800																
900				—												
1000																
1100																
1200																
1300																
1400																—
1500				—					—							
1600		—														
1700																
1800																
1900																
2000																
2200					按 PN=0.60											
2400							—									
2600			—													
2800																
3000																

甲型平焊法兰是法兰盘直接与容器的筒体或封头焊接。这种法兰在预紧和工作时都会对容器器壁产生一定的附加弯曲应力,法兰盘自身的刚度也较小,所以适用于压力等级较低和筒体直径较小的场合。甲型平焊法兰用板材切削加工制造,其工作温度为-20~300℃,最大允许工作压力见表2-2。

乙型平焊法兰与甲型平焊法兰相比是除法兰盘外增加了一个厚度大于筒体壁厚的短节,这样既增加了整个法兰的刚度,又可使容器器壁避免承受附加弯曲应力的作用。因此这种法兰可适用于较高压力和容器筒体直径较大的场合。乙型平焊法兰可用板材或锻件加工制造,其短节材料应与法兰材料相同或其材料强度级别应不低于法兰材料强度级别,且应与法兰材料间有良好的焊接性能。乙型平焊法兰工作温度为-20~350℃,最大允许工作压力见表2-2。

长颈对焊法兰用根部增厚且与法兰盘为一体的颈取代了乙型平焊法兰中的短节,从而更有效地增大了法兰的整体刚度。由于法兰盘与颈部为一整体,所以消除了法兰制造中可能发生的焊接变形及残余应力。这种法兰用专用型钢经机加工制造,降低了法兰的制造成本。长颈对焊法兰的工作温度为-70~450℃,最大允许工作压力见表2-2。

(2) 法兰密封面型式

压力容器法兰的密封面有平面密封面、凹凸密封面和榫槽密封面三种型式,法兰密封面及其代号见表2-3。

表2-3 压力容器法兰密封面代号

密封面型式		代 号
平面密封面	平密封面	RF
凹凸密封面	凹密封面	FM
	凸密封面	M
榫槽密封面	榫密封面	T
	槽密封面	G

平面密封面是一个突出的光滑平面,如图2-10 (a) 所示。这种密封面结构简单,加工方便,便于进行防腐衬里。但上紧螺栓后,垫片材料在紧固螺栓压紧力作用下容易往两侧伸

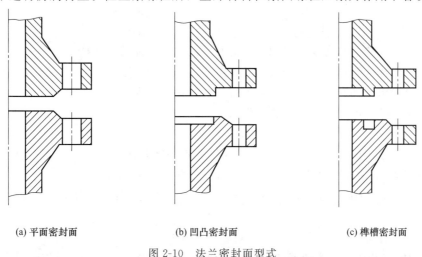

(a) 平面密封面　　　　(b) 凹凸密封面　　　　(c) 榫槽密封面

图 2-10　法兰密封面型式

展，不易压紧，密封性能较差，用于所需压紧力较低且介质无毒的场合。

凹凸密封面由一个凸面和一个凹面组成，如图 2-10（b）所示。在凹面上放置垫片，由于凹面在外侧有台阶，压紧时垫片不会被挤出，且便于对中，密封性能比平面密封面好，可适用于密封易燃、易爆、有毒介质及压力稍高的场合。

榫槽密封面由一个榫面和一个槽面组成，如图 2-10（c）所示。垫片放在槽内，压紧时垫片不会被挤出，工作时垫片与介质接触较少，可有效防止介质对垫片的腐蚀；但其结构较复杂，制造成本高，更换垫片困难。这种密封面不能用非金属软垫片，可采用缠绕式或金属包垫片，垫片较窄，容易获得良好的密封效果，适用于密封易燃、易爆、有毒介质及压力较高场合。密封面的凸面部分容易碰坏，运输与拆装时应加以注意。

在密封面型式中，甲型平焊法兰只有平面型与凹凸面型密封面，乙型平焊法兰与长颈对焊法兰则三种密封面型式均有。制造法兰的材料为碳钢或低合金钢，如果遇到不锈钢容器需要选配法兰，考虑经济性，可在碳钢或低合金钢法兰盘接触面上焊接一个不锈钢衬环，并在乙型平焊法兰的短节内表面或长颈对焊法兰颈部内表面加一层不锈钢衬里，这样隔离了腐蚀性介质与碳钢法兰的接触，既起到了防腐蚀作用又节省了费用。其它法兰结构图及其具体结构尺寸可查阅标准 NB/T 47020～47027—2012。法兰名称及代号见表 2-4。

表 2-4　法兰名称及代号

法兰类型	名称及代号
一般法兰	法兰
衬环法兰	法兰 C

（3）法兰标记

按 NB/T 47020～47027—2012 的规定，压力容器法兰的型号可按下式表示：

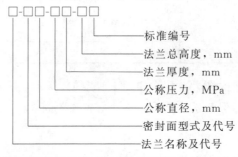

当法兰厚度及法兰总高度均采用标准值时，此两部分标记可省略。

为扩充应用标准法兰，允许修改法兰厚度 δ、法兰总高度 H，但必须满足 GB 150 中的法兰强度计算要求。如有修改，两尺寸均应在法兰标记中标明。

下面给出一些容器法兰表示方法示例。

标准法兰：

公称压力 1.6MPa、公称直径 800mm 的衬环榫槽密封面乙型平焊法兰的榫面法兰，且考虑腐蚀裕量为 3mm（即短节厚度应增加 2mm，δ_t 改为 18mm）；

标记：法兰 C-T800-1.60/48-200　NB/T 47022—2012，并在图样明细表备注栏中注明：$\delta_t=18$。

修改尺寸的标准法兰：

公称压力 2.5MPa、公称直径 1000mm 的平面密封面长颈对焊法兰，其中法兰厚度改为

78mm，法兰总高度依然为 155mm；

标记：法兰-RF1000-2.5/78-155　NB/T 47023—2012。

(4) 容器法兰选用

选用压力容器标准法兰是根据容器的设计压力、设计温度、介质特性等，由法兰标准确定法兰的类型、材料、公称压力、公称尺寸、密封面的型式，垫片的类型、材料及螺栓、螺母的材料等。具体选用步骤如下：

① 初步确定法兰的公称压力等级。按照设计压力小于等于公称压力的原则，由容器法兰的公称压力等级和给定的容器设计压力，就近确定一个公称压力值；若设计压力非常接近这一公称压力且设计温度高于200℃，则就近提高一个公称压力等级。

② 初步确定法兰类型。根据法兰的公称直径、容器设计温度和以上初定的公称压力，并考虑不同类型法兰的适用温度来初步确定法兰的类型。

③ 选定法兰材料。根据设计温度和介质特性，结合容器材料按标准选定。

④ 确定法兰的公称压力和类型。根据所选法兰的材料、容器工作温度及初步确定的法兰类型和公称压力确定其最大允许工作压力，若所得最大允许工作压力大于等于设计压力，则初定的公称压力就是所选法兰的公称压力；若最大允许工作压力小于设计压力则调换优质法兰材料或提高公称压力等级，使最大允许工作压力大于等于设计压力，最后确定出法兰的公称压力和类型。

⑤ 根据工作介质的特性确定密封面型式；根据法兰类型及工作温度查表，确定垫片，螺柱、螺母的材料。

⑥ 根据法兰类型、公称直径、公称压力查标准 NB/T 47020～47027—2012，确定法兰的具体结构尺寸。

2. 管法兰结构类型

我国现行的管法兰标准有两个：一个是由国家技术监督局批准并于2001年7月1日实施的管法兰国家标准，标准号是 GB/T 9112～9124—2010；另一个是由原化工部于1997年颁发的《钢制管法兰、垫片、紧固件》标准，标准号是 HG/T 20592～20635—2009。两个标准稍有差异，HG 管法兰标准制订时调整了个别 PN、DN 的对焊法兰与法兰盖的厚度。HG 标准中包含了欧洲体系（HG 20592～20614）和美洲体系（HG 20615～20635），两大体系内容完整、体系清晰，广泛应用于各设计、制造、管理和生产技术部门。本书只介绍欧洲体系。

(1) 法兰的类型

HG 管法兰标准共规定的法兰类型包括：板式平焊法兰、带颈平焊法兰、带颈对焊法兰、整体法兰、承插焊法兰、螺纹法兰、对焊环松套法兰、平焊环松套法兰、法兰盖和衬里法兰盖。法兰类型及代号见表2-5和图2-11。其中最常用的有板式平焊法兰、带颈平焊法兰和带颈对焊法兰三种类型。

表 2-5　管法兰类型及代号

法兰类型	法兰类型代号	法兰类型	法兰类型代号
板式平焊法兰	PL	螺纹法兰	Th
带颈平焊法兰	SO	对焊环松套法兰	PJ/SE
带颈对焊法兰	WN	平焊环松套法兰	PJ/RJ
整体法兰	IF	法兰盖	BL
承插焊法兰	SW	衬里法兰盖	BL(S)

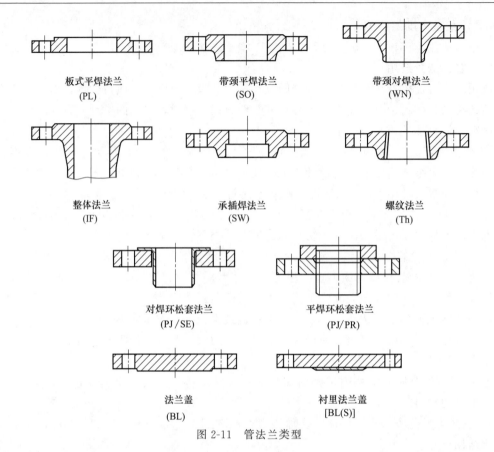

图 2-11 管法兰类型

板式平焊法兰直接与接管焊接,刚性较差,操作时在螺栓力作用下,法兰盘易变形引起泄漏,因此适用于压力较低且介质无毒、非易燃易爆及真空度要求不高的配管系统。带颈平焊法兰由于增加了与法兰盘为一整体的短颈,提高了法兰的刚度,改善了法兰的承载能力,有效减小了法兰变形,可适用于较高压力范围。带颈对焊法兰的颈部更长,又称高颈法兰,法兰刚性好且与管子采用对接焊连接、便于施焊,承压时焊接接头处产生的局部应力较小,是承载能力最好的一种管法兰,适用的压力范围广。

(2) 密封面型式

管法兰的密封面有五种型式:突面、凹凸面、全平面、榫槽面和环连接面。

密封面型式与代号见表 2-6 和图 2-12。工程中常用前四种密封面型式,其中突面和全平面密封面密封效果最差,凹凸密封面和榫槽密封面中垫片可放在凹面或槽内,密封效果得到改善。表 2-6 中列出了三种常用管法兰及法兰盖的密封面型式及适用的公称压力等级和公称直径范围。

表 2-6 管法兰密封面型式及代号

密封面型式	代号	公称压力 PN/MPa									
		0.25	0.6	1.0	1.6	2.5	4.0	6.3	10.0	16.0	25.0
突面	RF[①]		DN10~2000			DN10~1200	DN10~600	DN10~400		DN10~300	
凹凸面	MFM										
凹面	FM	—		DN10~600				DN10~400		DN10~300	—
凸面	M										

续表

密封面型式	代号	公称压力 PN/MPa									
		0.25	0.6	1.0	1.6	2.5	4.0	6.3	10.0	16.0	25.0
榫槽面	TG	—		$DN10 \sim 600$				$DN10 \sim 400$		$DN10 \sim 300$	—
榫面	T										
槽面	G										
全平面	FF	$DN10 \sim 600$		$DN10 \sim 2000$		—					
环连接面	RJ			—				$DN15 \sim 400$		$DN15 \sim 300$	

① $PN \leqslant 4.0$MPa 的突面法兰采用非金属平垫片；采用聚四氟乙烯包覆垫和柔性石墨复合垫时，可车制密纹水线，密封面代号为 RF（A）。

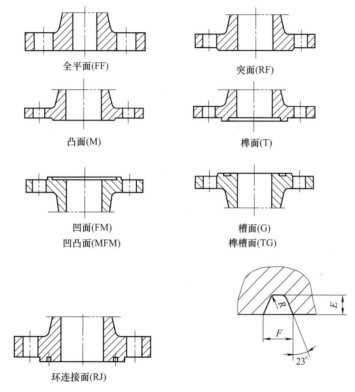

图 2-12 管法兰密封面型式

（3）管法兰的标识

管法兰的标记应按下列规定：

HG/T 20592 法兰（或法兰盖） b c-d e f g h

其中：

b 为法兰类型代号，按 HG/T 20592 标准 3.1.1 的规定。螺纹法兰采用按 GB/T 7306 规定的锥管螺纹时，标记为"Th（Rc）"或"Th（Rp）"；螺纹法兰采用按 GB/T 12716 规定的锥管螺纹时，标记为"Th（NFPT）"。螺纹法兰如未标记螺纹代号，则为 Rp（GB/T 7306.1）。

c 为法兰公称尺寸 DN 与适用钢管外径系列；整体法兰、法兰盖、衬里法兰盖、螺纹法兰，适用钢管外径系列的标记可省略。适用于本标准 A 系列钢管的法兰，适用钢管外径系列的标记可省略。适用于本标准 B 系列钢管的法兰，标记为"$DN\times\times$（B）"。

d 为法兰公称压力等级 PN。

e 为密封面型式代号，按 HG/T 20592 标准 3.2.1 的规定。

f 为钢管壁厚，应由用户提供。对于带颈对焊法兰、对焊环（松套法兰）应标注钢管壁厚。

g 为材料牌号。

h 表示其它。如加要求或采用与本标准规定不一致的要求等。

选用示例：

示例 1：公称尺寸 $DN300$、公称压力 $PN25$、配用英制管的凸面带颈平焊钢制管法兰，材料为 20 钢，其标记为 HG/T 20592 法兰 SO 300-25 M 20。

示例 2：公称尺寸 $DN100$、公称压力 $PN100$、配用公制管的凹面带颈对焊钢制管法兰，材料为 16Mn，钢管壁厚为 8mm，其标记为 HG/T 20592 法兰 WN100（B）-100 FM S=8mm 16Mn。

（4）管法兰的选用

管法兰的选用与压力容器法兰的选用方法基本相同，具体步骤如下：

① 确定管法兰的公称直径。根据管法兰的公称直径就是与管法兰相连的接管公称尺寸确定法兰的公称直径。

② 确定管法兰材质。根据介质特性、设计温度，结合管道材料选定。

③ 确定管法兰的公称压力等级。根据管法兰的材质和工作温度，按照设计压力不得高于对应工作温度下最高无冲击工作压力的原则，查管法兰的最高无冲击压力表确定出管法兰的公称压力等级。

④ 根据公称压力和公称直径查表确定法兰类型和密封面型式。

⑤ 根据工作温度、公称直径、公称压力和法兰类型查表确定垫片类型和材料以及螺栓、螺柱材料。

⑥ 根据法兰类型、公称直径、公称压力查标准 HG/T 20592～20635—2009，确定法兰的具体结构尺寸。

三、开孔与补强

化工容器中，由于工艺要求和检修及监测的需要，常在筒体或封头上开设各种大小的孔或安装接管，如人孔、手孔、视镜孔、物料进出口接管等，以及安装压力表、液面计、安全阀、测温仪表等接管开孔。

容器开孔后承载面积减小使整体强度削弱，同时由于开孔使器壁材料的连续性被破坏，在开孔处产生较大的附加应力，结果使开孔附近的局部应力达到很大的数值。这种在开孔附近局部应力急剧增大的现象称为应力集中。实验表明，孔边应力集中现象具有以下特点：

① 局部性特点，即随着离开开孔距离的增大孔边应力集中现象迅速衰减。

② 开孔孔径相对尺寸 d/D 越大，应力集中现象越严重，所以开孔不宜过大。

③ 被开孔壳体 δ/D 越小，应力集中现象越严重。将开孔周围壳体壁厚增大可明显降低应力集中现象。

④ 增大接管壁厚也可降低应力集中现象，因此可采用加厚接管来改善开孔处应力集中

现象，即采用厚壁管补强。

⑤ 在球壳上开孔的应力集中程度较圆筒上开孔低，所以在封头上开孔优于在筒体上开孔。

压力容器开孔接管处的应力集中现象以及作用在接管上各种载荷产生的应力、温差应力、容器材质和焊接缺陷等因素的综合作用，特别是在有波动载荷产生交变应力和腐蚀的情况下，开孔接管的根部就成为压力容器疲劳破坏和脆性裂口的薄弱部位，对容器的安全操作带来隐患，因此对容器开孔应予以足够重视，并从强度、工艺要求、加工制造、施工条件等方面综合考虑，采取合理的补强措施。

综上所述，压力容器孔边应力集中的程度与孔径大小、器壁厚度及容器直径等因素有关。若开孔过大，尤其是薄壁壳体，应力集中严重，则补强较困难。为降低开孔附近的应力集中现象，GB 150《压力容器》对压力容器的开孔尺寸和位置进行了限制，见表2-7。

表 2-7 压力容器开孔的限制

开孔部位	允许开孔的最大孔径 d
筒体	筒体内径 $D_i \leq 1500$mm 时，开孔最大直径 $d \leq D_i/2$，且 $d \leq 520$mm 筒体内径 $D_i > 1500$mm 时，开孔最大直径 $d \leq D_i/3$，且 $d \leq 1000$mm
凸形封头或球壳	开孔最大直径 $d \leq D_i/2$
锥壳（或锥形封头）	开孔最大直径 $d \leq D_i/3$，D_i 为开孔中心处的锥壳内直径
在椭圆形或碟形封头过渡部分开孔时，其孔的中心线宜垂直于封头表面	

注：尽量不要在焊缝处开孔。如果必须在焊缝上开孔，则在以开孔中心为圆心，以 1.5 倍开孔直径为半径的圆中所包含的焊缝，必须进行 100% 的无损探伤。

同时 GB 150 规定了不另行补强的最大开孔直径，即壳体开孔满足下列全部条件时，可不另行补强。

① 设计压力小于或等于 2.5MPa；
② 两相邻开孔中心的间距（对曲面间距以弧长计算）应不小于两孔直径之和的两倍；
③ 接管外径小于或等于 89mm；
④ 按管最小壁厚应满足表 2-8 要求。

表 2-8 不另行补强的接管外径及其最小厚度   mm

接管公称外径	25	32	38	45	48	57	65	76	89
最小厚度		3.5			4.0		5.0		6.0

注：1. 钢材的标准抗拉强度下限值 $\sigma_b > 540$MPa 时，接管与壳体的连接宜采用全焊透的结构型式。
2. 接管的腐蚀裕量为 1mm。

(一) 补强结构

为了保证压力容器开孔后能安全运行，除筒体上有排孔或封头上开孔数目较多时采取增大整个筒体或封头壁厚外，工程中常采用的开孔补强结构有补强圈补强、厚壁管补强及整体锻件补强，如图 2-13 所示。

1. 补强圈补强

补强圈补强是在开孔接管周围的容器壁上焊上一块圆环状金属板，使局部壁厚增加进行补强的一种方法，又称贴板补强，如图 2-13 (a)~(c) 所示，焊在设备壳体上的圆环状金属板就是补强圈。补强圈材料一般应与壳体材料相同。补强圈与壳体之间应很好地贴合，使其与容器壳体形成整体共同承受载荷的作用，较好地起到补强作用。在补强圈上开有一个M10的螺纹孔以便焊后通入（0.4~0.5MPa）压缩空气检验补强圈与壳体连接焊缝的质量。当开孔直径较大需要较厚补强圈时，可在壳体内外两侧分别焊上一个较薄的补强圈，如图2-13（c）所示，实践证明图2-13（c）的结构比图2-13（a）、(b）的结构更能有效降低接管处的应力集中程度，但在生产中，从腐蚀与制造角度考虑大多采用图2-13（a）的结构。补强圈已标准化，其标准为 JB/T 4736—2002《补强圈》。

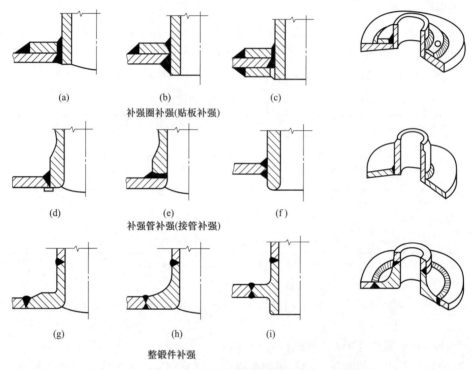

图 2-13 常用补强结构

补强圈结构简单、制造方便、造价低、使用经验成熟，广泛用于中低压容器。但与厚壁接管补强和整体锻件补强相比存在以下缺点：

① 补强圈提供的补强区域过于分散，补强效率不高。

② 补强圈与壳壁之间不可避免地存在一层空气间隙，传热效果差，在壳体和补强圈之间容易引起附加的温差应力。

③ 补强圈与壳体焊接，形成内、外两圈封闭的焊缝，增大了焊件的刚性，对焊缝冷却的收缩产生较大约束作用，容易在焊接接头处形成裂纹，尤其是高强度钢对焊接裂纹比较敏感，更易开裂。

④ 补强圈没有和壳体或接管真正熔合成一个整体，抗疲劳性能差。

由于存在上述缺点，所以补强圈结构通常只用在压力无波动、温度不高、中低压，钢材的标准抗拉强度低于540MPa，补强圈厚度小于或等于 $1.5\delta_n$、壳体名义厚度 δ_n 不大于38mm 的场合。

2. 厚壁接管补强

厚壁接管补强是在开孔处焊上一段厚壁接管，如图2-13（d）~（f）所示。如制造条件许可，图 2-13（f）的结构补强效果更好，但内伸长度要适当，如过长则补强效果反而降低。

厚壁接管补强结构由于用来补强的金属处于最大应力区域内，故能有效地降低开孔周围的应力集中程度。补强结构简单，焊缝少，焊接质量容易检验，补强效果较好，已广泛应用于各种化工设备，尤其是高强度低合金钢制设备，由于材料缺口敏感性较高，一般都采用该结构。对于重要设备，焊缝处应采用全焊透结构。

3. 整体锻件补强

整体锻件补强就是将开孔周围部分壳体、接管连同补强部分做成一个整体锻件，再与壳体和接管焊接，如图 2-13（g）～（i）所示。其优点是补强金属集中在开孔应力最大的部位，能有效地降低应力集中的程度；而且它与壳体之间采用对接接头，使焊缝及其热影响区离开最大应力点，抗疲劳性能好，所以整体锻件补强的补强效果最好。若采用如图 2-13（h）所示的结构，加大过渡圆角半径，则补强效果更好。但整体锻件补强的机加工量大，且锻件制造成本较高，因此多用于重要压力容器，如核容器、材料屈服点在 540MPa 以上的容器开孔，受低温、高温、疲劳载荷容器及大直径开孔容器等。

（二）标准补强圈及其选用

1. 补强圈标准

为了便于制造和使用，我国对补强圈制定了相应标准，现行补强圈标准为 JB/T 4736—2002。标准补强圈是按等面积补强原则进行计算，且补强圈的材料一般与壳体材料相同，并应符合相应材料标准的规定。标准补强圈的结构、尺寸、技术要求等需按本标准进行选用。

2. 标准补强圈的结构

标准补强圈的结构如图 2-14 所示。按补强圈焊缝结构的要求，补强圈坡口分为 A、B、C、D、E 五种型式，如图 2-15 所示。

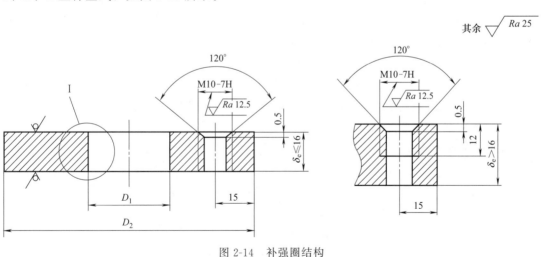

图 2-14 补强圈结构

各种坡口型式的适用条件如下：

A 型：适用于非疲劳、低温及大的温度梯度的一类压力容器，且在容器内有较好的施焊条件，壳体为内坡口的填角焊结构；

B 型：适用于中低压及内部有腐蚀且壳体为内坡口的非全焊透结构；

C 型：适用于壳体内不具备施焊条件且壳体为外坡口的全焊透结构；

D型：适用于储存有毒介质或腐蚀性介质且壳体为内坡口的全焊透结构；

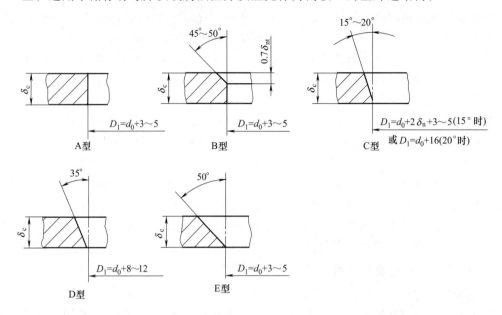

图 2-15　补强圈坡口型式

d_0—接管外径；δ_n—壳体开孔处名义厚度；δ_{nt}—接管名义厚度；δ_c—补强圈厚度

E型：适用于中低温、中压容器及盛装腐蚀性介质且壳体为内坡口的全焊透结构。
除上述型式外，设计者可根据结构要求自行设计坡口型式。
标准补强圈结构尺寸见图 2-15 和表 2-9。
补强圈焊接后应对补强圈角焊缝进行检查，不得有裂纹、气孔、夹渣等缺陷，焊缝的成型应圆滑过渡或打磨至圆滑过渡，保证补强圈与器壁紧密贴合，使其与器壁一起承受载荷，否则起不到补强作用，角焊缝不得有渗漏现象。

3. 标准补强圈的选用与标记

① 根据国家标准 GB 150 规定的等面积补强计算方法确定并按表 2-9 选取补强圈厚度。
② 根据工艺条件查图 2-14 和图 2-15 及表 2-9 确定补强圈结构及尺寸。
③ 根据标准规定进行标记。
标准补强圈标记如下：

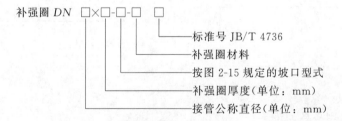

如接管公称直径 $DN100$mm，补强圈厚度为 8mm，坡口型式为 D 型，材质 Q235B，标记为：
　　　　补强圈 $DN100\times8$-D-Q235B　JB/T 4736—2002

为简便，工程中常按补强圈与筒体材质相同、壁厚相等及给定的工艺条件确定补强圈结构，再由图 2-15 和表 2-9 确定其内径和外径，不进行补强计算。

表 2-9 补强圈尺寸系列

接管公称直径 DN	外径 D_2	内径 D_1	厚度 δ_c/mm												
			4	6	8	10	12	14	16	18	20	22	24	26	28	30
	尺寸/mm		质量/kg													
50	130	按图2-15中的型式确定	0.32	0.48	0.64	0.80	0.96	1.12	1.28	1.43	1.59	1.75	1.91	2.07	2.23	2.57
65	160		0.47	0.71	0.95	1.18	1.42	1.66	1.89	2.13	2.37	2.60	2.84	3.08	3.31	3.55
80	180		0.59	0.88	1.17	1.46	1.75	2.04	2.34	2.63	2.92	3.22	3.51	3.81	4.10	4.38
100	200		0.68	1.02	1.35	1.69	2.03	2.37	2.71	3.05	3.38	3.72	4.06	4.40	4.74	5.08
125	250		1.08	1.62	2.16	2.70	3.24	3.77	4.31	4.85	5.39	5.93	6.47	7.01	7.55	8.09
150	300		1.56	2.35	3.13	3.91	4.69	5.48	6.26	7.04	7.82	8.60	9.38	10.2	10.9	11.7
175	350		2.23	3.34	4.46	5.57	6.69	7.80	8.92	10.0	11.1	12.3	13.4	14.5	15.6	16.6
200	400		2.72	4.08	5.44	6.80	8.16	9.52	10.9	12.2	13.6	14.9	16.3	17.7	19.0	20.4
225	440		3.24	4.87	6.49	8.11	9.74	11.4	13.0	14.6	16.2	17.8	19.5	21.1	22.7	24.3
250	480		3.79	5.68	7.58	9.47	11.4	13.3	15.2	17.0	18.9	20.8	22.7	24.6	26.5	28.4
300	550		4.79	7.18	9.58	12.0	14.4	16.8	19.2	21.6	24.0	26.3	28.7	31.1	33.5	36.0
350	620		5.90	8.85	11.8	14.8	17.7	20.6	23.6	26.6	29.5	32.4	35.4	38.3	41.3	44.2
400	680		6.84	10.3	13.7	17.1	20.5	24.0	27.4	31.0	34.2	37.6	41.0	44.5	48.0	51.4
450	760		8.47	12.7	16.9	21.2	25.4	29.6	33.9	38.1	42.3	46.5	50.8	55.0	59.2	63.5
500	840		10.4	15.6	20.7	25.9	31.1	36.3	41.5	46.7	51.8	57.0	62.2	67.4	72.5	77.7
600	980		13.8	20.6	27.5	34.4	41.3	48.2	55.1	62.0	68.9	75.7	82.6	89.5	96.4	103.3

注：1. 内径 D_1 为补强圈成型后的尺寸。

2. 表中质量为 A 型补强圈按接管公称直径计算所得的值。

四、支座

化工容器靠支座支承并固定在基础上。随安装位置不同，化工容器支座分立式容器支座和卧式容器支座两类，其中立式容器支座又有腿式支座、支承式支座、耳式支座和裙式支座四种。大型容器一般采用裙式支座。卧式容器支座有支承式、鞍式和圈式支座三种；以鞍式支座应用最多。而球形容器多采用柱式或裙式支座。

1. 卧式容器支座

卧式容器的支座可分为三种：鞍式支座、圈式支座和支腿式支座，如图 2-16 所示。其中鞍式支座应用最为广泛，在卧式储槽和热交换器上应用较广，简称鞍座，现已标准化，标准号为 JB/T 4712.1—2007；圈式支座用于大直径薄壁容器和真空操作的容器，或多于两个支承的长容器，圈座能使容器支撑处的筒体得到加强，能降低支撑处的局部应力，采用圈座时除常温常压下操作的容器外，至少应有一个圈座是滑动支承的；支腿式支座结构简单，但

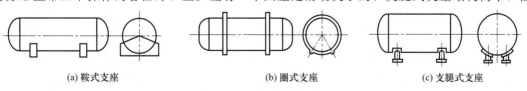

(a) 鞍式支座　　　　　　　　(b) 圈式支座　　　　　　　　(c) 支腿式支座

图 2-16 卧式容器支座

支撑反力集中作用于局部壳体上，一般只用于小型卧式容器和设备。

2. 立式容器支座

立式容器支座分为耳式支座、腿式支座、支承式支座和裙式支座四种，如图 2-17 所示。腿式支座用于公称直径 DN 为 $400\sim1600mm$、圆筒切线长度 L 与公称直径 DN 之比不大于 5、容器总高不大于 $8000mm$，且不得用于通过管线直接与产生脉动载荷的机器设备刚性连接的容器；耳式支座用于公称直径不大于 $4000mm$ 的立式圆筒形容器，广泛用于反应釜及立式换热器等直立设备上；支承式支座用于公称直径 $DN800\sim4000mm$、圆筒长度 L 与公称直径 DN 之比 $L/DN\leqslant5$、容器总高度 $H_0\leqslant10m$ 钢制立式圆筒形容器，以上三种类型的支座均已标准化，标准号为 JB/T 4712.2～4712.4—2007；裙式支座主要用于总高大于 10m、圆筒长度 L 与公称直径 DN 之比大于 5 的高大的塔类设备。

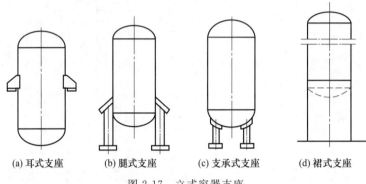

图 2-17　立式容器支座

3. 球形容器支座

球形容器支座有柱式、裙式、半埋式和高架式四种支座型式，如图 2-18 所示。工程中多数情况采用柱式支座和裙式支座，柱式支座又分为赤道正切式、V 形柱式和三柱合一式支座，其中以赤道正切式支座最为常见。

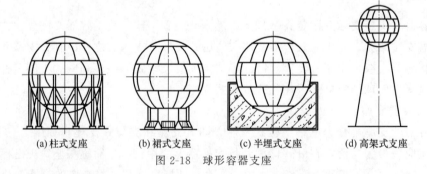

图 2-18　球形容器支座

（一）鞍式支座

1. 结构组成

鞍座是卧式容器和设备广泛采用的一种支座，现行鞍座标准为 NB/T 47065.1—2018《容器支座　第 1 部分：鞍式支座》，其结构分焊制和弯制两种，如图 2-19 所示。焊制鞍座一般是由底板、腹板、筋板和垫板组焊而成；而弯制鞍座的腹板与底板是由同一块钢板弯制而成，两者之间不存在焊缝，只有当 $DN\leqslant900mm$ 的设备才使用弯制鞍座，如图 2-19（b）所示。鞍座本体的焊接均为双面连续角焊，鞍座与容器圆筒焊接采用连续焊。焊缝腰高取较薄板厚度的 0.5~0.7 倍，且不小于 5mm。当容器壳体有热处理要求时，鞍座垫板应在热处理前焊于容器上。

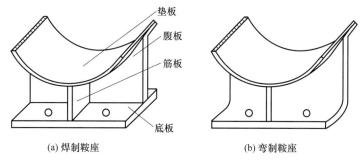

图 2-19 鞍式支座

2. 类型

鞍式支座分为轻型（代号 A）、重型（代号 B）两种类型，$DN \leqslant 900$mm 的设备鞍座只有重型而没有轻型，因为设备直径较小，轻重型没有明显差异。重型鞍式支座按制作方式、包角及附带垫板情况分 BⅠ~BⅤ 五种型号，各种型号鞍座的型式特征见表 2-10。鞍座大部分带垫板，但公称直径 $DN \leqslant 900$mm 的设备也有不带垫板的。

表 2-10 鞍座的型式特征

型式			包角	垫板	筋板数	适用公称直径 DN/mm
轻型		A	120°	有	4	1000~2000
					6	2100~4000
重型	焊制	BⅠ	120°	有	1	159~426
						300~450
					2	500~900
					4	1000~2000
					6	2100~4000
		BⅡ	150°	有	4	1000~2000
					6	2100~4000
		BⅢ	120°	无	1	159~426
						300~450
					2	500~900
	弯制	BⅣ	120°	有	1	159~426
						300~450
					2	500~900
		BⅤ	120°	无	1	159~426
						300~450
					2	500~900

为了使容器在壁温发生变化时能够沿轴线方向自由伸缩，每种型式鞍座又分为固定式（代号 F）和滑动式（代号 S）两种安装型式，即固定式支座的底板上开圆形螺栓孔，滑动

式支座的底板上开长圆形螺栓孔,如图 2-20 所示。双鞍座支承的卧式容器必须是固定式鞍座与滑动式鞍座搭配使用。安装时,F 型鞍座通过底板上的地脚螺栓固定在基础上,S 型鞍座地脚螺栓上则使用两个螺母,先拧上去的螺母拧到底后倒退一圈,再用第二个螺母锁紧,这样当容器产生热变形时,S 型鞍座可以随容器一起做轴向移动。为便于 S 型鞍座的轴向滑动,如果容器的基础是钢筋混凝土时,在 S 型鞍座的下面必须安装基础垫板。

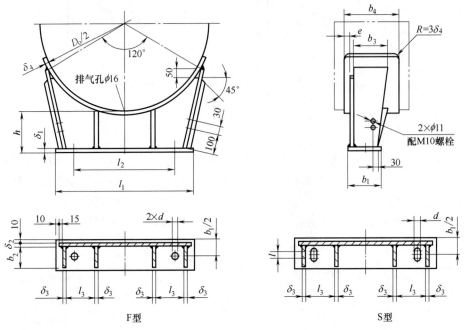

图 2-20 鞍座结构

3. 鞍座的材料和标记

鞍式支座材料为 Q235B,也可用其它材料。垫板材料一般应与容器筒体材料相同,焊接材料的选用参照有关标准。当鞍式支座设计温度等于或低于 −20℃ 时,应根据实际设计条件,如有必要设计者可以对腹板等材料提出附加低温检验要求,或是选用其它合适的材料。

鞍式支座的标记方法如下:

注:1. 若鞍座高度 h、垫板宽度 b_4、垫板厚度 δ_4、底板滑动长孔长度 l 与标准尺寸不同,则应在设备图样零件名称栏或备注栏注明。如 $h=450$, $b_4=200$, $\delta_4=12$, $l=30$。

2. 鞍座材料应在设备图样的材料栏内填写,表示方法为:支座材料/垫板材料。无垫板时只注支座材料。

示例 1:$DN325mm$,120° 包角,重型不带垫板的标准尺寸的弯制固定式鞍座,鞍座材料为 Q345R,标记为:NB/T 47065.1—2018,鞍座 BV325-F

材料栏内注:Q345R

示例 2:$DN1600mm$,150° 包角,重型滑动鞍座,鞍座材料为 Q235B,垫板材料 S30408,鞍座高度为 400mm,垫板厚为 12mm,滑动长孔长度 60mm。

标记为：NB/T 47065.1—2018，鞍座 B Ⅱ 1600-S，$h=400$，$\delta_4=12$，$l=60$

材料栏内注：Q235B/S30408

（二）裙式支座

1. 裙座的结构

裙式支座简称裙座，由裙座体（也称座圈）、基础环和地脚螺栓座组成，如图 2-21 所示。裙座体上开有人孔、引出管孔、排气孔和排污孔，裙座体焊在基础环上，并通过基础环将载荷传给基础；在基础环上面焊制地脚螺栓座，如图 2-21（b）所示，地脚螺栓座由两块筋板、一块压板和一块垫板组成。地脚螺栓通过地脚螺栓座将裙座固定在基础上。基础上的地脚螺栓是预先填埋固定好的，为了便于安装，裙座基础环上的地脚螺栓孔是敞口的，如图 2-21（b）中的 B—B，地脚螺栓座上的压板和垫板要在塔体吊装定位后再焊上去，最后旋紧垫板上的螺母将塔固定。裙座体除图示圆筒形外，还可做成半锥角不超过 15°的圆锥形。当地脚螺栓数量较多，或者基础环下的混凝土基础表面承受压力过大时，往往需采用锥形裙座。

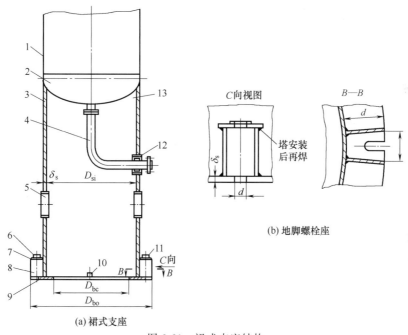

图 2-21 裙式支座结构

1—塔体；2—封头；3—裙座体；4—引出管；5—检查孔；6—垫板；7—压板；
8—筋板；9—基础环；10—排污孔；11—地脚螺栓；12—引出孔；13—排气孔

塔底部的接管一般都需伸出裙座，裙座上的引出孔结构如图 2-22 所示，引出孔的加强管上一般应焊有支承筋板，考虑到管子的热膨胀，支承板与引出孔加强管之间应留有间隙。引出孔尺寸见表 2-11。

表 2-11 引出孔尺寸   mm

引出管直径		20 25	32 40	50 70	80 100	125 150	200	250	300	350
引出孔	无缝钢管	$\phi 133\times 4$	$\phi 159\times 4.5$	$\phi 219\times 6$	$\phi 273\times 8$	$\phi 325\times 8$	—	—	—	—
	卷焊管	—	—	$\phi 200$	$\phi 250$	$\phi 300$	$\phi 350$	$\phi 400$	$\phi 450$	$\phi 500$

注：1. 引出管在裙座内用法兰连接时，通道内径必须大于法兰外径。
2. 引出管保温（冷）后的外径加上 25mm 大于表中通道内径时，应适当加大通道内径。

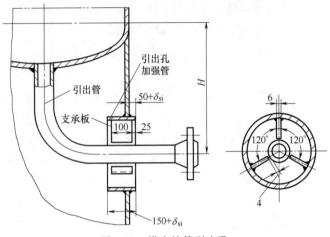

图 2-22 塔底接管引出孔

为方便检修，裙座上必须开设检查孔。检查孔有圆形和长圆形两种。圆形孔直径为 250~500mm，长圆孔 400mm×500mm。裙座体上部的排气孔和下部排污孔是用来排除有毒气体的聚积和及时排除裙座体内的污液，其位置和数目尺寸可参见 NB/T 47041—2014。裙座体及地脚螺栓常用材质为 Q235A 和 Q235AF，但这两种材质不适用于温度过低的操作环境。

2. 裙座与塔体的连接

裙座与塔体的焊接可以采用搭接焊接或对接焊接接头，如图 2-23 所示。图 2-23（a）和

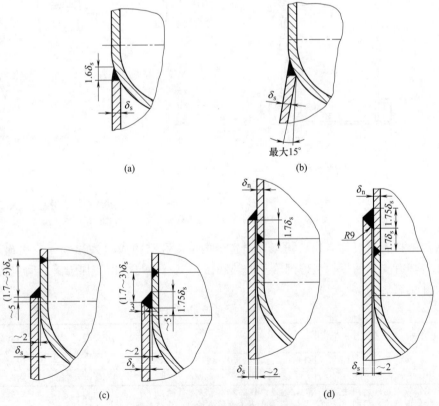

图 2-23 裙座与塔体的焊接结构

(b) 是对接焊接接头型式，裙座体外径与塔的下封头外径相等，焊缝为全焊透的连续焊，焊缝受压，封头局部受力，可承受较大的轴向载荷，用于大塔。图 2-23 (c) 和 (d) 是搭接焊接接头型式，裙座体内径稍大于塔体外径，角焊缝连接，搭接接头的位置既可以在塔的下封头直边处 [图 2-23 (c)]，也可以在筒体上 [图 2-23 (d)]。这种连接结构，在不考虑风载或地震载荷时，塔体自重使焊缝受到剪切载荷，焊缝受力不好，因此一般多用于直径小于 1000mm 的塔设备。为了保证较好的承载能力，搭接焊缝距封头与塔体连接的对接焊缝的距离应符合图示规定。当采用图 2-23 (d) 连接结构时，塔体与封头的对接环向焊缝的焊缝余高必须磨平，并应进行 100% 探伤检查。

(三) 其它类型支座

1. 腿式支座

腿式支座简称支腿，就是把角钢、钢管或 H 型钢支柱与容器筒体的外圆柱面焊接连接，筒体与支腿之间可设置加强垫板，也可以不设置加强垫板。现行标准号 NB/T 47065.2—2018《容器支座 第二部分：腿式支座》。腿式支座结构简单、轻巧、安装方便。但当容器上的管线直接与产生脉动载荷的机器设备刚性连接时，不宜选用腿式支座。

根据腿式支座标准 NB/T 47065.2—2018，把腿式支座分为六种类型，见表 2-12 和图 2-24。

表 2-12 腿式支座的型式特征

型式		支座号	垫板	适用公称直径 DN/mm
角钢支柱	AN	1～6	无	300～1300
	A		有	
钢管支柱	BN	1～56	无	600～1600
	B		有	
H 型钢支柱	CN	1～6	无	1000～2000
	C		有	

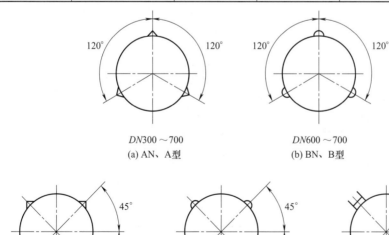

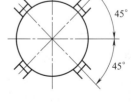

图 2-24 支腿的布置

用角钢做支柱带加强垫板称为 A 型支腿，不带加强垫板时称为 AN 型；用钢管做支柱带加强垫板称为 B 型支腿，不带加强垫板时称为 BN 型；用 H 型钢做支柱带加强垫板称为 C 型支腿，不带加强垫板时称为 CN 型。

用角钢做支腿，角钢与容器圆筒容易吻合、焊接组装容易。用钢管做支腿，支腿在各方向具有相同的惯性半径，具有良好的抗失稳能力。焊接采用连续焊，所有角焊缝尺寸取焊接较薄件的厚度。有焊后热处理要求的容器，应在热处理前把垫板与容器壳体焊接连接，垫板与容器壳体的焊接应在最低处留 10mm 不焊。

腿式支座可以使容器下面保持较大空间，便于维修操作，但支承的最大高度必须符合标准中给定值。对角钢和钢管支柱总高不大于 5000mm，对 H 型钢支柱总高不大于 8000mm。

角钢支柱及 H 型钢支柱的材料选 Q235B；钢管支柱选 20 钢；底板、盖板材料均选 Q235B。如需要，可以改为其它材料，但其性能均不得低于 Q235B 或 20 钢的性能指标，且应具有良好的焊接性能。垫板材料应与容器壳体材料相同。支腿用角钢应符合 GB/T 706，钢管应符合 GB/T 8162 或与其相当的标准的要求，H 型钢应参照 YB/T 3301。

支腿的标记方法规定如下：

2. 耳式支座

耳式支座广泛应用于中小型立式设备，它由底板（也称支脚板）、筋板、垫板和盖板组成，结构简单轻便，但对支座处的器壁产生较大局部应力。按筋板长度的不同，耳式支座有短臂（代号 A）、长臂（代号 B）和加长臂（代号 C）之分，其结构型式特征见表 2-13 和图 2-25。耳式支座已标准化，标准号为 NB/T 47065.3—2018《容器支座 第三部分：耳式支座》。

表 2-13 耳式支座的型式特征

型式	支座号	垫板	盖板	适用公称直径 DN/mm
短臂 A	1~5	有	无	300~2600
	6~8		有	1500~4000
长臂 B	1~5	有	无	300~2600
	6~8		有	1500~4000
加长臂 C	1~3	有	有	300~1400
	4~8			1000~4000

小型设备的耳式支座，可以支承在管子或型钢制的立柱上；较大型直立设备的耳式支座往往搁在钢梁或混凝土制的基础上。为使设备的重力均匀传给基础，底板的尺寸不宜过小，以免产生过大的压力，筋板和垫板也应有足够厚度，以保证支座的稳定，垫板厚度一般与筒体厚度相同，也可根据实际确定。耳式支座本体的焊接采用双面连续填角焊；支座与容器壳体的焊接采用连续焊。焊脚尺寸约等于 0.7 倍的较薄板厚度，且不小于 4mm。若容器壳体

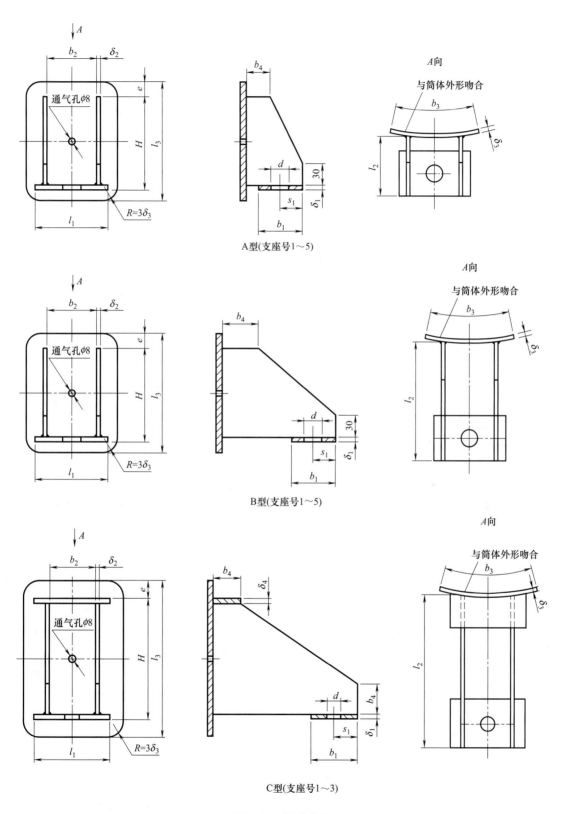

图 2-25 耳式支座

有热处理要求时，支座垫板应在热处理前焊于容器壁上。垫板中心应开一个通气孔，以利于焊接或需热处理时气体的排放。其系列参数尺寸见标准 NB/T 47065.3—2018。

通常情况耳式支座应带垫板，当 $DN \leqslant 900mm$，符合下列条件：容器圆筒有效厚度大于 3mm；容器圆筒材料与鞍座材料具有相同或相近化学成分和性能指标时可不带垫板。

垫板材料一般与筒体材料相同，支座的筋板和底板材料分为三种，其代号见表 2-14。

表 2-14　支座材料代号

材料代号	Ⅰ	Ⅱ	Ⅲ
支座的筋板和底板材料	Q235B	S30408	15CrMoR

耳式支座的标记方法规定如下：

说明：1. 若垫板厚度 δ_3 与标准尺寸不同，则在设备图样中零件名称或备注栏注明。

2. 支座与垫板的材料应在设备图样的材料栏内标注，表示方法如下：支座材料/垫板材料。

示例 1：A 型，3 号耳式支座，支座材料为 Q235B，垫板材料为 Q245R
　　标记为：NB/T 47065.3—2018，耳式支座 A3-Ⅰ　材料：Q235B/Q245R

示例 2：B 型，3 号耳式支座，支座材料为 Q235B，垫板材料为 S30408，垫板厚 12mm
标记为：NB/T 47065.3—2018，耳式支座 B3-Ⅰ，$\delta_3 = 12mm$　材料：Q235B/S30408

3. 支承式支座

支承式支座由底板、筋板（或钢管）和垫板组成。根据结构不同分为 A、B 两种型式，型式特征见表 2-15。

表 2-15　支承式支座的型式特征

型　式		支座号	垫板	适用公称直径 DN/mm
钢板焊制	A	1～4	有	800～2200
		5～6		2400～3000
钢管制作	B	1～8	有	800～4000

支承式支座本体的焊接，A 型支座采用双面连续焊；B 型支座采用单面连续焊。支座与容器壳体的焊接采用连续焊。焊脚尺寸约等于 0.7 倍的较薄板厚度，且不小于 4mm。若容器壳体有热处理要求时，支座垫板应在热处理前焊于容器壁上。支座垫板厚度一般与封头厚度相同，也可根据实际情况确定。B 型支座的高度可以改变，但应不大于规定的支座高度上限值。具体结构如图 2-26 所示，其系列参数尺寸参见标准 NB/T 47065.4—2018。

标记方法：

注：1. 若支座高度 h、垫板厚度 δ_3 与标准尺寸不同，则应在设备图样零件名称或备注栏中注明。

2. 支座及垫板材料应在设备图样材料栏内标注，表示方法如下：支座材料/垫板材料。

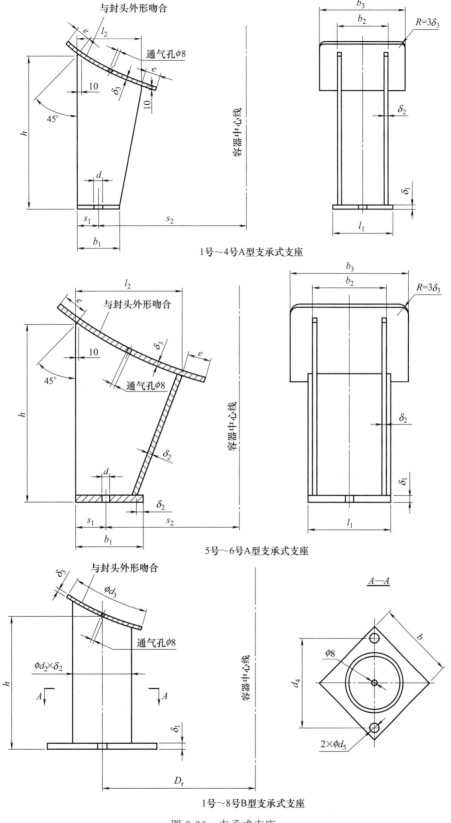

图 2-26 支承式支座

支座垫板材料一般应与容器封头材料相同。支座底板的材料为 Q235B；A 型支座筋板的材料为 Q235B；B 型支座钢管材料为 10 钢；根据需要也可选用其它支座材料，此时应按标准规定在设备图样中注明。

示例 1：钢板焊制的 3 号支承式支座，支座材料和垫板材料为 Q235B 和 Q245R

标记为：NB/T 47065.4—2018，支座 A3，材料：Q235B/Q245R

示例 2：钢管制作的 4 号支承式支座，支座高度为 600mm，垫板厚度为 12mm，钢管材料为 10 钢，底板材料为 Q235B，垫板为 S30408

标记为：NB/T 47065.4—2018，支座 B4，$h=600$，$\delta_3=12$，材料：10，Q235B/S30408

思考与练习

2-1 什么是压力容器？压力容器的基本构件有哪些？压力容器常见分类方式有哪些？

2-2 对压力容器用钢的基本要求是什么？钢厂出厂时的必检项目有哪些？

2-3 压力容器常用标准规范有哪些？

2-4 简述法兰密封的原理，说明在法兰密封中介质泄漏途径有哪些？

2-5 标准压力容器法兰及其密封面有哪些型式？如何选用？

2-6 标准管法兰及其密封面有哪些型式？如何选用？

2-7 常用的法兰材料有哪些？法兰的选材原则是什么？

2-8 压力容器的公称直径和管法兰的公称直径有什么区别？

2-9 开孔补强的结构有哪些？如何选择标准补强圈？

2-10 压力容器开孔是否有限制？什么条件下可以不另行补强？

2-11 简述鞍座的结构组成。

2-12 为什么鞍式支座必须是 F 型和 S 型搭配使用？对滑动鞍座的安装有何要求？

2-13 简述裙式支座的结构组成，并说明各作用；裙座与塔体连接有哪几种形式？各有何特点？

2-14 耳式支座有哪几种结构型式？各种型式在结构上有哪些不同？各用于什么条件下？

2-15 说明支承式支座的结构组成。

第三章

压力容器设计计算

本章学习指导

● 能力目标
- 根据工艺条件，完成中低压内压容器的强度计算、外压容器的厚度确定及压力试验的操作。

● 知识点
- 了解压力容器设计的基本概念和应用条件；
- 掌握典型壳体设计计算的方法，掌握计算公式中各参数的含义及选用方法；
- 了解压力试验的种类、方法及相关要求。

压力容器的设计不仅对生产的顺利进行有直接影响，而且也涉及操作人员的生命安全，因此，是一项非常慎重的工作，必须遵守国家有关压力容器设计、制造和使用等方面的各项规定。本章主要介绍压力容器的设计准则、设计计算、设计参数、制造要求及检验标准；相关设计、制作等内容均与 GB 150—2011《压力容器》保持一致。

第一节　压力容器设计概述

一、容器的失效模式

容器设计的核心问题是安全。在讨论压力容器设计技术的近代进展时，基本的出发点也是安全。容器的安全就是防止容器发生失效。容器的传统设计思想实质上就是防止容器发生"弹性失效"。但实际上，容器失效有各种类型，随着技术的发展，针对不同的失效形式而出现了不同的设计准则。

失效是一个具有广泛含义的术语，一般是指凡不能发挥原有功能的情况均为失效。由此可见容器的爆破是一种失效，外压失稳也是失效，甚至发生过度的变形也是一种失效，还有其它多种形式的失效，因此现代容器的失效模式可作如下分类。

1. 容器的基本失效模式

（1）过度变形

容器的总体或局部发生了过度变形，例如总体上的大范围的鼓胀，或局部的鼓胀，此时应认为容器已失效，不能再保障使用的安全。过度变形实质上说明容器在总体上或局部区域发生了塑性失效，已处于十分危险的状态。如果法兰的设计稍薄，在强度上尚可满足要求，但由于刚度不足而易产生永久变形，导致介质泄漏，这也是由于塑性失效的过度变形而导致的失效。

（2）韧性爆破

容器发生了有充分塑性大变形的破裂失效，这无疑属于超载下的爆破，可能是超压，也可能是容器本身大面积的壁厚较薄造成的。这是一种经过塑性大变形的塑性失效之后再发展为爆破的失效，亦称为"塑性失稳"，爆破后易引起灾难性的后果。

（3）脆性爆破

这是一种没有经过充分塑性大变形的容器破裂失效。材料的脆性和严重的超标缺陷均会导致这种破裂，或者两种原因兼而有之。脆性爆破时容器可能裂成碎片飞出，也可能仅沿纵向裂开一条缝。材料越脆，特别是总体上越脆则越易形成碎片。如果仅是焊缝或热影响较脆，则易裂开一条缝。形成碎片的脆性爆破特别容易引起灾难性后果。

由严重缺陷（如裂纹）而引起的低应力脆断失效尤应注意，这是指在低于容器屈服压力的低应力状态下即发生的脆断失效，容器发生爆裂时只有少量的变形，故为脆断。在低合金高强度钢制压力容器中，焊接易产生裂纹，而钢材对裂纹又较为敏感，这就特别容易发生低应力脆断，是压力容器较易发生的失效。

（4）疲劳失效

交变载荷最容易使容器的应力集中部位材料发生疲劳损伤，萌生出疲劳裂纹并进而扩展导致疲劳失效，疲劳失效包括材料的疲劳损伤（形成宏观裂纹）、疲劳扩展和结构的疲劳断裂等情况。容器疲劳断裂的最终失效方式一种是发生泄漏，称为"未爆先漏"（LBB），另一种是爆破，可称为"未漏先爆"。爆裂的方式取决于结构的厚度、材料的韧性，并与缺陷的大小有关。疲劳裂纹的断口上一般会留下贝壳状的疲劳条纹。但这两种疲劳断裂的失效均无明显的塑性变形，接近脆断时的宏观形态。有交变载荷的作用是发生疲劳失效的必要前提。

（5）蠕变失效

化工高温容器由于长期在高温下运行和受载，金属材料会随时间而不断发生蠕变损伤，以至逐步出现明显的鼓胀与减薄，甚至破裂而造成事故。即使载荷是恒定的，应力低于该温度下的屈服点，也会发生蠕变失效。不同材料在高温下的蠕变行为有所不同。材料高温下的蠕变损伤实质是晶界的弱化和在应力作用下沿晶界的滑移，晶界上便形成蠕变空洞，时间愈长空洞则愈多愈大，宏观上便出现蠕变变形。当空洞连成片并扩展时即形成蠕变裂纹，再发展下去容器最终会发生蠕变断裂的事故。材料经受蠕变损伤后在性能上会表现出强度下降和韧性降低，这就是蠕变脆化，也就是蠕变失效。蠕变失效的宏观表现是过度变形（膨胀），最终是由蠕变裂纹扩展而断裂（爆破）。

（6）失稳失效

容器在外压（包括真空）的压应力作用下丧失稳定性而发生的皱折变形称为失稳失效。皱折可以是局部的也可以是总体的，高塔皱折时会引起倒塌。

2. 容器的交互失效模式

容器在多种因素作用下同时发生多种形式的失效称为交互失效，主要有以下两种。

（1）腐蚀疲劳

在交变载荷和腐蚀介质交互作用下形成裂纹并扩展的交互失效。由于腐蚀介质的作用而引起抗疲劳性能的降低，容器在交变载荷作用下首先在表面有应力集中的地方发生疲劳损伤，在连续的腐蚀环境作用下发展为裂纹，最终发生泄漏或断裂。对应力腐蚀敏感与不敏感的材料都可能发生腐蚀疲劳，交变应力和腐蚀介质均加速了这一损伤过程的进程，使容器寿命大为降低。

(2) 蠕变疲劳

这是指高温容器既出现了蠕变变形又同时承受交变载荷作用而在应力集中的局部区域出现过度膨胀以至形成裂纹直至破裂。蠕变导致过度变形，载荷的交变导致萌生疲劳裂纹和裂纹扩展。因蠕变和疲劳交互作用失效的容器既有明显宏观变形的特点又有疲劳断口光整的特点。

二、容器设计准则的发展

为防止化工容器发生上述各种形式的失效，近代化工容器设计的重要特点就是必须考虑采用相应的设计准则。目前在被广泛采用的设计准则主要有以下几种。

(1) 弹性失效设计准则

为防止容器总体部位发生屈服变形，将总体部位的最大设计应力限制在材料的屈服点以下，保证容器的总体部位始终处于弹性状态而不会发生弹性失效，就是弹性失效设计准则。这是最传统的设计方法，也正是本书主要介绍的方法，是现今容器设计首先应遵循的准则。

(2) 塑性失效设计准则

容器某处（如厚壁筒的内壁）弹性失效后并不意味着容器失去承载能力。将容器总体部位进入整体屈服时的状态或局部区域沿整个壁厚进入全域屈服的状态称为塑性失效状态。若材料符合理想塑性假设，此时载荷不需继续增加，其变形会无限制发展下去，故称此载荷为极限载荷。将极限载荷作为设计的依据并加以限制，以防止发生塑性变形，称为极限设计。这种"极限设计"的准则即为塑性失效设计准则。用塑性力学方法求解结构的极限载荷是这种设计准则的基础。

(3) 弹塑性失效设计准则

如果容器的某一局部区域，一部分材料发生了屈服，而其它大部分区域仍为弹性状态，而弹性部分又能约束塑性区域的塑性流动变形，这种状态并不一定意味着失效。只有当容器某一局部弹塑性区域内的塑性区中的应力超过了由"安定性原理"确定的许用值时才认为结构丧失了"安定"而发生了弹塑性失效。因此安定性原理便是弹塑性失效的设计准则，亦称为安定性准则。

(4) 疲劳失效设计准则

为防止容器发生疲劳失效，只有将容器应力集中部位的最大交变应力的应力幅限制在由低周疲劳设计曲线确定的许用应力幅之内时才能保证在规定的循环周次内不发生疲劳失效，这就是疲劳失效设计准则。

(5) 蠕变失效设计准则

设计时将高温容器筒体的蠕变变形量（或按蠕变方程计算出的相应的应力）限制在某一允许的范围之内，便可保证高温容器在规定的使用期内不发生蠕变失效，这就是蠕变失效设计准则。

(6) 失稳失效设计准则

外压容器的失稳皱折需按照稳定性理论进行稳定性校核，这就是失稳失效的设计准则。
以上设计准则在化工容器设计中都已被采用。除弹性失效设计准则、塑性失效设计准则和失效设计准则在 20 世纪 60 年代以前就逐步成熟运用于容器的工程设计之外,弹塑性失效设计准则、疲劳失效设计准则以及蠕变失效设计准则均是 20 世纪 60 年代及以后逐步出现并成熟起来的,反映出化工容器设计理论的进展与突破。

第二节 内压薄壁容器强度计算

一、容器设计计算

1. 内压薄壁圆筒壁厚计算

根据已知的工艺条件,如压力、温度、介质等,设计一台新容器所进行的计算称为设计计算。圆筒体在内压作用下筒壁处于两向应力状态,根据第一强度理论(即最大主应力准则),筒壁产生的最大主应力是环向应力 σ_θ。设筒壁材料的许用应力为 $[\sigma]^t$,计算压力为 p_c,引入焊接接头系数 ϕ($\phi \leqslant 1$)补偿焊接接头对容器强度的影响,据此建立的强度条件为:

$$\frac{p_c(D_i+\delta)}{2\delta} \leqslant [\sigma]^t \phi$$

整理后得内压薄壁圆筒的计算壁厚:

$$\delta = \frac{p_c D_i}{2[\sigma]^t \phi - p_c} \tag{3-1}$$

$$\delta = \frac{p_c D_o}{2[\sigma]^t \phi + p_c} \tag{3-2}$$

$$(p_c \leqslant 0.4[\sigma]^t \phi)$$

式中 δ——圆筒的计算厚度,mm;
p_c——圆筒的计算压力,MPa;
D_i——圆筒的内直径,mm;
D_o——圆筒的外直径,mm;
$[\sigma]^t$——圆筒材料在设计温度下的许用应力,MPa;
ϕ——圆筒的焊接接头系数,$\phi \leqslant 1.0$。

上式仅是考虑内压(主要指气体压力)作用下的壁厚计算公式。当容器除承受内压外,还承受其它较大的外部载荷时,如风载荷、地震载荷、偏心载荷、温差应力等,式(3-1)就不能作为确定圆筒壁厚的唯一依据,这时需要同时校核由于其它载荷作用所引起的筒壁应力。

2. 球壳壁厚计算

内压薄壁球壳的强度条件为

$$\sigma = \frac{p_c(D_i+\delta)}{4\delta} \leqslant \phi[\sigma]^t$$

解出上式中的 δ,于是可得承受内压的球壳的计算壁厚 δ

$$\delta = \frac{p_c D_i}{4[\sigma]^t \phi - p_c} \quad (p_c \leqslant 0.6[\sigma]^t \phi) \tag{3-3}$$

$$\delta = \frac{p_c D_o}{4[\sigma]^t \phi + p_c} \qquad (p_c \leqslant 0.6[\sigma]^t \phi) \tag{3-4}$$

式中 ϕ——球壳的焊接接头系数；

其余参数同前。

通过对比内压薄壁圆筒与球壳壁厚的计算公式可知：在相同的条件下，球壳容器的壁厚约为圆筒体容器壁厚的一半。而且在相同容积下，球体的表面积比圆柱体的表面积小，因而防护用剂和保温等费用也较少。所以目前在化工、石油、冶金等工业中，许多大容量储罐都采用球形容器。但因球形容器制造比较复杂，因此通常对于直径小于 3m 的容器仍为圆筒形。

二、容器的校核计算

筒体的强度计算公式，除了用于决定承压筒体所需的最小壁厚外，对于工程中不少属于校核性问题，如旧式容器的改造使用、在役容器变更操作条件等，还可以用该公式来确定设计温度下圆筒的最大允许工作压力，对容器进行强度校核；也可以计算其设计温度下的计算应力，以判定在指定压力下圆筒体的安全可靠性。对式（3-1）、式（3-3）稍加变形可得到相应的校核公式。

圆筒形容器
$$[p_w] = \frac{2[\sigma]^t \phi \delta_e}{D_i + \delta_e} \tag{3-5}$$

$$[p_w] = \frac{2[\sigma]^t \phi \delta_e}{D_o - \delta_e} \tag{3-6}$$

球形容器
$$[p_w] = \frac{4[\sigma]^t \phi \delta_e}{D_i + \delta_e} \tag{3-7}$$

$$[p_w] = \frac{4[\sigma]^t \phi \delta_e}{D_o - \delta_e} \tag{3-8}$$

式中 $[p_w]$——容器的最大允许工作压力，MPa；

δ_e——容器的有效厚度，$\delta_e = \delta_n - C$；

δ_n——容器的名义厚度，mm；

C——容器的厚度附加量，$C = C_1 + C_2$；

C_1——钢板或钢管的厚度负偏差，mm；

C_2——腐蚀裕量，mm。

三、封头的强度计算

封头是压力容器的重要组成部分，常用的有半球形封头、椭圆形封头、碟形封头、锥形封头和平封头，如图 2-4 所示。工程上应用较多的是半球形封头、椭圆形封头和碟形封头，其中以椭圆形封头最常用。

1. 椭圆形封头

如图 2-4（f）所示，椭圆形封头是由半个椭球壳和一段高度为 h 的直边部分所组成。直边高度 h 的大小按封头直径和厚度不同有 25mm、40mm、50mm 三种，直边部分的作用是使椭圆壳和圆筒的连接边缘与封头和圆筒焊接连接的接头错开，避免边缘应力（互相连接的两部分由于变形不协调、互相约束而在连接处产生的附加应力）与热应力（由于焊接在焊接接头处产生的附加应力)叠加的现象,改善封头和圆筒连接处的受力状况。

当椭圆形封头的 $D_i/2h_i=2$ 时,称为标准椭圆封头,理论分析表明:标准椭圆封头应力分布均匀,在同等条件下与圆筒有大致相同的厚度,便于焊接连接,经济合理,所以 GB 150 推荐采用标准椭圆封头。椭圆形封头的强度计算按下式进行。

设计计算
$$\delta_h = \frac{Kp_c D_i}{2[\sigma]^t \phi - 0.5p_c} \tag{3-9}$$

$$\delta_h = \frac{Kp_c D_o}{2[\sigma]^t \phi + (2K - 0.5)p_c} \tag{3-10}$$

校核计算
$$[p_w] = \frac{2[\sigma]^t \phi \delta_{eh}}{KD_i + 0.5\delta_{eh}} \tag{3-11}$$

式中 K ——椭圆形封头的形状系数,可按 $K = \frac{1}{6}\left[2 + \left(\frac{D_i}{2h_i}\right)^2\right]$ 计算,其值见表 3-1。

GB 150 规定对 $K=1.00$ 的椭圆封头定为标准椭圆封头。

其它符号的意义与圆筒相同。

表 3-1 系数 K 值

$D_i/2h_i$	2.6	2.5	2.4	2.3	2.2	2.1	2.0	1.9	1.8
K	1.45	1.37	1.29	1.21	1.14	1.07	1.00	0.93	0.87
$D_i/2h_i$	1.7	1.6	1.5	1.4	1.3	1.2	1.1	1.0	
K	0.81	0.76	0.71	0.66	0.61	0.57	0.53	0.50	

按上面的计算式,从强度上避免了封头发生屈服。然而根据应力分析,承受内压的椭圆形封头在过渡转角区存在着较高的周向压应力,这样内压椭圆形封头虽然满足要求,但仍有可能发生周向皱折而导致局部屈曲失效。特别是大直径、薄壁椭圆形封头很容易在弹性范围内失去稳定而遭受破坏。目前,工程上一般都采用限制椭圆形封头最小厚度的方法,GB 150—2011 规定,$D_i/2h_i \leqslant 2$ 的椭圆形封头的有效厚度应不小于封头内直径的 0.15%,$D_i/2h_i > 2$ 椭圆形封头的有效厚度应不小于 0.30%。

2. 碟形封头

碟形封头又称带折边球形封头,如图 2-4(e) 所示,碟形封头是由半径为 R_i 的部分球面、高度为 h 的直边部分及连接以上两部分的半径为 r 的过渡区所组成。R_i/r 越大,则封头的深度越浅,制造方便,但边缘应力也就越大。碟形封头球面部分的内半径应不大于封头的内直径,通常取 0.9 倍的封头内直径。封头转角内半径应不小于封头内直径的 10% 且不得小于 3 倍的名义厚度 δ_{nh}。在碟形封头中直边部分的作用和取法与椭圆形封头相同。碟形封头的强度计算按下式进行。

设计计算
$$\delta_h = \frac{Mp_c R_i}{2[\sigma]^t \phi - 0.5p_c} \tag{3-12}$$

$$\delta_h = \frac{Mp_c R_i}{2[\sigma]^t \phi + (M - 0.5)p_c} \tag{3-13}$$

校核计算
$$[p_{\mathrm{w}}]=\frac{2[\sigma]^t\phi\delta_{\mathrm{eh}}}{MR_{\mathrm{i}}+0.5\delta_{\mathrm{eh}}} \quad (3\text{-}14)$$

式中 R_{i}——碟形封头球面部分内半径，mm；

M——碟形封头的形状系数，可按 $M=\dfrac{1}{4}\left(3+\sqrt{\dfrac{R_{\mathrm{i}}}{r}}\right)$ 计算，也可查表3-2。

其它符号的意义与椭圆形封头相同。

表3-2　碟形封头形状系数 M

R_{i}/r	1.0	1.25	1.50	1.75	2.0	2.25	2.50	2.75	3.0	3.25	3.5	4.0
M	1.00	1.03	1.06	1.08	1.10	1.13	1.15	1.17	1.18	1.20	1.22	1.25
R_{i}/r	4.5	5.0	5.5	6.0	6.5	7.0	7.5	8.0	8.5	9.0	9.5	10.0
M	1.28	1.31	1.34	1.36	1.39	1.41	1.44	1.46	1.18	1.50	1.52	1.54

对于 $R_{\mathrm{i}}/r\leqslant 5.5$ 的碟形封头，其有效厚度应不小于封头内直径的0.15%，其它碟形封头的有效厚度应不小于封头内直径的0.30%。但当确定封头厚度时已考虑了内压下的弹性失稳问题，可不受此限制。

半球形封头为半个球壳，与其它形式的封头相比应力分布均匀，但由于深度较大，当直径较小时制造困难，因此中小直径的容器很少采用半球形封头。对大直径的半球形封头，先在制造现场分瓣冲压，然后再运送到安装现场进行拼焊。半球形封头的强度计算与球形容器完全相同。

四、容器厚度的确定

1. 各厚度的含义与相互关系

① 计算厚度 δ：按强度条件公式计算所得厚度，计算厚度是保证容器强度要求的最小值。

② 设计厚度 δ_{d}：指计算厚度 δ 和腐蚀裕量之和，即 $\delta_{\mathrm{d}}=\delta+C$。

③ 名义厚度 δ_{n}：指设计厚度加上钢材厚度负偏差后，向上圆整至钢材标准规格的厚度。钢板厚度的常用规格见表3-3。

表3-3　钢板厚度的常用规格　　　　　mm

| 3 | 4 | 5 | 6 | 8 | 10 | 12 | 14 | 16 | 18 | 20 | 22 | 25 | 28 | 30 | 32 | 34 | 36 | 38 | 40 | 42 | 46 | 50 | 55 | 60 | 65 |
| 70 | 75 | 80 | 85 | 90 | 95 | 100 | 105 | 110 | 115 | 120 | | | | | | | | | | | | | | | |

④ 有效厚度 δ_{e}：指名义厚度减去钢材厚度附加量（厚度负偏差与腐蚀裕量之和），即 $\delta_{\mathrm{e}}=\delta_{\mathrm{n}}-(C_1+C_2)$。

⑤ 成形后的厚度：指制造厂考虑加工减薄量并按钢板厚度规格第二次向上圆整得到的坯板厚度，再减去实际加工减薄量后的厚度，即出厂时容器的实际厚度。一般情况下，只要成形后厚度大于设计厚度即可满足强度要求。各厚度之间的关系如图3-1所示。

计算容器厚度时，首先根据有关公式得出计算厚度 δ，并考虑厚度附加量 C，即由钢材的厚度负偏差 C_1 和腐蚀裕量 C_2 组成，$C=C_1+C_2$，然后圆整为名义厚度 δ_{n}，但该值还未包括加工减薄量。加工减薄量并非由设计人员确定，一般是由制造厂根据具体制造工艺和板

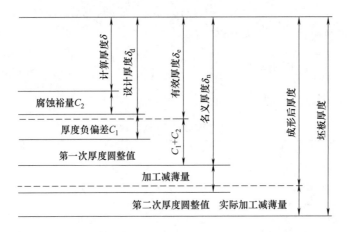

图 3-1 各厚度之间的关系

材的实际厚度来确定。

2. 容器的最小厚度

对于工作压力很低的内压压力容器,按强度公式计算的厚度往往是很小的;在满足强度的前提下,却不能满足在制造、运输和安装过程中对容器刚度的要求,因此 GB 150 中规定,对圆筒形容器加工成形后不包括腐蚀裕量的最小厚度作了如下限制:

① 碳素钢、低合金钢制容器,最小厚度 δ_{min} 不小于 3mm;

② 对高合金钢制容器,最小厚度 δ_{min} 不小于 2mm。

第三节 内压薄壁容器设计参数的确定

在上述设计和校核计算公式中包含有一些设计技术参数,如计算压力、设计压力、设计温度、厚度及其附加量、焊接接头系数、许用应力等,计算时须按 GB 150—2011《压力容器》及有关规定取值。

一、设计压力

1. 工作压力 p_w

指在正常工作情况下,容器顶部可能达到的最高压力,也称为最高工作压力。

2. 计算压力 p_c

指相应设计温度下,用以确定元件厚度的压力,其中包括液柱静压。通常情况下,计算压力等于设计压力 p 加上液柱静压力 p_L,即:$p_c = p + p_L$。当元件所承受的液柱静压小于 5%设计压力时,可忽略不计,此时计算压力即为设计压力。

3. 设计压力 p

指设定的容器顶部的最高工作压力,与相应的设计温度一起作为设计载荷条件,其值不得低于工作压力。实际计算时可以按《压力容器安全技术监察规程》等有关规定来确定相应的设计压力。

① 当容器上装有安全阀时,考虑到安全阀开启动作的滞后,容器不能及时泄压,设计

压力 p 不得低于安全阀的开启压力（开启压力是指阀瓣在运行条件下开始升起，介质连续排除的瞬时压力，其值小于或等于 1.05～1.1 倍容器的工作压力）。

② 当容器上装有爆破片时，设计压力 p 不得低于爆破片的爆破压力。其值可以根据爆破片的类型确定，通常可取 1.15～1.3 倍最高工作压力。

③ 当容器出口侧管线上装有安全阀时，其设计压力应不低于安全阀的开启压力加上流体从容器至安全阀处的压力降。

④ 当容器进口管线上装有安全阀，出口侧装有截止阀或其它截断装置时，其设计压力取以下两种情况之大者：

a. 安全阀的开启压力；
b. 按容器工作压力增加适当的裕度。

⑤ 当容器位于泵进口侧无安全控制装置时，取无安全泄放装置时的设计压力，且以 0.1MPa 外压进行校核。

⑥ 当容器位于泵出口侧且无安全控制装置时，其设计压力取以下三者中的大值。

a. 泵正常入口压力加 1.2 倍的泵正常工作扬程。
b. 泵最大入口压力加泵正常工作扬程。
c. 泵正常入口压力加关闭扬程（即泵出口全关闭扬程）。

⑦ 当容器系统中装有安全控制装置，而单个容器又无安全控制装置，且各容器之间的压力降难以确定时，其设计压力可按表 3-4 确定。

表 3-4　设计压力选用

工作压力 p_w	设计压力 p	工作压力 p_w	设计压力 p
$p_w \leq 1.8$	$p_w + 1.8$	$4.0 < p_w \leq 8.0$	$p_w + 0.4$
$1.8 < p_w \leq 4.0$	$1.1 p_w$	$p_w > 8.0$	$1.05 p_w$

⑧ 对于盛装液化气体且无保冷设施的容器，由于容器压力与介质的临界温度和工作温度密切相关，因此其设计压力应不低于液化气 50℃时的饱和蒸汽压力；对于无实际组分数据的混合液化石油气容器，由其相关组分 50℃时的饱和蒸汽压力作为设计压力。

液化气体在不同温度下的饱和蒸汽压力可以参见有关化工手册。常见盛装液化气体压力容器的设计压力见表 3-5。

表 3-5　常见盛装液化气体的压力容器的设计压力

容器类别		设计压力/MPa
液化气容器(无保冷设备)	液氨	2.16
	液氯	1.62
	丙烯	2.16
	丙烷	1.77
	正丁烷、已丁烷、正丁烯、已丁烯、丁二烯	0.79

续表

容器类别		设计压力/MPa
混合液化石油气容器（无保冷设备）	$1.62\text{MPa}<p_{50}\leqslant 1.94\text{MPa}$	以丙烯为相关组分，设计压力为 2.16MPa
	$0.58\text{MPa}<p_{50}\leqslant 1.62\text{MPa}$	以丙烷为相关组分，设计压力为 1.77MPa
	$p_{50}\leqslant 0.58\text{MPa}$	以已丁烷为相关组分，设计压力为 0.79MPa

注：p_{50} 为混合液化气 50℃的饱和蒸汽压力，表中的 1.94、1.62、0.58 分别为丙烯、丙烷、已丁烷 50℃的饱和蒸汽压力。

二、设计温度

设计温度是指容器在正常工作情况下，在相应的设计压力下，设定的受压元件的金属温度（指沿元件金属截面厚度的温度平均值），它用以确定材料的许可应力。对于 0℃以上的金属温度，设计温度不得低于元件金属在工作状态可能达到的最高温度；对于 0℃以下的金属温度，设计温度不得高于元件金属可能达到的最低温度。元件的金属温度可用传热计算求得，或在已使用的同类容器上测定，或按内部介质温度确定。当不可能通过传热计算或测试结果确定时，可按以下方法确定。

① 容器内壁与介质直接接触且有保温或保冷设施时，可按表 3-6 确定。

表 3-6 设计温度选用（一）　　　　　　　　　　　　　　　　　　　　℃

最高或最低工作温度① t_w	设计温度 t	最高或最低工作温度① t_w	设计温度 t
$t_w\leqslant -20$	t_w-10	$15\leqslant t_w\leqslant 350$	t_w+20
$-20\leqslant t_w\leqslant 15$	$-20\leqslant t\leqslant t_w-5$	$t_w>350$	$t_w+(5\sim 15)$

① 当工作温度范围在 0℃以下时，考虑最低工作温度；当工作温度范围在 0℃以上时，考虑最高工作温度；当工作温度范围跨越 0℃时，则按对容器不利的工况考虑。

注：当碳素钢容器的最高工作温度为 420℃以上，铬钼钢容器的最高工作温度为 450℃以上，不锈钢容器的最高工作温度为 550℃时，其设计温度不再考虑裕度。

② 容器内介质被热载体或冷载体间接加热或冷却时，按表 3-7 确定。

表 3-7 设计温度选用（二）　　　　　　　　　　　　　　　　　　　　℃

传热方式	设计温度	传热方式	设计温度
外加热	热载体的最高工作温度	内加热	被加热介质的最高工作温度
外冷却	冷载体的最低工作温度	内冷却	被冷却介质的最低工作温度

③ 容器内介质用蒸汽直接加热或被内置加热元件（如加热盘管、电热元件等）间接加热时，其设计温度取被加热介质的最高工作温度。

④ 对液化气用压力容器，当设计压力确定后，其设计温度就是与其对应的饱和蒸汽压力的温度。

⑤ 安装在室外无保温设施的容器，最低设计温度（0℃以下）受地区历年月平均最低气温的控制时，对于盛装压缩气体的储罐，最低设计温度取月平均最低气温减 3℃；对于盛装液体体积占容器容积的 1/4 以上的储罐，最低设计温度取月平均最低温度。

当压力容器具有不同的操作工况时，应按最苛刻的工况条件下设计压力与设计温度的组合设定容器的设计条件。

三、许用应力

许用应力是容器壳体、封头等受压元件的材料许用强度，它是根据材料各项性能指标分别除以相应的标准中所规定的安全系数来确定的。选用过大的许用应力，会使计算出来的部件过于单薄而强度不足发生破坏；若许用应力过小，则会使部件笨重而浪费材料。

安全系数主要是为了保证受压元件的强度有足够的安全储备量，是考虑到材料的力学性能、载荷条件、设计计算方法、加工制造以及操作使用中的不确定因素后确定的。表 3-8 中列出我国 GB 150 标准中规定的安全系数。

表 3-9、表 3-10 给出了常见钢板与钢管的许用应力值，当设计温度为中间值时，可用内插法确定。当设计温度低于 20℃时，取 20℃时的许用应力。

表 3-8　安全系数选用

材料	常温下的最低抗拉强度 R_m	常温或设计温度下的屈服点 R_{eL} 或 R_{eL}^t	设计温度下经 10 万小时断裂的持久强度 R_D^t		设计温度下经 10 万小时蠕变率为 1% 的蠕变极限 R_n^t
			平均值	最小值	
	n_b	n_s	n_D		n_n
碳素钢 低合金钢	3.0	1.6	≥1.5		≥1.0
高合金钢		≥1.5①	≥1.5		≥1.0

① 当容器的设计温度不到蠕变温度范围只允许有微量的永久变形时，可适当提高许用应力至 $0.9\sigma_s^t(\sigma_{0.2}^t)$，但不得超过 $\sigma_s(\sigma_{0.2})/1.5$。此规定不适应于法兰或其它有微量永久变形就产生泄漏或故障的场合。

四、焊接接头系数

通过焊接制成的容器，其焊缝是比较薄弱的。这是因为焊缝中可能存在夹渣、气孔、裂纹、未焊透等缺陷而使焊缝及热影响区的强度受到削弱，因此为了补偿焊接时可能出现的焊接缺陷对容器强度的影响，引入了焊接接头系数 ϕ，它等于焊缝金属材料强度与母材强度的比值，反映了由于焊接连接对材料强度的削弱程度。焊接接头系数 ϕ 的选取见表 3-11。

筒体或其它受压元件的纵向、环向接头，包括筒体与封头连接的环向接头都应尽量采用双面对接焊。按照 GB 150 中"制造、检验与验收"的有关规定，容器主要受压部分的焊接接头分为 A、B、C、D 四类，如图 3-2 所示，对于不同类型的焊接接头，其焊接检验要求也各不相同。

表 3-9 常用钢板许用应力

钢号	钢板标准	使用状态	厚度/mm	室温强度指标/MPa R_m	R_{eL}	在下列温度下的许用应力/MPa ≤20℃	100℃	150℃	200℃	250℃	300℃	350℃	400℃	425℃	450℃	475℃	500℃	525℃	550℃	575℃	600℃	备注
Q245R	GB 713	热轧,控轧,正火	3～16	400	245	148	147	140	131	117	108	98	91	85	61	41						
			>16～36	400	235	148	140	133	124	111	102	93	86	84	61	41						
			>36～60	400	225	148	133	127	119	107	98	89	82	80	61	41						
			>60～100	390	205	137	123	117	109	98	90	82	75	73	61	41						
			>100～150	380	185	123	112	107	100	90	80	73	70	67	61	41						
Q345R	GB 713	热轧,控轧,正火	3～16	510	345	189	189	189	183	167	153	143	125	93	66	43						
			>16～36	500	325	185	185	183	170	157	143	133	125	93	66	43						
			>36～60	490	315	181	181	173	160	147	133	123	117	93	66	43						
			>60～100	490	305	181	181	167	150	137	123	117	110	93	66	43						
			>100～150	480	285	178	173	160	147	133	120	113	107	93	66	43						
			>150～200	470	265	174	163	153	143	130	117	110	103									
Q370R	GB 713	正火	10～16	530	370	196	196	196	196	190	180	170										
			>16～36	530	360	196	196	196	193	183	173	163										
			>36～60	520	340	193	193	193	180	170	160	150										
18MnMoNbR	GB 713	正火加回火	30～60	570	400	211	211	211	211	211	211	211	207	195	177	117						
			>60～100	570	390	211	211	211	211	211	211	211	203	192	177	117						
13MnNiMoR	GB 713	正火加回火	30～100	570	390	211	211	211	211	211	211	211	203									
			>100～150	570	380	211	211	211	211	211	211	211	200									
15CrMoR	GB 713	正火加回火	6～60	450	295	167	167	167	160	150	140	133	126	122	119	117	88	58	37			
			>60～100	450	275	167	167	157	147	140	131	124	117	114	111	109	88	58	37			
			>100～150	440	255	163	157	147	140	133	123	117	110	107	104	102	88	58	37			

续表

钢号	钢板标准	使用状态	厚度/mm	室温强度指标/MPa R_m	室温强度指标/MPa R_{eL}	在下列温度下的许用应力/MPa ≤20℃	100℃	150℃	200℃	250℃	300℃	350℃	400℃	425℃	450℃	475℃	500℃	525℃	550℃	575℃	600℃	备注
14Cr1MoR	GB 713	正火加回火	6~100	520	310	193	187	180	170	163	153	147	140	135	130	123	80	54	33			
12Cr2Mo1R	GB 713	正火加回火	>100~150	510	300	189	180	173	163	157	147	140	133	130	127	121	80	54	33			
12Cr2Mo1R	GB 713	正火加回火	6~150	520	310	193	187	180	173	170	167	163	160	157	147	119	89	61	46	37		
12Cr1MoVR	GB 713	正火加回火	6~60	440	245	163	150	140	133	127	117	111	105	103	100	98	95	82	59	41		
12Cr1MoVR	GB 713	正火加回火	>60~100	430	235	157	147	140	133	127	117	111	105	103	100	98	95	82	59	41		
12Cr2Mo1VR	—	正火加回火	30~120	590	415	219	219	219	219	219	219	219	219	219	193	163	134	104	72			①
16MnDR	GB 3531	正火·正火加回火	6~16	490	315	181	181	180	167	153	140	130										
16MnDR	GB 3531	正火·正火加回火	>16~36	470	295	174	174	167	157	143	130	120										
16MnDR	GB 3531	正火·正火加回火	>36~60	460	285	170	170	160	150	137	123	117										
16MnDR	GB 3531	正火·正火加回火	>60~100	450	275	167	167	157	147	133	120	113										
16MnDR	GB 3531	正火·正火加回火	>100~120	440	265	163	163	153	143	130	117	110										
15MnNiDR	GB 3531	正火·正火加回火	6~16	490	325	181	181	181	173													
15MnNiDR	GB 3531	正火·正火加回火	>16~36	480	315	178	178	178	167													
15MnNiDR	GB 3531	正火·正火加回火	>36~60	470	305	174	174	173	160													

续表

钢号	钢板标准	厚度/mm	在下列温度下的许用应力/MPa																备注
			≤20℃	100℃	150℃	200℃	250℃	300℃	350℃	400℃	450℃	500℃	525℃	550℃	575℃	600℃	625℃	650℃	675℃	700℃	725℃	750℃	775℃	800℃	
S31603	GB 24511	1.5~80	120	120	117	108	100	95	90	86	84														
S31668	GB 24511	1.5~80	120	98	87	80	74	70	67	64	62														①
S31708	GB 24511	1.5~80	137	137	137	134	125	118	113	111	109	107														①
	GB 24511	1.5~80	137	117	107	99	93	87	84	82	81	79														
S31708	GB 24511	1.5~80	137	137	137	134	125	118	113	111	109	107	106	105	96	81	65	50	38	30						①
	GB 24511	1.5~80	137	117	107	99	93	87	84	82	81	79	78	76	73	65	50	38	30							
S31703	GB 24511	1.5~80	137	137	137	134	125	118	113	111	109	107														①
	GB 24511	1.5~80	137	117	107	99	93	87	84	82	81															
S32168	GB 24511	1.5~80	137	137	137	130	122	114	111	108	105	103	101	83	58	44	33	25	18	13						①
	GB 24511	1.5~80	137	114	103	96	90	85	82	80	78	76	75	74	58	44	33	25	18	13						
S39042	GB 24511	1.5~80	147	147	147	147	144	131	122																	①
	GB 24511	1.5~80	147	137	127	117	107	97	90																	

① 该行许用应力仅适用于允许产生微量永久变形之元件。对于法兰或其它有微量永久变形就引起泄漏或故障的场合不能采用。

表 3-10 常用钢管许用应力

钢号	钢管标准	使用状态	壁厚/mm	室温强度指标/MPa		在下列温度下的许用应力/MPa													备注
				R_m	R_{eL}	≤20℃	100℃	150℃	200℃	250℃	300℃	350℃	400℃	425℃	450℃	475℃	500℃	525℃	550℃	575℃	600℃	
10	GB/T 8163	热轧	≤10	335	205	124	121	115	108	98	89	82	75	70	61	41						
20	GB/T 8163	热轧	≤10	410	245	152	147	140	131	117	108	98	88	83	61	41						
Q345D	GB/T 8163	正火	≤10	470	345	174	174	174	174	167	153	143	125	93	66	43						

续表

钢号	钢管标准	使用状态	壁厚/mm	室温强度指标/MPa R_m	室温强度指标/MPa R_{eL}	在下列温度下的许用应力/MPa ≤20℃	100℃	150℃	200℃	250℃	300℃	350℃	400℃	425℃	450℃	475℃	500℃	525℃	550℃	575℃	600℃	备注
10	GB 9948	正火	≤16	335	205	124	121	115	108	98	89	82	75	70	61	41						
	GB 9948	正火	>16~30	335	195	124	117	111	105	95	85	79	73	67	61	41						
20	GB 9948	正火	≤16	410	245	152	147	140	131	117	108	98	88	83	61	41						
	GB 9948	正火	>16~30	410	235	152	140	133	124	111	102	93	83	78	61	41						
20	GB 6479	正火	≤16	410	245	152	147	140	131	117	108	98	88	83	61	41						
	GB 6479	正火	>16~40	410	235	152	140	133	124	111	102	93	83	78	61	41						
16Mn	GB 6479	正火	≤16	490	320	181	181	180	167	153	140	130	123	93	66	43						
	GB 6479	正火	>16~40	490	310	181	181	173	160	147	133	123	117	93	66	43						
12CrMo	GB 9948	正火加回火	≤16	410	205	137	121	115	108	101	95	88	82	80	79	77	74	50				
	GB 9948	正火加回火	>16~30	410	195	130	117	111	105	98	91	85	79	77	75	74	72	50				
15CrMo	GB 9948	正火加回火	≤16	440	235	157	140	131	124	117	108	101	95	93	91	90	88	58	37			
	GB 9948	正火加回火	>16~30	440	225	150	133	124	117	111	103	97	91	89	87	86	85	58	37			
	GB 9948	正火加回火	>30~50	440	215	143	127	117	111	105	97	92	87	85	84	83	81	58	37			
12Cr2Mo1	—	正火加回火	≤30	450	280	167	167	163	157	153	150	147	143	140	137	119	89	61	46	37		①
1Cr5Mo	GB 9948	退火	≤16	390	195	130	117	111	108	105	101	98	95	93	91	83	62	46	35	26	18	
	GB 9948	退火	>16~30	390	185	123	111	105	101	98	95	91	88	86	85	82	62	46	35	26	18	
12Cr1MoVG	GB 5310	正火加回火	≤30	470	255	170	153	143	133	127	117	111	105	103	100	98	95	82	59	41		
09MnD	—	正火	≤8	420	270	156	156	150	143	130	120	110										①
09MnNiD	—	正火	≤8	440	280	163	163	157	150	143	137	127										①
08Cr2AlMo	—	正火加回火	≤8	400	250	148	148	140	130	123	117											①
09CrCuSb	—	正火	≤8	390	245	144	144	137	127													①

续表

钢号	钢管标准	壁厚/mm	在下列温度下的许用应力/MPa ≤20℃	100℃	150℃	200℃	250℃	300℃	350℃	400℃	450℃	500℃	525℃	550℃	575℃	600℃	625℃	650℃	675℃	700℃	725℃	750℃	775℃	800℃	备注
0Cr18Ni9 (S30408)	GB 13296	≤14	137	137	137	130	122	114	111	107	103	100	98	91	79	64	52	42	32	27					①
	GB/T 14976	≤28	137	114	103	96	90	85	82	79	76	74	73	71	67	62	52	42	32	27					①
00Cr19Ni10 (S30403)	GB 13296	≤14	117	117	117	110	103	98	94	91	88														①
	GB/T 14976	≤28	117	97	87	81	76	73	69	67	65														①
0Cr18Ni10Ti (S32168)	GB 13296	≤14	137	137	137	130	122	114	111	108	105	103	101	83	58	44	33	25	18	13					①
	GB/T 14976	≤28	137	114	103	96	90	85	82	80	78	76	75	74	58	44	33	25	18	13					①
0Cr17Ni12Mo2 (S31608)	GB 13296	≤14	137	137	137	134	125	118	113	111	109	107	106	105	96	81	65	50	38	30					①
	GB/T 14976	≤28	137	107	107	99	93	87	84	82	81	79	78	78	76	73	65	50	38	30					①
00Cr17Ni14Mo2 (S31603)	GB 13296	≤14	117	117	117	108	100	95	90	86	84														①
	GB/T 14976	≤28	117	87	87	80	74	70	67	64	62														①
0Cr18Ni12Mo2Ti (S31668)	GB 13296	≤14	137	137	137	134	125	118	113	111	109	107													①
	GB/T 14976	≤28	137	117	107	99	93	87	84	82	81	79													①

① 该钢管的技术要求见GB 150.2—2011 附录A。

表 3-11　焊接接头系数 ϕ

接头形式	结构简图	焊接接头系数 ϕ	
		全部无损探伤	局部无损探伤
双面焊或相当于双面焊的全焊透对接焊缝		1.00	0.85
带垫板的单面对接焊缝		0.90	0.80

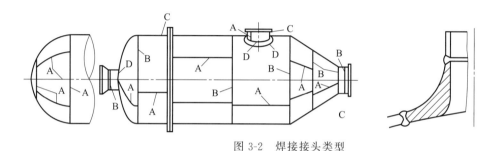

图 3-2　焊接接头类型

凡符合下列条件之一的容器及受压元件，需要对 A 类、B 类焊接接头进行 100% 无损检测。

① 钢材厚度大于 30mm 的碳素钢、16MnR。
② 钢材厚度大于 25mm 的 15MnVR、15MnV、20MnMo 和奥氏体不锈钢。
③ 标准抗拉强度下限值大于 540MPa 的钢材。
④ 钢材厚度大于 16mm 的 12CrMo、15CrMoR、15CrMo；其它任意厚度的 Cr-Mo 低合金钢。
⑤ 进行气压试验的容器。
⑥ 图样注明盛装毒性为极度危害的和高度危害的介质的容器。
⑦ 图样规定进行 100% 检测的容器。

除规定及允许可以不进行无损检测的容器外，对 A 类、B 类焊接接头还可以进行局部无损检测，检测长度不应小于每条焊缝的 20%，且不小于 250mm。

五、厚度附加量

按照计算公式得到的容器厚度，不仅要满足强度和刚度的要求，而且还要根据实际制造和使用情况，考虑钢材的厚度负偏差及介质对容器的腐蚀。因此，在确定容器厚度时，需要进一步引入壁厚附加量。壁厚附加量由两部分组成，即：

$$C = C_1 + C_2$$

式中　C——厚度附加量，mm；
　　　C_1——钢材的厚度负偏差，mm；
　　　C_2——腐蚀裕量，mm。

1. 钢板的厚度负偏差 C_1

钢板或钢管在轧制过程中,其厚度可能会出现偏差。若出现负偏差则会使实际厚度偏小,影响其强度,因此需要引入钢材厚度负偏差 C_1 进行预先增厚。常用钢板、钢管厚度负偏差见表 3-12~表 3-14。

表 3-12　钢板的厚度负偏差　　　　　　　　　　　　　　　　　　　mm

钢板厚度	2.0~2.5	2.8~4.0	4.5~5.5	6.0~7.0	8.0~25	26~30	32~34	36~40	42~50	50~60	60~80
负偏差 C_1	0.2	0.3	0.5	0.6	0.8	0.9	1.0	1.1	1.2	1.3	1.8

表 3-13　不锈钢复合钢板的厚度负偏差　　　　　　　　　　　　　　mm

复合板总厚度	总厚度负偏差	复层厚度	复层偏差
4~7	9%	1.0~1.5	10%
8~10	9%	1.5~2.0	10%
11~15	8%	2~3	10%
16~25	7%	3~4	10%
26~30	6%	3~5	10%
31~60	5%	3~6	10%

表 3-14　钢管的厚度负偏差　　　　　　　　　　　　　　　　　　　mm

钢管标准		热轧管		冷拔管	
		公称壁厚 δ	负偏差 C_1	公称壁厚 δ	负偏差 C_1
GB 2270		<10	12.5%	>1	10%
		>10	15%		
GB 5310	普通级	<3.5	10% 最大值 0.32		10%
		>3.5	10%		
	高级	<3.5	10% 最大值 0.2	2~3	
		3.5~20	10%	>3	7.5%
		>20	7.5%		
GB 6479		<20	12.5%		10%
		>20	10%		
GB 8163			12.5%	>1	10%
GB 9948		<20	12.5%		
		>20	10%		

2. 腐蚀裕量 C_2

由于容器多与工作介质接触,为防止由于腐蚀、机械磨损而导致厚度削弱减薄,需要考虑腐蚀裕量。

① 对有腐蚀或磨损的元件,应根据预期的容器使用寿命和介质对金属材料的腐蚀速度

确定腐蚀裕量。不同介质对金属材料的腐蚀速度可根据腐蚀手册查得，手册中查不到的应从生产实践中或试验中取得可靠的数据。

② 介质为压缩空气、水蒸气或水的碳素钢或低合金钢制容器，腐蚀裕量不小于 1mm。

③ 对于不锈钢制容器，当介质的腐蚀性极微时，可取腐蚀裕量 $C_2=0$。

当资料不全难以具体确定时，可参考表 3-15。

表 3-15 腐蚀裕量选取　　　　　　　　　　　　　　　　　　mm

容器类别	碳素钢低合金钢	铬钼钢	不锈钢	容器类别	碳素钢低合金钢	铬钼钢	不锈钢	备注
塔及反应器壳体	3	2	0	不可拆内件	3	1	0	包括双面
容器壳体	1.5	1	0	可拆内件	2	1	0	
换热器壳体	1.5	1	0	裙座	1	1	0	
热衬里容器壳体	1.5	1	0					

当钢材厚度负偏差不大于 0.25mm，且不超过名义厚度的 6% 时，负偏差可以忽略不计，即 $C_1=0$。

必须明确的是，腐蚀裕量只对防止发生均匀腐蚀破坏有意义。对于应力腐蚀，氢脆和缝隙腐蚀等非均匀腐蚀，用增加腐蚀裕量的办法来防腐，效果并不佳。此时应着重选择耐腐蚀材料或进行适当防腐处理的方法。

第四节　外压容器的设计计算

压力容器器壁外表面所受压力大于其内表面所受压力时，称为外压容器。外压薄壁容器的主要失效形式为失稳，所以理论计算与结构设计的主要任务就是要确保其稳定性。本节主要介绍外压容器的失稳及临界压力的概念、设计参数确定方法、容器壁厚的确定等内容。

一、外压容器的失效形式

当容器受外压作用时，器壁中将产生压缩应力。从强度方面考虑，如果这种压缩应力增大到材料的屈服极限或强度极限时，也将引起容器强度失效。但这种现象在外压容器特别是外压薄壁圆筒容器中很少出现，因为工程上受外压的薄壁圆筒容器，通常在强度足够的情况下，即圆筒的工作应力远低于材料的屈服极限时，圆筒就将突然失去原有形状，出现压瘪现象，如图 3-3 所示。

筒壁的圆环截面一瞬间变成了曲波形，出现的波形是有规则且为永久性的，波形数可能是 2、3、4 等，如图 3-4 所示，这种现象称为外压圆筒的失稳。

图 3-3　圆筒失稳时出现的波形

图 3-4　外压圆筒失稳后的形状

因此，外压容器的失效形式有两种：一种是刚度不够引起的失稳，另一种是强度不够造成的破裂。对于常用的外压薄壁容器，刚度不够引起失稳是主要的失效形式。

二、外压容器的临界压力

外压容器失稳需要一定的条件。对于特定的外压容器，当筒壁所承受的外压未达到某一临界值之前，在压应力作用下筒壁处于一种稳定的平衡状态。这时增加外压并不引起筒体形状及应力状态的改变，外压卸除后，壳体能恢复原来的形状。在这一阶段的圆筒仍处于相对静止的平衡状态。但是当外压增大到某一临界值时，筒体形状及筒壁内的应力状态发生了突变，原来的平衡遭到破坏，壳体产生的变形是永久的，即圆形的筒体横截面出现曲波形。这一临界值称为该筒体的临界压力，以 p_{cr} 表示。

当容器实际承受的外压力小于临界压力时，圆筒不会失稳，而当其超过临界压力时圆筒就出现失稳现象。由此可见，临界压力是保持容器不失稳的最高外压力，或者说是导致容器失稳的最低外压力。临界压力的大小反映了容器抵抗外压力的能力的大小。

每一个具体结构的外压圆筒，客观上都对应着一个固有的临界压力值，其数值大小与筒体几何尺寸、材质及结构因素有关。根据工程上失稳破坏的情况，将外压圆筒分为长圆筒、短圆筒与刚性圆筒等三种类型。其临界压力按以下方法进行计算。

1. 长圆筒的临界压力

当筒体足够长、两端刚性较高的封头对筒体的中部的支撑作用很小时，筒体最容易失稳压瘪，出现波形数 $n=2$ 的扁圆形，这种圆筒称为长圆筒。其临界压力计算公式为

$$p_{cr} = 2.2E\left(\frac{\delta_e}{D_o}\right)^3 \tag{3-15}$$

式中　E——设计温度下材料的弹性模量，MPa；
　　　δ_e——圆筒的有效厚度，mm；
　　　D_o——圆筒的外直径，mm。

2. 短圆筒的临界压力

若圆筒两端的封头对筒体能起到支撑作用，约束筒体的变形，则这种圆筒为短圆筒。临界压力的计算公式为

$$p_{cr} = \frac{2.59E\delta_e^2}{LD_o\sqrt{D_o/\delta_e}} \tag{3-16}$$

式中　L——圆筒计算长度，mm。

长圆筒和短圆筒的临界压力计算公式，都是认为圆筒横截面是规则圆形的情况下推演出来的。而实际筒体不可能都是绝对圆，所以实际筒体的临界压力将低于上面两个公式计算出来的理论值，且式（3-15）、式（3-16）仅限于在材料的弹性范围内使用，同时圆筒体的圆度，应符合有关标准的规定。

3. 刚性圆筒所能承受的最大外压力

若容器筒体较短、筒壁较厚，容器刚性好，不存在因失稳压瘪而丧失工作能力的问题，这种圆筒称为刚性圆筒。刚性圆筒的失效是强度破坏，是外压容器设计中的一个特例。设计时只需进行强度校核，其强度校核公式与内压圆筒相同。

三、外压圆筒类型的判定

以上介绍了长、短圆筒临界压力的计算方法，但对实际的外压圆筒究竟是长圆筒还是短

圆筒需要借助临界长度来判断，才能进一步确定封头或其它刚性构件对圆筒是否起到了支撑作用。

相同直径和壁厚的情况下，短圆筒的临界压力高于长圆筒的临界压力。随着短圆筒长度的增加，封头对筒壁的支撑作用渐渐减弱，临界压力值也随之减小。当短圆筒的长度增加到某一数值时，封头的支撑作用开始完全消失，此时短圆筒的临界压力下降到与长圆筒的临界压力相等。由式（3-15）和式（3-16）得

$$p_{cr} = \frac{2.59 E \delta_e^2}{L D_o \sqrt{D_o/\delta_e}} = 2.2 E \left(\frac{\delta_e}{D_o}\right)^2$$

此时圆筒所具有的计算长度就是区别长短圆筒的临界长度，用 L_{cr} 表示。

$$L_{cr} = 1.17 D_o \sqrt{D_o/\delta_e} \tag{3-17}$$

当圆筒的计算长度 $L \geqslant L_{cr}$ 时，为长圆筒；当 $L < L_{cr}$ 时，筒壁可以得到封头或加强构件的支撑作用，此类圆筒属于短圆筒。

根据上式判定圆筒类型后，即可选择不同类型圆筒的计算公式对圆筒进行有关设计计算。

四、外压圆筒的计算长度

计算长度是指筒体上相邻两个刚性构件（封头、法兰、支座、加强圈等均可视为刚性构件）支撑线之间的距离。显然，若不改变圆筒几何尺寸而要提高它的临界压力，可在筒体外壁或内壁设置若干个加强圈，只要加强圈的刚性足够大，就可起到对筒体的支撑作用。筒体上设置加强圈后，增强了筒体抵抗变形的能力，其临界压力也就增大了。计算长度可根据以下方法进行确定。

① 当圆筒部分没有加强圈或可作为加强的构件时，则取圆筒的总长度（包括封头直边高度）加上每个凸形封头曲面深度的 1/3，如图 3-5（a）、（b）所示。

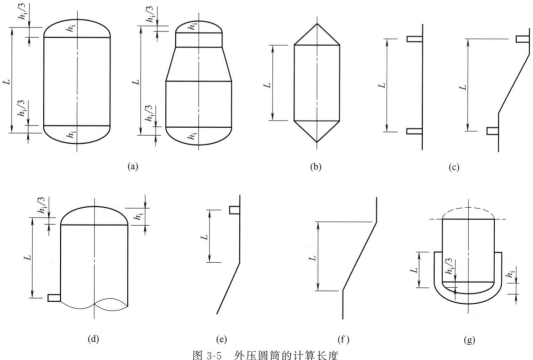

图 3-5 外压圆筒的计算长度

② 当圆筒与锥壳相连接，若连接处可作为支撑时，则取此连接处与相邻支撑之间的最大距离，如图 3-5（b）、(e)、(f) 所示。

③ 当圆筒部分有加强圈或可作为加强的构件时，则取相邻加强圈中心线间的最大距离，如图 3-5（c）所示。

④ 取圆筒第一个加强圈中心线至圆筒与封头连接线间的距离加凸形封头曲面深度的 1/3，如图 3-5（d）所示。

⑤ 对于带夹套的圆筒，其结果如图 3-5（g）所示时，计算长度取承受外压圆筒的长度；若带有凸形封头，应加上封头的直边高度及凸形封头的 1/3 的凸面高度；若有加强圈或有可作为加强的刚性构件，其计算长度按图 3-5 中（b）、(c) 的方法计算。

五、外压薄壁容器的壁厚确定

1. 外压容器设计参数的确定

外压容器的设计压力应取不小于正常工作过程中可能产生的最大内外压力差。对真空容器，当装有安全控制装置时，取 1.25 倍最大内外压力差或 0.1MPa 两者中的较小值作为设计外压力；当无安全装置时，直接取设计外压力为 0.1MPa。对于带夹套的容器，应考虑可能出现最大压差的危险工况，例如当内筒容器突然泄压而夹套内仍有压力时所产生的最大压差。对于带夹套的真空容器，则按上述真空容器选取的设计外压力加上夹套内的设计内压力一起作为内筒容器的设计外压力。

外压容器的其它设计参数，如设计温度、焊接接头系数、许用应力等与内压容器相同。

2. 外压薄壁容器不失稳的条件

理论上讲，当容器实际承受的外压力不超过临界压力时，容器就不会失稳，但由于临界压力与圆筒的几何形状、尺寸偏差、材料性能不均匀等因素有关，因此工程设计中必须有一定的安全裕度。类似于内压容器强度计算中的安全系数，外压容器取稳定系数 m。这时外压容器的稳定条件为：

$$p_c \leqslant [p] = \frac{p_{cr}}{m} \tag{3-18}$$

式中　p_c——计算外压力，MPa，其值在设计外压力基础上加圆筒外表面承受的液柱静压力；

$[p]$——许用外压力，MPa；

p_{cr}——临界压力，MPa；

m——稳定系数，其值取决于计算公式的精确程度、载荷的对称性、筒体的几何精度、制造质量、材料性能以及焊缝结构等，安全裕度选得过小，会使容器在操作时不可靠或对制造要求较高，选得太大，容器就会变得笨重，目前中国规定 $m=3$。

3. 圆筒壁厚确定的解析法

如果已知外压圆筒的计算外压力 p_c、内直径 D_i、操作温度 t、圆筒计算长度 L，可按如下步骤确定其壁厚：

① 选定材料，确定 p_c、t、C、E、R_{eL}^t、L；

② 假定圆筒的名义厚度 δ_n（一般按短圆筒，以内直径代替外直径估算），得有效厚度 $\delta_e = \delta_n - C$；

③ 计算临界长度 L_{cr} 并与计算长度 L 比较，确定圆筒类型；
④ 计算许用外压力 $[p]$ 及临界应力 σ_{cr}；
⑤ 比较，若 $[p] \geqslant p_c$ 且 $\sigma_{cr} \leqslant R_{eL}^t$，则以上假定的名义厚度满足要求，若 $[p] < p_c$，则重新假设 δ_n，重复以上各步直到满足要求为止，若 $\sigma_{cr} > \sigma_s^t$ 则改用图解法；
⑥ 校核压力试验时圆筒的强度。

4. 圆筒壁厚确定的图算法

外压容器的设计计算一般都推荐采用图算法。这种方法比较简便，不论是长圆筒或短圆筒，在弹性范围内或非弹性范围内都可适用，也不受 $\sigma_{cr} \leqslant R_{eL}^t$ 的限制。世界各国一般都采用图算法确定外压容器的壁厚。中国 GB 150《压力容器》中也是采用此法对外压容器进行计算。

由式（3-15）和式（3-16）可知，长、短圆筒的临界压力可表示为

$$p_{cr} = kE\left(\frac{\delta_e}{D_o}\right)^3 \tag{3-19}$$

式中，k 为特征系数：对长圆筒，$k=2.2$；对短圆筒，k 与圆筒的尺寸 L/D_o 及 D_o/δ_e 有关。

临界压力对应的临界应力为

$$\sigma_{cr} = \frac{p_{cr}D_o}{2\delta_e} = \frac{kE}{2}\left(\frac{\delta_e}{D_o}\right)^2 \tag{3-20}$$

由胡克定律可知，与 σ_{cr} 对应的临界应变为

$$A = \frac{\sigma_{cr}}{E} = \frac{k}{2}\left(\frac{\delta_e}{D_o}\right)^2 \tag{3-21}$$

由上面分析可知，任何承受外压的圆筒，其临界压力都与圆筒的几何参数和材料的力学性能（应力与应变的关系）有关。

根据上式中的参数 A 及 D_o/δ_e 作图，可以得到纵坐标为 L/D_o、横坐标为系数 A、中间参数为 D_o/δ_e 的图表，见图 3-6，该图可用于所有材料制成的外压圆筒和管子。

图 3-6 中各曲线上垂直于横坐标的直线段表示的是长圆筒，它说明系数 A 与 L/D_o 无关；垂线与斜线交点的纵坐标为 L_{cr}/D；各曲线的斜线部分表示的是短圆筒，它说明系数 A 与 L/D_o 有关。

将上两式及 $m=3$ 代入式（3-18），得：

$$[p] = \frac{2}{3}EA\frac{\delta_e}{D_o} \tag{3-22}$$

令 $B = \frac{2}{3}EA$，则

$$[p] = \frac{B}{D_o/\delta_e} \tag{3-23}$$

由式 $B = \frac{2}{3}EA$ 可看出，B 是 2/3 倍的临界应力；将材料单向拉伸的应力应变关系曲线的纵坐标乘以 2/3，可以得到 B 与 A 的关系图，如图 3-7～图 3-10 所示。因此，外压圆筒所需的有效厚度可借助图 3-6～图 3-10 进行计算，步骤如下。

对 $D_o/\delta_e \geqslant 20$ 的圆筒和管子：这类圆筒或管子承受外压时仅需进行稳定性校核。

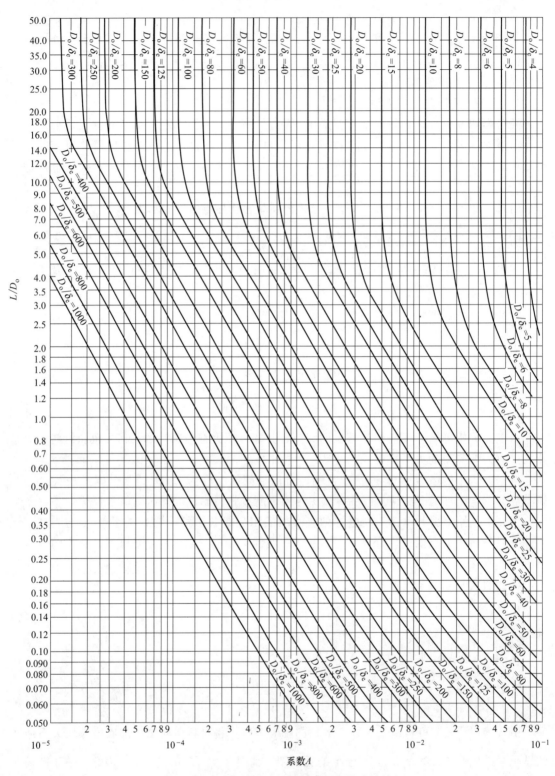

图 3-6 外压或轴向受压圆筒几何参数计算图
（用于所有材料）

① 假设名义厚度为 δ_n，得有效厚度 $\delta_e=\delta_n-C$，外直径 $D_o=D_i+2\delta_n$，计算 L/D_o 和 D_o/δ_e 的值。

② 在图 3-6 左方找到 L/D_o 值，过此点沿水平方向右移与 D_o/δ_e 线相交（遇中间值用内插法），若 L/D_o 值大于 50，则用 $L/D_o=50$ 查图，若 L/D_o 值小于 0.05，则用 $L/D_o=0.05$ 查图。过此交点沿垂直方向下移，在图的下方查到系数 A。

③ 按所用材料选用图 3-7～图 3-10，在图的横坐标上找到系数 A。

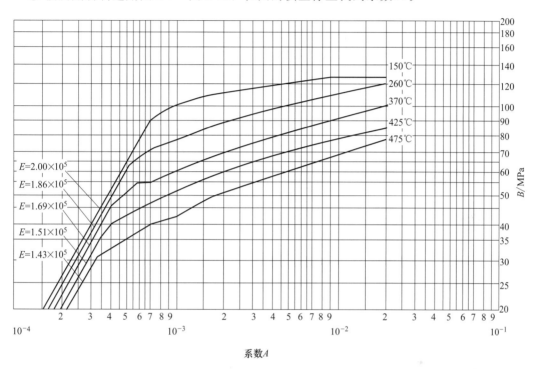

图 3-7 外压圆筒和球壳厚度计算图

（用于屈服强度 $R_{eL}<207\text{MPa}$ 的碳素钢和 S11348 钢等）

若 A 值落到设计温度下材料线的右方，则过此点垂直上移，与设计温度下的材料线相交（遇中间温度值用内插法），再过此交点沿水平方向移动，在图的纵坐标上查得系数 B 值，并按下式计算许用外压力，即

$$[p]=\frac{B}{D_o/\delta_e} \tag{3-24}$$

若所得 A 值落在设计温度下材料线的左方，则用以下公式计算许用外压力，即

$$[p]=\frac{2AE}{3(D_o/\delta_e)} \tag{3-25}$$

④ 计算出的许用外压力 $[p]$ 应大于或等于 p_c，否则须重新假设名义厚度 δ_n，重复上述步骤，直到 $[p]$ 大于且接近 p_c 为止。

对 $D_o/\delta_e<20$ 的圆筒和管子：这类圆筒或管子承受外压时应同时考虑强度和稳定性问题。

① 采用与上述 $D_o/\delta_e\geqslant20$ 相同的步骤得到系数 B 值；但对 $D_o/\delta_e<4$ 的圆筒和管子，应按下式计算系数 A 值，即

$$A = \frac{1.1}{(D_o/\delta_e)^2} \tag{3-26}$$

系数 $A > 0.1$ 时，则取 $A = 0.1$。

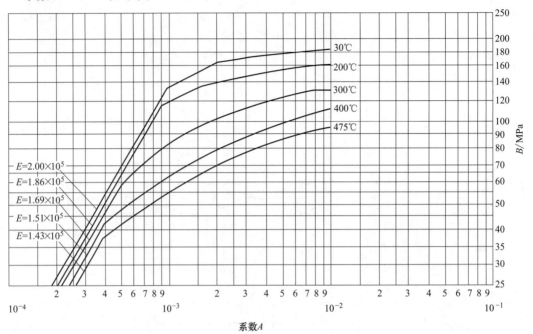

图 3-8　外压圆筒和球壳厚度计算图

（用于 Q345R 钢）

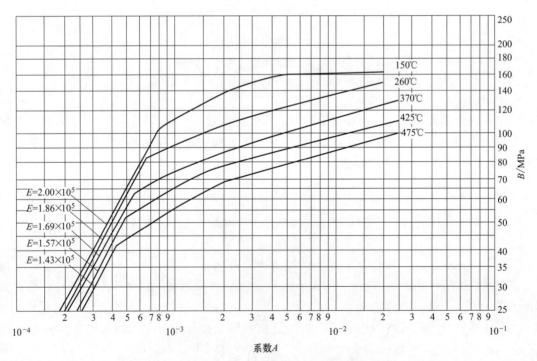

图 3-9　外压圆筒和球壳厚度计算图

（材料屈服强度 $R_{eL} \geqslant 207$MPa 的碳钢、低合金钢和 S11306 钢等）

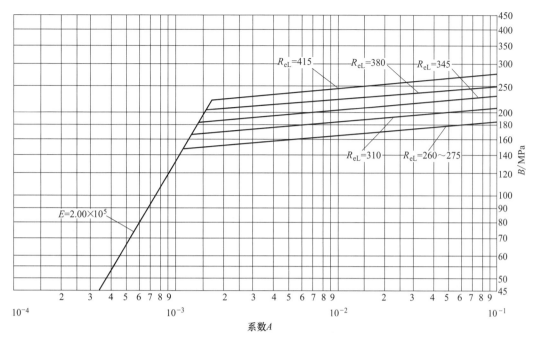

图 3-10 外压圆筒和球壳厚度计算图

(材料屈服强度 $R_{eL} \geqslant 260$ MPa 的碳钢、低合金钢等)

② 分别按以下两式计算 $[p]_1$ 和 $[p]_2$，取两者中较小值为许用外压力 $[p]$。即

$$[p]_1 = \left(\frac{2.25}{D_o/\delta_e} - 0.0625 \right) B \tag{3-27}$$

$$[p]_2 = \frac{2\sigma_o}{D_o/\delta_e} \left(1 - \frac{1}{D_o/\delta_e} \right) \tag{3-28}$$

式中 σ_o——应力，取以下两值中的较小值，即

$$\sigma_o = 2[\sigma]^t, \quad \sigma_o = 0.9 R_{eL}^t$$

其它符号意义同前。

③ $[p]$ 应大于或等于 p_c，否则须重新假设名义厚度 δ_n，重复上述步骤，直到 $[p]$ 大于且接近 p_c 为止。

第五节 压力容器的耐压试验

一、耐压试验的目的

由于压力容器在材质、钢板弯卷、焊接及安装等加工制造过程的不完善，会导致容器可能在规定的工作压力下出现过大变形或焊缝有缺陷存在等。因此，新制造的容器或大检修后的容器在交付使用之前都必须进行耐压试验，其目的主要是以下三个方面：

① 检验容器在超过工作压力条件下容器的宏观强度；
② 检验密封结构的可靠性及焊缝的致密性；
③ 观测压力试验后受压元件的母材及焊接接头的残余变形量，及时发现材料和制造过

程中存在的缺陷。

二、耐压试验的方法及要求

耐压试验有液压试验、气压试验以及气液组合压力试验三种。在相同压力和容积下，试验介质的压缩系数越大，在压缩过程中所储存的能量也越大，当发生爆炸时也就越危险，故应选用压缩系数小的流体作为试验介质。常温时，水的压缩系数比气体要小得多，且来源丰富，因而是常用的试验介质。只有因结构或支承等原因不能向容器内充灌水或其它液体，以及运行条件不允许残留液体时，可用气压试验。某些压力容器因安装基础及自身承重能力等原因，或因内部结构、填料等原因无法充满液体，难以进行液压试验，而进行气压试验又耗时过长，特增加了气液组合压力试验作为耐压试验的方法之一。近年来，随着我国石化、化工装置的日益大型化，许多大型直立容器卧置进行耐压试验遇到了新问题，——进行水压试验，水的重量可能导致容器在试验过程中发生非预期的异常变形；而进行气压试验又会受到安全、大流量气源的困难。由此，在工程中已经引入了气液组合压力试验方法，有效化解大型容器进行耐压试验问题。

耐压试验前，容器各连接部位的紧固件应装配齐全，并紧固妥当；为进行耐压试验而装配的临时受压元件，应采取适当的措施，保证其安全性。试验用压力表应安装在被试验容器安放位置的顶部。耐压试验保压期间不得采用连续加压以维持试验压力不变，试验过程中不得带压拧紧紧固件或对受压元件施加外力。耐压试验后所进行的返修，如返修深度大于壁厚一半的容器，应重新进行耐压试验。

对需要进行焊后热处理的容器，应在全部焊接工作完成并经热处理之后，才能进行耐压试验和气密性试验；对于分段交货的压力容器，可分段热处理，在安装工地组装焊接，并对焊接的环焊缝进行局部热处理之后，再进行压力试验。压力试验的种类、要求和试验压力值应在图样上注明。

（一）液压试验

液压试验是将液体注满容器后，再逐步增压到试验压力，检验容器的强度和致密性。图 3-11 所示为容器液压试验示意图，试验必须用两个量程相同并经过校正的压力表，压力表的量程在试验压力的 2 倍左右为宜，不应低于 1.5 倍和高于 3 倍的试验压力。压力表的精度不得低于 1.6 级，表盘直径不得小于 100mm。容器的开孔补强应在压力试验以前通入 0.4~0.5MPa 的压缩空气检查焊接接头质量。

1. 试验介质及要求

试验液体一般采用水，试验合格后应立即将水排净吹干；无法完全排净吹干时，对奥氏体不锈钢制容器，应控制水的氯离子含量不超过 25mg/L。需要时，也可采用不会导致发生危险的其它试验液体，但试验时液体的温度应低于其闪点或沸点，并有可靠的安全措施。

Q345R、Q370R、07MnMoVR 制容器进行液压试验时，液体温度不得低于 5℃；其它碳钢和低合金钢制容器进行液压试验时，液体温度不得低于 15℃；低温容器液压试验的液体温度应不低于壳体材料和焊接接头的冲击试验温度（取其高者）加 20℃。如果由于板厚等因素造成材料无塑性转变温度升高，则需相应提高试验温度。当有试验数据支持时，可使用较低温度液体进行试验，但试验时应保证试验温度（容器器壁金属温度）比容器器壁金属无塑性转变温度至少高 30℃。

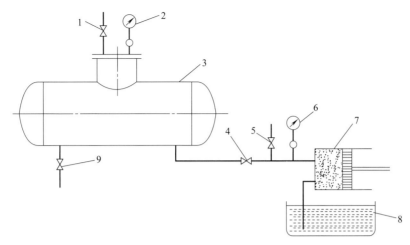

图 3-11 压力容器液压试验示意图
1—排气阀；2,6—压力表；3—容器；4—直通阀；5—安全阀；
7—试压泵；8—水槽；9—排液阀

2. 试验程序和步骤

① 试验容器内的气体应当排净并充满液体，试验过程中，应保持容器观察表面的干燥。

② 当试验容器器壁金属温度与液体温度接近时，方可缓慢升压至设计压力，确认无泄漏后继续升压至规定的试验压力，保压时间一般不少于 30min；然后降至设计压力，保压足够时间进行检查，检查期间压力应保持不变。

液压试验的合格标准：试验过程中，容器无渗漏，无可见的变形和异常声响。液压试验完毕后，应将液体排尽并用压缩空气将内部吹干。

3. 试验压力的确定

试验压力是进行压力试验时规定容器应达到的压力，该值反映在容器顶部的压力表上。液压试验时的试验压力为

$$p_T = 1.25 p \frac{[\sigma]}{[\sigma]^t} \tag{3-29}$$

式中 p_T——液压试验压力，MPa；

p——设计压力，MPa；

$[\sigma]$——容器元件材料在试验温度下的许用应力，MPa；

$[\sigma]^t$——容器元件材料在设计温度下的许用应力，MPa。

在确定试验压力时需要注意如下几点：

① 容器铭牌上规定有最高允许工作压力时，公式中应以最高允许工作压力代替设计压力 p。

② 容器各主要受压元件，如圆筒、封头、设备法兰（或人手孔法兰）及其紧固件等所用材料不同时，应取各元件材料的 $\frac{[\sigma]}{[\sigma]^t}$ 比值中最小者。

③ $[\sigma]^t$ 不应低于材料受抗拉强度和屈服强度控制的许用应力最小值。

④ 对于立式容器采用卧置进行液压试验时，试验压力应计入立置试验时的液柱静压力；工作条件下内装介质的液柱静压力大于液压试验的液柱静压力时，应适当考虑相应增加试验

压力。

(二) 气压试验或气液组合试验

气压试验或气液组合试验之前必须对容器主要焊缝进行 100% 的无损检测；试验所用气体应为干燥洁净的空气、氮气或其它惰性气体；气压试验和气液组合压力试验应有安全措施，试验单位的安全管理部门应当派人进行现场监督。对高压及超高压容器不宜采用气压试验。

试验时应先缓慢升压至规定试验压力的 10%，保压 5min，并且对所有焊接接头和连接部位进行初次检查；确认无泄漏后，再继续升压至规定试验压力的 50%；如无异常现象，其后按规定试验压力的 10% 逐级升压，直到试验压力，保压 10min；然后降至设计压力，保压足够时间进行检查，检查期间压力应保持不变。

气压试验或气液组合试验合格标准：对于气压试验，容器无异常声响，经肥皂液或其它检漏液检查无漏气，无可见的变形；对于气液组合压力试验，应保持容器外壁干燥，经检查无液体泄漏后，再以肥皂液或其它检漏液检查无漏气，无异常声响，无可见变形。

气压试验的试验压力应略低于液压试验的试验压力，其值为

$$p_T = 1.1 p \frac{[\sigma]}{[\sigma]^t} \tag{3-30}$$

(三) 耐压试验应力校核

如果采用公式 (3-28)、公式 (3-29) 计算的试验压力进行耐压试验，由于试验压力高于设计压力，所以在耐压试验前，应校核各受压元件在试验条件下的应力水平，例如对壳体元件应校核最大总体薄膜应力 σ_T。

① 液压试验时，$\sigma_T \leqslant 0.9 R_{eL} \phi$。

② 气压试验或气液组合试验时，$\sigma_T \leqslant 0.8 R_{eL} \phi$。

式中 R_{eL}——壳体材料在试验温度下的屈服强度（或 0.2% 非比例延伸强度），MPa。

(四) 泄漏试验

泄漏试验的目的是检查容器可拆连接部位的密封性。泄漏试验包括气密性试验以及氨检漏试验、卤素检漏试验和氦检漏试验等。如容器介质毒性程度为极度、高度危害或者不允许有微量泄漏的容器，应在耐压试验合格后进行泄漏试验。（注：介质毒性程度按《固定式压力容器安全技术监察规程》的相关规定确定。）新造容器的设计单位应当提出容器泄漏试验的方法和技术要求，需进行泄漏试验时，试验压力、试验介质和相应的检验要求应在图样上和设计文件中注明。气密性试验压力等于设计压力，气密性试验的危险性大，应在液压试验合格后进行。在进行气密性试验前，应将容器上的安全附件装配齐全。

气密性试验时，试验时压力应缓慢上升，达到规定压力后保持足够长的时间，对所有焊接接头和连接部位进行泄漏检查。小型容器亦可浸入水中检查。如有泄漏，修补后重新进行液压试验和气密性试验。

思考与练习

3-1 什么是厚度附加量，它包含哪两项内容？各有什么含义？

3-2 压力容器设计为什么要规定容器的最小壁厚？容器的最小壁厚如何确定？

3-3　压力容器常见封头形式有哪几种？各有什么特点？

3-4　试分析标准椭圆形封头采用的原因。

3-5　椭圆形封头和碟形封头的直边段有何作用？

3-6　影响外压圆筒临界压力大小的因素有哪些？

3-7　外压容器设置加强圈与不设置加强圈时，其计算长度如何确定？

3-8　用图算法设计外压容器时，对于筒体和封头，其系数 A 的确定方法是否一样？为什么？

3-9　对外压容器而言，稳定系数有何作用？

3-10　用图算法确定外压圆筒的厚度，是否要计算圆筒的临界长度？为什么？

3-11　压力容器进行压力试验的目的是什么？对哪些设备应进行压力试验？常用的试验方法有哪几种？

3-12　有一外径为 $\phi219$mm 的氧气瓶，壁厚为 6.5mm，工作压力为 1.6MPa，试求氧气瓶筒壁内的应力。

3-13　某球形内压容器，材质为 20R，常温下工作，内径为 $D_i=4000$mm，壁厚为 $\delta_n=22$mm，采用双面焊，全部无损探伤，试计算该球形容器的最大允许工作压力。

3-14　某化工厂反应釜，内径为 1600mm，工作温度为 5~105℃，工作压力为 1.6MPa，釜体材料选用 0Cr18Ni9Ti。采用双面焊对接接头，局部无损检测，凸形封头上装有安全阀，试确定釜体壁厚。

3-15　有一乙烯罐，内径 $D_i=1500$mm，壁厚 $\delta_n=16$mm，计算压力为 $p_c=2.5$MPa，工作温度为 -3.5℃，材质为 16MnR，采用双面焊对接接头，局部无损检测，壁厚附加量 $C=3$mm，试校核储罐强度。

第四章

加 热 炉

本章学习指导

- **能力目标**
  - 掌握加热炉的正常操作及运行维护要点。
- **知识点**
  - 了解加热炉工作原理和工作过程；
  - 学习加热炉类型和基本结构；
  - 了解加热炉检维修内容及要求。

加热炉是石油化工生产装置的关键设备之一，具有高温换热和燃料燃烧火焰传热等特点。目前国内外已广泛采用和推荐的炉型较多，每一种炉型都有各自不同的特点和不同的适用范围。本章仅对石油化学工业广泛使用的加热炉炉型作一介绍。加热炉主要由辐射室、对流室、燃烧器、废热锅炉和通风系统五大部分组成。除石油化工所用的特殊的高温高压炉外，一般按炉体外形结构型式可分为圆筒加热炉、立式加热炉、箱式加热炉、梯台加热炉、斜顶加热炉等，还可按工艺用途、炉管排列和燃烧方式等方法进行分类。

第一节 常见加热炉炉型

工艺中一般把用耐火材料包围的燃料室和利用燃料燃烧产生的热量加热物料的设备称为"炉子"。工业上有各种各样的炉子，如冶金炉、窑炉、蒸汽锅炉等。在化工生产中，由于管式加热炉具有其它一些工业炉所没有的特征而被广泛应用：如被加热物质在管内流动，故仅限于加热气体或液体，而且，这些气体或液体通常都是易燃易爆的烃类物质，同锅炉加热水或蒸汽相比，危险性更大，操作条件要苛刻得多；加热方式为直接受火式；只烧液体或气体燃料；长周期连续运转，不间断操作等。

加热炉工作时，燃料经安装在加热炉底部的燃烧器喷入炉内，与空气均匀混合后在炉膛燃烧。产生的火焰及高温烟气温度约 1000～1500℃，主要以辐射传热的形式将大部分热量传递给辐射炉管内流动的物料。烟气温度降至 800℃ 左右后经辐射室进入对流室。在对流室，高温烟气主要以对流传热的方式将热量传递给对流炉管内流动的物料。烟气温度降至 200～300℃ 后经烟囱排出。

燃料燃烧产生的火焰不允许直接舔到炉管上,以防炉管被烧坏。所以,辐射室应有足够的空间。由于炉墙有良好的隔热性能,热量散失得很少,炉墙吸收烟气、火焰放出的热量温度升高,然后又把热量反射回来,其中的一部分被炉管所吸收,提高了炉管的吸热能力。炉墙反射热量的现象,称为炉墙的再辐射。因炉墙的温度远低于火焰的温度,再辐射的热量在加热炉总热量中所占比例并不大。

燃料燃烧的好坏与燃料种类、空气量及二者的混合状况等因素有关。当燃料种类一定时,燃料与空气混合得好坏,则主要取决于燃烧器的结构及性能。燃料燃烧产生的火焰形状和大小也主要与燃烧器的结构及性能有关。

加热炉工作时,必须不断地将燃烧产生的烟气排到炉外,同时将新鲜空气引入炉内。当炉内烟气流动阻力不大时,一般采用自然通风方式。当炉子结构复杂或装有空气预热器,烟气流动阻力较大时,则使用风机进行强制通风。

加热炉在炼油、石油化工等工业中被广泛使用,其投资比例约占装置总投资的10%~15%,钢材用量约占装置钢材总用量的20%,燃料的消耗量也很可观。加热炉的设计、制造、安装及操作是否先进合理,对生产装置的原料处理量、产品的质量和收率、能耗及生产周期等指标都有重要影响。

一、圆筒加热炉

圆筒加热炉具有炉体紧凑、结构简单、占地面积小、施工方便和投资省等特点,广泛用于中小型石油化工厂的加热操作单元中,除此还常用于医药、石油、国防、纺织和冶金等行业。

圆筒加热炉主要由圆筒体的辐射室、对流室(小型圆筒加热炉不设置对流室)、燃烧器和烟囱等四大部分组成,如图4-1所示。

(1) 辐射室

辐射室内设有炉管、燃烧器、风道、炉管拉钩、吊架、导向管、定位管、看火活门、防爆门等。当烧嘴设置在炉底时,在炉底设有支脚,支承炉体,形成炉底的操作空间。炉底支脚高度一般为1.8~2.3m,通常由型钢组成,常用类型有两种。一种为每根支脚长2.5m左右,设有防火保护措施,即外包混凝土;另一种为每根支脚长0.5m左右,下面为钢筋混凝土立柱,无需防火保护措施,具体尺寸大小由钢结构计算决定。对于烧嘴设置在侧部或底部的炉子,炉底可贴地面或有500~700mm的高度。辐射室外壁是钢板卷制而成的圆筒体,其直径由热负荷及炉管排列方式决定,钢板厚度根据结构计算确定,一般为4~6mm。钢板外设有若干根筒体立柱,数量一般选4个或4个以上的偶数,钢板圆筒体内衬耐热混凝土或耐火砖结构(外层为保温砖或其它隔热材料,内层为耐

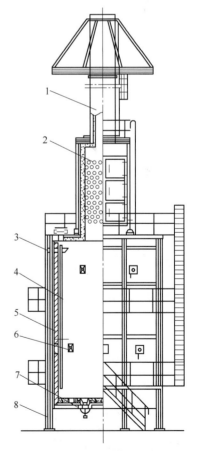

图 4-1 圆筒加热炉结构

1—烟囱;2—对流管;3—吊架;4—辐射管;
5—炉墙;6—看火孔;7—燃烧器;8—支脚

火砖或耐火纤维)。燃烧器装在辐射室炉底,火焰向上喷射,其流向与炉管平行,布置在圆周上的各炉管是等距离。

(2) 对流室

小负荷的圆筒炉一般不设对流室。大中型负荷的圆筒炉都设有对流室,以回收烟气热量,提高炉子热效率。对流室一般设于辐射室顶部,小炉子对流室呈圆柱形,大中型炉子对流室呈方形或长方形。炉管排列多为盘管型或蛇管型,热负荷较大时,可采用翅片管或钉头管代替光管(必要时需配置相应的吹灰设施),以扩大对流管的传热面积,降低对流室高度,一般推荐对流室的高度不大于辐射室高度的1/2。国内外钉头管的钉头规格采用直径12mm,高19mm、25mm、28mm、32mm等多种,用碳钢制作。翅片高度在14~25mm内的使用较多,厚度为1mm左右,翅片间距4~10mm。当烟气温度在700℃以上时不宜采用碳钢翅片,应根据具体情况选用1Cr13或不锈钢,这时炉管材料也应改变。钉头管或翅片管的热强度比光管高几倍。在同样长度、同样管径的炉管上,翅片面积比钉头面积多1倍,但钉头管制造容易,积灰较易清除或吹去。在对流室顶部设置烟囱,起排烟和形成抽力的作用,烟囱直径由烟气量和允许速度决定,其高度按烟气流通阻力或大气环境质量标准要求决定。炉底、炉顶、烟囱挡板处一般都设有操作平台和梯子。

(3) 炉管

圆筒加热炉所用炉管分为辐射炉管和对流炉管及遮蔽管,辐射炉管设置在辐射室内,根据物料和传热要求可设置单组或多组炉管,靠近圆筒壁按圆周竖排或横排盘式布置。炉管材料可根据操作温度、压力条件和燃料、物料中含硫情况选择。加热炉常用炉管材料和操作条件见表4-1。炉管常用管径为60mm、68mm、89mm、102mm、114mm、121mm、159mm、219mm等规格,可根据工艺计算选用,长径比一般取2.0~3.0。对流室的操作温度及炉管表面热强度比辐射室低,对流室炉管材料可降级选用,管径也选用小尺寸规格,以利于提高对流传热系数,降低对流室高度。遮蔽管是设置在辐射室与对流室之间,阻挡对流室的管子接受直接辐射传热。遮蔽管材料一般与辐射管材料一致。

表4-1 加热炉常用炉管材料和操作条件

装置	炉子	操作条件(温度/压力)	炉管材料	备注
常减压蒸馏	常压炉 减压炉	350~370℃/1.2MPa 410~370℃/1.2MPa	碳钢、12Cr2Mo 15CrMo、Cr5Mo	
热裂化	轻柴炉 重柴炉	510℃/2.5MPa 495℃/2.5MPa	Cr5Mo Cr5Mo	按管壁温度计算
延迟焦化	焦化炉	495~510℃/1.6~2.5MPa	Cr5Mo、Cr9Mo	按结焦计算
加氢精制	反应炉 分馏炉	250℃/4~8MPa 370℃	Cr5Mo、 碳钢、1Cr19Ni9Ti	
高压加氢精制	反应炉 分馏炉	450℃/16~20MPa	碳钢 1Cr19Ni9Ti	硫化氢含量大于 0.1%(体积)
重整装置	预加氢炉 重整炉 热载体炉 重沸炉	370℃/1.5~3.5MPa 510℃/1.5~3.5MPa 350℃/1MPa 300℃/1MPa	Cr5Mo Cr9Mo 碳钢 碳钢	
催化裂化	催化炉	450℃/0.5~1MPa	碳钢、15CrMo	

续表

装置	炉子	操作条件(温度/压力)	炉管材料	备注
丙烷脱沥青	丙烷炉	250℃/0.3~0.6MPa	碳钢	
制氢	转化炉	800℃/1.6~3.0MPa	KH-40、800H、HP-40	0Cr20Ni32AlTi
乙烯	裂解炉	800~900℃/0.2MPa	KH-40、800H、HP-40	HP-40

(4) 燃烧器

圆筒加热炉所用燃烧器一般有气体燃烧器、液体燃烧器和油气联合燃烧器三种。

① 气体燃烧器：又分外混式燃烧器和预混式燃烧器两种。外混式燃烧器的瓦斯气从烧嘴孔喷出后再与空气混合，其火焰较长，供热能力大，适用于炉体较高的圆筒加热炉。预混式燃烧器的空气部分（半预混式）先与瓦斯气混合后再喷入炉内燃烧，气体燃烧完全，适合于高径比较小的圆筒加热炉。

② 油燃烧器：分有蒸汽（或空气）雾化烧嘴和机械雾化烧嘴，其结构型式较多，具有代表性的为 Y 型蒸汽雾化油烧嘴和 RC、RK 型低压空气雾化油烧嘴。

③ 油气联合燃烧器：由油烧嘴、气烧嘴和火道组成。石油化工厂的自产燃料瓦斯气较多，希望将其完全烧掉，热量不足部分，再用燃料油料加以补充，所以一般均采用油气联合燃烧器，它既可以单独烧油、单独烧气，也可以油气混烧。

1. 盘管式圆筒加热炉

(1) 全辐射盘管式圆筒加热炉

全辐射盘管式圆筒加热炉如图 4-2 所示，炉内不设置对流室，炉子由辐射室和烟囱两大部分组成。炉墙外壳由钢板卷制而成，内层衬有耐火砖（或耐火混凝土、或陶粒蛭石）。辐射炉管沿辐射室炉墙呈螺旋状排列，炉底设有一个垂直安装的气体燃烧器，火焰由炉底垂直向上，因无对流室，排烟温度高，热效率低。但其结构简单、安装容易、造价低廉、投资费用少、占地面积小，适用于热效率要求不高、热负荷低于 6.27GJ/h 的场合。

(2) 对流辐射盘管式圆筒加热炉

对流辐射盘管式圆筒加热炉，如图 4-3 所示，主要部件有炉壳、耐火墙、辐射炉管、对流炉管、集合管、燃烧器、炉底、炉顶、吊架、烟囱、烟囱挡板、炉底支脚等。辐射炉管沿辐射室炉墙呈螺旋形盘管排列。对流室在辐射室的上方，对流室炉管呈水平管束排列，炉管可采用光管、翅片管或钉头管。在炉底装有三个气体燃烧器，火焰由炉底垂直向上，排烟温度较低，热效率较高，常用于热负荷低的场合。

2. 蛇管式圆筒加热炉

蛇管式圆筒加热炉的最大特点是：蛇管具有伸缩的特性，布管合理，适合加热各种气体物料和水汽等。在石油化工厂往往有几组物料需要同时加热，但各自的热负荷又不大，为了减少炉子数量，节省投资，提高热效率，降低能耗，集中利用燃料燃烧所产生烟气的效量，通常采用此种结构型式的圆筒加热炉，以满足不同流量、不同物料需要同时加热的要求。

3. 立管式圆筒加热炉

立管式圆筒加热炉主要适用于热负荷低于 20.9GJ/h 的场合。分为全辐射立管式圆筒加热炉、对流辐射立管式圆筒加热炉和大型立管式圆筒加热炉；主要用于原料预热、载热体加热、蒸汽过热、开工加热、反应进料加热、空气预热、重整加热、再生还原加热等。

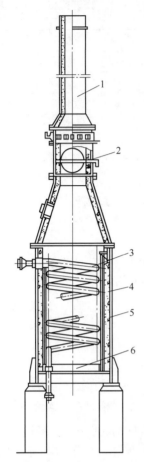

图 4-2 全辐射盘管式圆筒加热炉
1—烟囱；2—挡板；3—辐射管；
4—炉墙；5—钢板；6—烧嘴

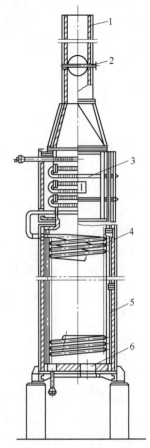

图 4-3 对流辐射盘管式圆筒加热炉
1—烟囱；2—挡板；3—对流管束；
4—辐射炉管；5—炉墙；6—烧嘴

二、立式加热炉

圆筒加热炉一般适用于占地面积小、投资省，对热负荷要求不大和热效率要求不高的场合。要使物料加热到更高的温度，在高温高压、高流速、易结焦等场合下操作，就得选用立式加热炉。立式加热炉热负荷高，最容易增加炉端烧嘴，炉管表面热强度大、对流传热面积大和可设置余热回收装置。立式加热炉一般分为卧管立式炉和立管立式炉两种。炉子高度通常为宽度的 2~4 倍，整个炉体较长，从外形上看是一个长方体。用型钢立柱支撑，炉墙用耐火砖或耐火混凝土砌筑成。全炉分上、中、下三大部分，上部为烟囱，中部为对流室，下部为辐射室。采用底部油气联合燃烧器为主和侧壁燃烧器为辅的供热方式，对流室设在辐射室上部。对流室炉管用管板固定，呈水平管束排列，炉管可采用光管、翅片管或钉头管。辐射室炉管可采用列管式（卧管式）、立管式、拱门形和蛇管形等。对于物料温度加热到 650℃ 以上的工艺气还可设置废热回收装置。烟囱在对流室的上部，用钢板制成，内壁衬有耐火材料，并设有烟道挡板。

1. 卧管立式加热炉

卧管立式加热炉的特点是每根列管内物料流动状况稳定，辐射室较低，热负荷分布比较均匀；每根管子沿管长受热均匀，辐射炉管的表面热强度也较高，因局部过热更换的管子较少；适合于易结焦或易堵塞的加热介质，机械清焦容易等。但占地面积较大、需要留出装卸炉管的空地；管架合金材料用量多；管程多时，各程炉管对称布置较难等。图4-4所示为某炼油厂常减压加热炉所选用的炉型，主要由辐射室、对流室和烟囱三大部分组成。辐射室内设有炉管、耐火墙、炉顶、管架、炉底支脚、燃烧器、检查孔、看火门等。对流室内设置水平对流管束、吹灰器、烟囱、烟囱挡板等。辐射炉管沿辐射室两侧水平（卧管）排列。装有底部油气联合燃烧器，火焰向上，高温烟气自下而上地从辐射室穿过顶部的对流室后，由烟囱排出。由于火焰与烟气的流动方向一致，并连成片状火焰燃烧，因此同箱式炉相比，其受热均匀，炉管表面热强度高。对流室炉管呈水平管束排列。另外炉子还设有工艺气废热锅炉装置。

卧管立式加热炉炉墙一般采用耐火砖和保温砖砌筑，炉墙外壁采用5mm厚钢板加内衬陶瓷纤维毡，炉墙各层的厚度应根据炉墙内壁温度、各层材料的允许使用温度及炉墙高度等方面因素决定。炉顶砖结构一般采用吊砖形式，即将砖通过吊砖件吊在炉顶钢结构上，在耐火砖层上铺设隔热材料，组成炉顶砖结构。随着炉子大型化，在炉膛内的中间设置耐火砖隔墙，增加火焰辐射面积，以改善辐射传热效果。近年来还采用轻质耐热衬里和陶瓷纤维材料取代隔热砖和隔热砖层，以减轻炉体质量。

2. 立管立式加热炉

立管立式加热炉和卧管立式加热炉相比，只是将辐射室卧管改为立管，如图4-5所示。管架合金材料用量少，炉子结构紧凑，钢材用量少，占地面积也小；炉管顶部吊架采用碳钢材料并可以放到炉顶外部，炉管在顶部吊起，管子不承受由于自身质量引起的弯曲应力；对流室可排放较多传热管束，热效率高，占地面积小等。但炉管长，每根管子沿管长受热均匀性较差；管内介质两相流动时，下流管有可能出现气相流速减慢现象。各种立管立式加热炉的炉体结构都一样，对流室设置在辐射室的上方，对流管束多为水平布置，只是辐射室炉管的排列布置根据不同的要求有所变化。为了提高炉管热强度和受热均匀性，将辐射室宽度变窄，炉膛体积缩小，或将炉管排列由原来贴壁布置单面辐射改为在炉膛中央布置的双面辐射，将中央布置的双排管改为单排管，以便获得更多的热量，并使炉管受热均匀。由于烟气上升的特性，烟囱的阻力小，烟囱的高度可以降低。对于易结焦的工艺过程，还可用机械等方法清除。

3. 大型立管立式加热炉

大型立管立式加热炉是将每两个辐射室平行排列合用一个对流室，其余结构与一般立管立式加热炉相同。对于双辐射室来说，其对流室烟气流速高，传热效率高于单辐射室对流段，使对流室的传热面积和质量减少，节省投资。

4. 拱门形立式加热炉

拱门形立式加热炉的最大特点是辐射炉管为星形结构，炉管两端分别接在进口与出口集合管上，可适应热膨胀的要求，这种炉型特别适用于加热流量大、压降小的气体，例如过热水蒸气。在实际设计中，可根据需要将炉膛设计成单室或多室。燃烧器通常为重油蒸气雾化烧嘴，垂直安装在炉底，水蒸气可在对流室过热后再到辐射室加热到更高的过热温度。

5. 蛇管形立式加热炉

蛇管形立式加热炉与拱门形立式加热炉极其相似，区别是辐射炉管呈蛇形，炉管两边分别连接在进口和出口集合管上，炉管伸缩性更好，可适应更大热膨胀量的要求，如图4-6所示。这种炉型比较适用于压降较大、加热温度低于540℃的气体物料。

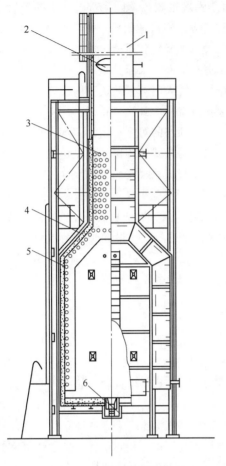

图 4-4 卧管立式加热炉
1—烟囱；2—烟道挡板；3—对流管；
4—炉墙；5—辐射管；6—燃烧器

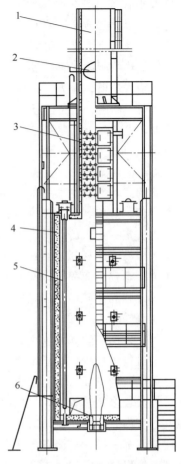

图 4-5 立管立式加热炉
1—烟囱；2—烟道挡板；3—对流管；
4—炉墙；5—辐射管；6—燃烧器

三、箱式加热炉

箱式加热炉适合大容量、高热负荷要求的场合。箱式加热炉的特点是：炉子长、宽、高大致相近；辐射室和对流室用火墙隔开，燃烧器大部分都安装在侧墙上；烧嘴水平燃烧；炉管排列紧凑、管排数目增减灵活，便于单炉大型化和标准系列化。辐射室炉管材料大都为 18-8（1Cr18Ni9Ti）、HK40（Cr25Ni20）、INCOLOY800H（Cr20Ni32）和 HP40（Cr25Ni35）等，主要有卧管式和立管式两种排列布置。对流室换热管束可采用水平管束或垂直管束布置，炉管可采用光管、翅片管或钉头管，材质按照温度高低选用不锈钢、铬钼钢和碳钢等。箱式加热炉炉墙一般采用拉砖炉墙结构，即将炉墙砖结构与炉墙钢结构拉接起来。其结构简单、钢材用量少、造价低廉。目前主要采用轻型拉砖炉墙（是用轻质耐火砖和轻型拉砖件组成的拉砖炉墙）。

1. 卧管箱式加热炉

卧管箱式加热炉的辐射室为长箱形，对流室设置在侧面，主要用于输油管线沿途泵站油品的加热，如图 4-7 所示。在设计时必须考虑被加热油品的处理量变化大，热负荷变化小；

输油管线沿途泵站的压力是根据管道中的摩擦损失选择的，应考虑降低炉管阻力降，以减少动能损失；输油量大，加热炉进料程数多，应考虑防止偏流措施；操作温度低，一般由45℃加热到60℃，应考虑低温露点腐蚀；输送原油时可采用空气或蒸汽雾化喷嘴，并特别要考虑安全措施的设计。

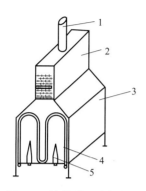

图 4-6　蛇管形立式加热炉
1—烟囱；2—对流室；3—辐射室；4—炉管；5—烧嘴

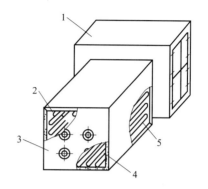

图 4-7　卧式箱式加热炉
1—对流室；2—顶炉管；3—辐射室；4—底炉管；5—侧炉管

2. 立管箱式加热炉

立管箱式加热炉属大型加热炉，一般用于热负荷大于 210GJ/h 的场合。辐射室外形为一个长方体，为了解决炉膛中间管子距侧墙烧嘴较远、受热差，以及靠近炉墙的几排管子由于受到高温烟气的直接冲刷，极易产生局部过热的问题，将燃烧器设置在炉顶，火焰从上向下，辐射催化剂管竖排在炉膛内。对流室布置在辐射室侧面，用以回收高温烟道气的余热。高温转化气采用转化气废热锅炉回收热量，产生高压蒸汽可用于驱动透平发电。

四、梯台加热炉

梯台加热炉的辐射室外形为梯台形，燃烧器倾斜向上安装的为正梯台加热炉，反之为倒梯台加热炉。梯台加热炉的主要特点是烧嘴火焰沿倾斜炉墙平行燃烧，可以分段控制火焰，燃烧器可以烧气体燃料、气液混烧，也可以全部烧液体燃料。目前中小型的乙烯化工厂和合成氨厂还使用此种炉型。

1. 正梯台加热炉

正梯台加热炉如图 4-8 所示，在倾斜壁下侧设有一排扁平烧嘴，其火焰与倾斜壁平行，倾斜炉壁与垂直平面的夹角为 10°左右，烧嘴的火焰扁平，沿倾斜壁燃烧，在斜壁前面形成一片膜状火焰，由这种膜状火焰来均匀加热全部倾斜炉壁，每层倾斜壁的高度（即梯台高度）由火焰的长度决定。根据催化剂管长度，梯台数目为 2~4 个。由于整个倾斜壁炉墙起到发热面的作用，所以沿催化剂管长度方向温度分布比较均匀。由于燃料在侧墙附近燃烧，侧墙就能够把燃料迅速提高到可燃烧温度完成燃烧过程，故在炉内实际上看不见火焰，与无焰烧嘴相似，对催化剂管而言，没有了明火添炉管的危险性。辐射室炉管单排布置在中央，双面辐射。炉管材料为 HP40（Cr25Ni35），炉管挂钩材料为 MORE2（Cr25Ni35WNb）。对流室布置在炉顶，燃烧器安装在炉底和阶梯墙上。正梯台炉的主要优点是：在减少烧嘴数量的情况下，炉管受热比较均匀，烧嘴操作容易、调节方便。但因制造、施工困难，在大型乙烯、合成氨厂生产装置中未达到推广使用。

2. 倒梯台加热炉

倒梯台加热炉的炉体结构与正梯台加热炉相反（见图 4-9），燃烧器安装在炉顶和阶梯墙上，对流室设在炉底或炉子侧面。

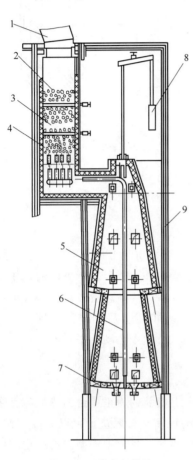
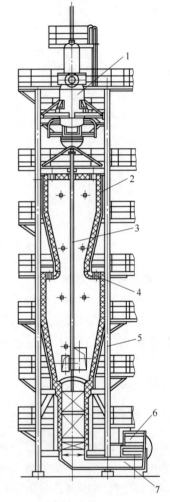

图 4-8 正梯台加热炉
1—烟囱；2—对流管束；3—翅片管；4—对流段；5—辐射室；6—炉管；7—烧嘴；8—平衡锤；9—钢结构

图 4-9 倒梯台加热炉
1—废热锅炉；2—辐射室；3—炉管；4—烧嘴；5—钢结构；6—对流室；7—烟道

五、斜顶加热炉

斜顶加热炉是箱式加热炉的改进炉型，分为双斜顶加热炉和单斜顶加热炉两种。其特点是辐射室顶部与水平面呈 30°角的斜面，使辐射室烟气减少了死角处。同箱式炉相比较，炉管受热的均匀性好一些，但其结构更为复杂，炉顶需要采用异形砖，炉管要用特殊的金属吊架，占地面积大，钢材用量多。但这种炉型在使用沥青类低质、高黏度燃料时，操作便利，维修简单。近年来，这种炉型在改造和新建项目中有被立式加热炉取代的趋势。

六、加热炉发展趋势

加热炉从诞生以来，一直在不断地发展进步。石油化学工业用加热炉发展的重点是改进炉管表面受热和燃料供热的不均匀性，以提高炉管表面平均热强度，保证安全、长周期运转，这在加热结焦的油品及其它介质时尤显重要。从加热炉的应用来看，加热炉的技术创新和发展主要集中在以下几个方面。

1. 新型炉管材料

随着炉管表面热强度的提高，国内外研制了耐热性、耐蚀性优良的高温合金炉管，如 Cr28Ni38、Cr25Ni35WNb、Cr35Ni45 等材料。可使炉管的表面热强度达到 $5\times10^5 \mathrm{kJ/(m^2\cdot h)}$，炉管表面温度可达到 1150℃ 左右。加上合理采用双面辐射炉管管排结构可充分利用炉膛有效空间，提高炉子的有效热负荷。

2. 新型高效燃烧器

为了改善炉管受热的不均匀性，避免局部过热，提高加热炉热效率和达到安全长周期运转；国内外成功地开发了低过剩空气系数、低噪声、大容量高效燃烧器。如中国的 CBL-Ⅲ 型燃烧器，使用证明可降低燃料消耗量 4%～8%。CBL-Ⅲ 型低 NO_x 燃烧器，与一般燃烧器相比，可降低 NO_x 化合物量 30%～50%，过剩空气率低达 10% 左右，因带有双重吸音材料，噪声小于 80dB，可节约燃料耗用量 3%～6%。

3. 新耐火高温涂料

为提高炉内耐火材料的使用寿命及耐冲刷性，研制了热工性能优良的新型耐火高温涂料，当炉内耐火材料施工完成后，在其表面喷涂一层（2～3mm）高温涂料，可大大提高耐火材料的使用寿命和保温性能，降低炉墙表面温度，减少热损失。

4. 新工艺技术

① 选择合理的换热流程和换热温差，可以提高传热效率，防止炉管内结焦。

② 在对流室采用翅片管（或钉头管）的情况下，在辐射室炉管内加扰流子（或钉头管），炉管外加翅片（或钉头管）来强化传热，可提高生产能力 20%。

③ 燃烧空气采用预热空气或燃气轮机尾气，使燃料与空气的混合处于较高的温度场，加速和强化燃料燃烧的物理化学过程，提高火焰和烟气的温度，使炉内受热显著增加。

④ 减少加热炉热负荷，提高加热炉处理能力。将入炉物料温度提高 10℃ 左右，加热炉热负荷就可降低 5%。

⑤ 提高入炉空气温度，强化炉内传热。炉子配置空气预热系统，可提高入炉空气温度，使燃料与空气的混合处于较高的温度场，就能加速和强化燃料燃烧的物理化学过程，提高火焰和烟气的温度。烟气的流速大，增加了烟气的对流传热，可降低的燃料消耗量视空气预热温度的高低而定。

⑥ 提高管内介质流速，强化炉管受热。在系统阻力降容许的情况下，提高管内流速，可提高处理能力。

⑦ 采用新型炉，新炉型主要是改进炉管排列和燃烧布置，来提高炉管表面利用率、炉管受热和供热的均匀性，以便延长运行周期和使用寿命。

⑧ 建立定期的炉子标定制度。可及时发现炉子薄弱环节并进行处理。

⑨ 采用先进控制系统。在设备和工艺既定的条件下，采用先进的控制系统对提高炉子的技术经济指标，及时调节和控制加热炉的工艺指标，实现气油比、空燃比控制等，具有十分重要的意义。

5. 加热炉大型化

加热炉大型化后，炉子热效率高，操作人员相对减少，仪表费用少，节省投资。目前国内已设计制造 2 亿千焦/时以上的加热炉,国外已有 10 亿千焦/时以上的加热炉。加热炉的大型化是发展必然趋势。

第二节 加热炉的运行和维护

一、加热炉的操作

加热炉操作的水平高低,对燃料消耗量、炉子热效率、设备使用寿命、空气污染等,都有很大影响。因此,加热炉操作时必须细心观察,认真分析,准确调节,确保加热炉高效、平稳、长周期安全运行。

1. 烘炉

烘炉的目的是缓慢地除去炉墙在砌筑过程中所积存的水分,并使耐火泥得到充分的烧结。如果这些水分不去除掉,在开工时炉温上升很快,水分将急剧蒸发,造成砖缝膨胀,产生裂缝,严重时会造成炉墙倒塌。凡是新建的加热炉,旧炉子的炉墙进行了大面积的修补,炉墙采用的是耐火砖、轻质耐热混凝土衬里的,均要进行烘炉。如果新建加热炉的全部炉墙或旧炉子的修补炉墙所用的材料为陶纤毡的可不必进行烘炉。

烘炉时,炉管内通入蒸汽,以保护炉管不被干烧。用辐射出口部位的烟气热电偶来控制炉膛温度。烘炉曲线按设计操作手册规定进行。在开始烘炉前,一般要有 72h 以上的自然干燥时间。要对炉子进行系统检查:弹簧吊架工作状态(冷态),记录和标出冷态位置;耐火衬里膨胀缝填好耐火纤维;仪表位置正确,联锁系统正确可靠;燃烧器喷嘴畅通,风门灵活,压力表安装齐全;窥视孔启闭灵活,人孔封闭;烟囱、挡板和绝热材料之间间隙适当,手动操作灵活。

烘炉时,当炉膛温度分别达到 150℃、320℃、500℃时应进行恒温,以除去炉墙中的水分,并使耐火泥充分烧结。而且要对炉子的耐火衬里、弹簧吊架、法兰连接处、仪表性能等进行全面检查、记录。烘炉结束后,应对炉子进行全面检查,如发现耐火衬里脱落、剥离、异常的裂缝等缺陷,应进行修补。衬里的裂纹宽度大于 2mm、深度超过 5mm 应进行修补,有空洞和钢板分离的应彻底修补。

2. 点火

点火前必须向炉膛内吹扫蒸汽约 10~15min,将残留在炉内的可燃气体清除干净,直至烟囱冒出水蒸气后再停止吹汽。点火前还应检查烟道挡板、防爆门、看火门,燃烧器油阀、汽阀、风门调节等是否灵活好用,炉膛灭火蒸汽管线及其它消防设施等是否齐全完备。一切正常后,方可点火。

点火时应根据油-气联合燃烧器使用的燃料情况进行操作。如烧油时,应将气体燃料的喷嘴内通入适量蒸汽,防止喷嘴被油或其它异物堵塞;若烧气时则应将油喷嘴内通入蒸汽进行保护。将燃烧器的风门调至 1/3 的开度,若开度太大则不易点火。

将已点燃的浸透柴油的点火棒放在燃烧器的喷嘴前,把雾化蒸汽阀门稍开一点,然后将油阀打开,点燃后慢慢调整油气比例,使燃料油充分雾化,完全燃烧,根据燃烧情况将燃烧器风门、油阀、汽阀调节合适。

3. 停炉

(1) 正常停炉

接到停炉的命令后，在降温前，计算好燃料量库存量，根据需要收油，使停炉后库存的燃料油为最小。如果是油气联合燃烧，应提前停掉燃料气，并处理好管线，以防止停炉后不好处理。根据装置降量、降温的要求，逐渐停掉燃烧器，到剩下 1~2 个燃烧器时，打开燃料油循环阀，但必须注意燃烧器前燃料油的压力不能过低。

当装置进行循环时，过热空气排空。控制炉子降温速度在 50℃/h 以下；有锅炉系统时，应控制降压速度在 2~2.5MPa/h，严格控制汽包液位，杜绝干锅现象的发生。炉管按操作规程进行蒸汽-空气烧焦，直至烧焦气中 $CO+CO_2$ 的体积含量小于 1%。炉管不烧焦时，则停止燃料油循环，进行管线吹扫。

全部熄火后，燃烧器仍通蒸汽，使炉膛温度尽快降低，并将烟囱挡板打开。当炉膛温度降到 150℃ 左右时，将人孔门、看火门打开，以使炉子冷却。

（2）紧急停炉

紧急停炉是指非正常的计划外停炉，大多数的紧急停炉都是因为装置出现紧急情况，造成炉子不能正常运行，而迫使炉子必须进行紧急停炉。紧急停炉按以下步骤处理：

① 中断燃料系统供给，炉子熄火。
② 停止原料进炉。
③ 向炉膛和炉管大量吹蒸汽，过热蒸汽放空。
④ 把烟囱挡板全打开。
⑤ 通知消防队和有关部门。

二、加热炉操作要求

1. 正常操作要求

① 掌握设备、机器的构造、性能和操作规程；了解安全装置的机能；严格遵守加热炉和锅炉压力容器的设计规定及操作运行规范。
② 不能把安全装置封闭起来，以免在发生紧急情况时无法及时操作。
③ 使用的燃料需要适应燃烧器的性能，更换不同性质的燃料时，必须分析燃烧装置是否适用，必要时根据新燃料的性质对原燃烧器进行更换或改进。
④ 根据烧嘴的使用条件操作，必须遵守点火运行、熄火等操作规程。
⑤ 启动、点火、熄火、停止及紧急时的安全措施等操作盘，应安装在显而易见的位置处，需要经常进行检查。
⑥ 流量调节阀、压力调节阀等，必须保持功能完好可靠。烧嘴必须在规定的范围内设定空气比。
⑦ 不准随意改变燃料、空气（蒸汽）的压力，不能在超过规定压力下运行。
⑧ 在点火前，主烧嘴与点火烧嘴的截止阀应完全关闭，燃料的压力和温度、空气压力、冷却水压力稳定在规定值，并且把烟囱挡板开到所规定的开度，使排烟处于正常情况下。
⑨ 点火失败时，应迅速关闭燃料阀，再次点火前应先用空气吹扫，再按所规定的操作方法进行点火。

2. 运行和异常情况下的操作

炉子在运行中，应经常检查其是否处于正常状态，如发现问题应及时处理。炉子在操作过程中，常常会碰到燃烧器火焰不正常的情况，如火焰出现火星、发黑、火焰不稳定、出现脉动和爆声等现象，这些异常情况一般是燃料油黏度过大、雾化蒸汽量不足、过热度不够或燃料油中含有杂质、沥青沉淀、大量带水、喷头结焦等原因造成的，都会使火焰出现异常现象，引起火焰脉动和爆声。所以燃料油在进入燃烧器之前，应先进行脱水和过滤，以清除油中的水和杂质。

① 炉子在操作过程中，燃料油突然中断，应立即烧气；如果燃料气中断，应立即烧油；如果油气同时中断，炉膛温度和炉出口温度急剧下降，应立即查找原因，并与有关部门联系及时处理。

② 炉子在运行过程中，原料、进料突然中断，炉膛温度和炉出口温度急剧上升。应及时熄火，查找原因，配合操作调节好进料量。

③ 炉子在运行过程中，由于火焰不均匀，使炉温度不均匀，造成炉管局部过热；进料量太大或中断，火焰偏斜舔炉管，造成局部过热；以及原料反应、聚合等，都会引起炉管结焦。除了调整之外，结焦后应进行炉管烧焦。按照工艺烧焦指标，严格控制温度和时间，并遵循操作规程。

④ 炉子运行过程中，炉管出现鼓泡或变形，炉管的颜色出现桃红色等异常现象时，即可发生炉管破裂。炉管破裂以后，管内的介质流入炉内着火，由于空气不足，会造成烟囱冒烟，炉管内介质的出口压力下降，介质的进口温度升高等现象。如果破裂不大，按正常停炉处理，如破裂严重，按紧急停炉处理。

三、加热炉的检修与维护

加热炉无论是在操作中还是在停炉状态，对炉子进行全面的检查和维修都是非常必要的，以发现潜在的问题，及时处理，延长炉子的运行周期，即延长炉管和整个炉子的寿命。

(一) 检修周期

加热炉的工作条件比较苛刻，设备长期在高温、高压及腐蚀性介质的作用下连续工作。为保证生产安全，加热炉工作一段时间后，必须停工检修。在正常运行的情况下，加热炉的检修周期可分为大修和中修，当加热介质为易结焦或冲蚀性强介质时，中修周期为2~4个月，大修周期为12~18个月；当加热介质为一般物料时，中修周期为12~18个月，大修周期为24~32个月。

1. 中修的主要检修项目

中修主要包括如下几项：

① 检查炉管的结焦情况及炉管、回弯头的腐蚀和壁厚的变化情况，氧化爆皮、鼓泡、弯曲变形等情况。对结焦炉管进行清焦，对有损坏的炉管、弯头等进行修理或更换。

② 检查回弯头的堵头、顶紧螺杆、元宝螺母及回弯头其它位置有无裂纹及损坏，进行研磨修理或更换。

③ 检查炉墙、烟囱等处的衬里，看火门、防爆门、回弯头箱等处的密封，对损坏处或不严密处进行修补处理；检查炉管的管架、吊钩、定位管、导向管等部件，对损坏的进行修理或更换。

④ 检查燃烧器及油、汽管线和阀门等处，对漏油、漏汽处进行修理或更换阀门、垫片；检查空气预热器、吹灰器等设备是否完好，烟囱挡板和风道挡板等转动是否灵活，对有问题的部件进行修理或更换。

⑤ 检查辐射室、对流室、烟道、空气预热器等处有无积灰，如有积灰，应进行吹灰清扫。检查消防蒸汽线及紧急放空装置是否正常好用。

2. 大修的主要检修项目

大修除包括所有中修的主要检修项目外，还应对炉体的钢架及烟囱的钢筒体厚度及腐蚀情况进行检查修理。对加热炉的基础及烟囱检查修理，对炉体钢架、烟囱、平台、梯子及管线进行刷漆防腐处理。

（二）炉管的检修与更换

炉管及管件的检修分为日常检查和大修检查；日常检查是指管子在操作期间随时进行的外观检查，检查是否有潜在问题，发现任何问题均应做好记录，不能立即解决的问题应制定计划，在下次停炉期间进行维修。大修检验是指按计划停炉进行的检验，各厂可根据具体情况选择大修检验项目，并自行确定无损检测和破坏性检查的间隔期。

1. 无损检测内容

① 渗透探伤检查：在弯头、吊耳、焊缝等应力较大的部位抽查50%以上，其它部位按目测检查发现可疑处进行抽查，对新炉子，使用前4年，检查范围可适当减少，但不少于30%。

② 测厚检查：对易冲刷、磨损的弯头外侧部位100%检查，其它部位进行抽查。

③ 渗碳检查：对管壁温度较高部位进行重点检查，其它部位进行抽查。

④ 蠕胀检查：对每组出口管进行检查，其它部位根据目测情况进行抽查或用专用工具逐根检查。

⑤ 射线检查：对有怀疑部位，用上述方法无法确定时，确定部位进行射线检查。

2. 破坏性检查项目

① 破坏性检查是为了查找炉管发生突发性损伤（腐蚀、鼓泡、开裂、壁厚减薄等）的原因，核实无损检测结果，评定炉管劣化程度。

② 化学成分分析，检查材质是否符合设计要求。

③ 宏观检查，分析损伤状态、裂纹分布和渗碳深度。

④ 显微组织分析，观察组织变化和组织损伤状态。

⑤ 力学性能测试，进行常温力学性能、高温拉伸和冲击性能、高温持久强度等测试。

⑥ 电子探针分析，分析腐蚀产物、异常区域元素分布情况。

3. 炉管更换

加热炉的炉管在使用一定时间后，若发现有下列情况之一时，应更换。

① 由于严重腐蚀、冲蚀或爆皮，管壁厚度小于计算允许值。

② 裂纹深度超过壁厚的1/2，或有鼓包、网状裂纹。

③ 铸造炉管壁厚减薄到设计壁厚的60%或6mm以下。

④ 渗碳深度大于60%。

⑤ 炉管外径大于原来外径的4%~5%，或有明显的蠕胀、鼓包、裂纹。

⑥ 胀口（焊口）在使用中反复多次胀接（焊接），超过了规定值。

⑦ 使用时间达到或接近设计寿命，故障率明显提高或检查出裂纹、减薄、渗碳都比较严重。

⑧ 在更换炉管时，首先从弯头处将管段制修好坡口，对好上下口，焊接后按规定进行检查。

（三）耐火砖修补

炉墙耐火砖、烟道砖、炉顶吊砖等因操作、质量断裂后，应按照砌砖规范及施工图纸进行砌筑。砖的工作面不准缺棱缺角，不准加工。砖缝不得大于3mm，砖缝内的泥浆填充必须饱满均匀，饱满度应不小于95%。炉墙的膨胀缝应采用陶瓷纤维填塞，温度低于400℃时，可用石棉绳。

 思考与练习 ‹‹‹‹

  4-1 简述加热炉的类别。
  4-2 加热炉由哪几部分组成？各部分作用是什么？
  4-3 简述加热炉开工操作要点。
  4-4 简述加热炉正常操作要点。
  4-5 加热炉中修包括哪些内容？

第五章

化工管道与阀门

本章学习指导

● **能力目标**
- 能够根据工艺要求及设备结构特点，正确选择使用管道、阀门。

● **知识点**
- 了解管道及阀门的作用和类别，知道管道连接方式及特点；
- 了解常见阀门的结构；
- 了解管道的布置及安装的基本要求。

化工管道是化工生产的重要组成部分，流体原料及其它辅助物料从不同的管路进入生产装置，加工成产品，再进入储存区，最后外输或外运。有人将泵与压缩机比喻为化工生产的心脏，而将管道比喻为化工生产的血管，管道将整个化工生产连接起来构成一个整体。保证管路的畅通是保证化工生产正常平稳运行的必要环节。阀门是一种通用机械产品，是化工管道的重要控制元件，在管路中起连通或截断管内介质的流动、调节介质流量和压力、改变或控制介质流动方向等作用。本章主要介绍化工生产所用管道的类型、布置与安装、使用及维护；阀门的结构类型、选用及维护等内容。

第一节 化工管道

用以输送、分配、混合、分离、排放、计量、控制和制止流体流动的，由管子、管件、法兰、螺栓连接、垫片、阀门、其它组成件（注1）或受压部件和支承件（注2）组成的装配总成称为管道。

同时具备下列条件的工艺装置、辅助装置以及界区内公用工程所属的管道称为工业管道（简称管道）。

① 最高工作压力大于或等于0.1MPa（表压，下同）的；
② 公称直径（注3）大于25mm的；
③ 输送介质为气体、蒸汽、液化气体，最高工作温度高于或者等于其标准沸点的液体或者可燃、易爆、有毒、有腐蚀性的液体的。

注1：管道组成件，用于连接或者装配成承载压力且密封的管道系统的元件，包括管子、管件、法兰、

密封件、紧固件、阀门、安全保护装置以及诸如膨胀节、挠性接头、耐压软管、过滤器（如Y型、T型等）、管路中的节流装置（如孔板）和分离器等。

注2：管道支承件，包括吊杆、弹簧支吊架、斜拉杆、平衡锤、松紧螺栓、支撑杆、链条、导轨、鞍座、滚柱、托座、滑动支座、吊耳、管吊、卡环、管夹、U形夹和夹板等。

注3：公称直径即公称通径、公称尺寸，代号一般用DN表示。

一、管道的分类

（一）管道的类型

石油化工生产的介质种类繁多，各类介质的特性不同，在管路中的温度、压力、流速和流量也各不相同，管道按不同的分类方法有不同的类型。

按管道的用途可将其分为工艺管道和辅助管道。工艺管道包括原料管道、半成品及产品管道等，是生产的主要管道。辅助管道是指一切辅助生产的管道，包括燃料系统、蒸汽及冷凝水系统、冷却水系统、排污系统及供风系统等的管道。

按管道的材料不同可分为金属管道和非金属管道。金属管道主要包括铸铁管道、碳钢管道、合金钢管道和有色金属管道等；非金属管道主要包括塑料管道、混凝土管道、陶瓷管道和玻璃管道等。

按管道敷设位置可分为架空及地面敷设管道、地沟敷设管道、埋地管道等。

根据管路中介质压力的高低可将管道分为超高压、高压、中压、低压及真空管道，见表5-1。按介质温度可分为高温管道、常温管道和低温管道，见表5-2。按介质毒性可分为极度毒性管道、非极度毒性管道和无毒管道。

按管道的用途可将管道分为长输管道、公用管道和工业管道三种。长输管道（GA）：主要在产品产地、储存库、使用单位间用于输送商品介质的管道；其地域特性是跨地区（跨省、跨地市）使用。公用管道（GB）：指在城市或乡镇范围内用于公用事业或民用的燃气和热力管道；地域特性是一个城市或乡镇范围内使用。工业管道（GC）：指在企业、事业单位所属的用于输送工艺介质的工艺管道、公用工程管道及其它辅助管道；地域特性是一个企业或事业单位内使用。公用工程管道：相对于工艺管道而言，公用工程管道系指工厂（装置）的各工序中公用流体的管道。

表5-1 管道按压力分类

级别名称	设计压力 p/MPa	级别名称	设计压力 p/MPa
超高压管道	$p \geqslant 42$	低压管道	$0.1 \leqslant p < 1.6$
高压管道	$10 \leqslant p < 42$	真空管道	设计压力小于标准大气压
中压管道	$1.6 \leqslant p < 10$		

表5-2 管道按温度分类

级别名称	介质温度 T/℃	级别名称	介质温度 T/℃
高温管道	$T \geqslant 200$	低温管道	$T < -29$
常温管道	$-29 \leqslant T < 200$		

根据加强安全技术管理和监察的《工业金属管道工程施工及验收规范》（GB 50235—2010）规定，按照设计压力、设计温度、介质毒性程度、腐蚀性和火灾危险性将管道划分为

GC1、GC2、GC3 三个等级。

GC1 级：符合下列条件之一的工业管道：

① 输送 GB 5044—1985《职业接触毒物危害程度分级》中规定的毒性程度为极度危害介质、高度危害气体介质和工作温度高于其标准沸点的高度危害液体介质的管道；

② 输送 GB 50160—2008《石油化工企业设计防火规范》与 GB 50016—2006《建筑设计防火规范》中规定的火灾危险性为甲、乙类可燃气体或者甲类可燃液体（包括液化烃），并且设计压力大于或者等于 4.0MPa 的管道；

③ 输送流体介质，并且设计压力大于或者等于 10.0MPa，或者设计压力大于或者等于 4.0MPa 且设计温度大于或者等于 400℃的管道。

GC2 级：除本规定的 GC3 级管道外，介质毒性危害程度、火灾危险性（可燃性）、设计压力和设计温度低于 GC1 级的工业管道。

GC3 级：输送无毒、非可燃流体介质，设计压力小于或者等于 1.0MPa 且设计温度高于-20℃、但是不高于 185℃的工业管道为 GC3 级。

石油化工管道输送的介质一般都是易燃、可燃性介质，有些物料属于剧毒介质，这类管道即使压力很低，但一旦发生泄漏或损坏后果是很严重的，因此对这类管道不仅要考虑温度和压力的影响，还要考虑介质性质的影响；原石油化工总公司颁布的《石油化工剧毒、易燃、可燃介质管道施工及验收规范》（SHJ 501），根据被输送介质的温度、闪点、爆炸下限、毒性及管道的设计压力将石油化工管道分为 A、B、C 三级，见表 5-3。

表 5-3　管道按压力和输送介质分类

管道类别	适用范围
A	①剧毒介质 ②设计压力大于等于 10MPa 的易燃、可燃介质
B	①介质闪点低于 28℃的易燃介质 ②介质爆炸下限低于 10%的管道 ③操作温度高于等于介质自燃点的 C 级管道
C	①介质闪点为 28~60℃的易燃、可燃介质 ②介质爆炸下限高于等于 10%的管道

（二）公称压力和公称直径

公称压力和公称直径是管子、阀门和管件的两个特性参数，其含义与法兰的公称压力和公称直径类似。采用公称压力和公称直径的目的是使管子、阀门和管件的连接参数统一，利于管道安装工程的标准化。管道安装工程标准化可使制造单位能进行阀门、管件的批量生产，降低制造成本；由于标准化后容易购得，使用单位可以减少日常的储备量，标准化还便于阀门、管件损坏后的更换；标准化的实行使设计单位的设计工作量也大大减少。

1. 公称压力

公称压力由字母 PN 和无因次数字组合而成，表示管道元件名义压力等级，单位为 MPa，如公称压力 6.3MPa，用 $PN6.3$ 表示。通常公称压力大于或等于实际工作压力。一般来说，管路工作温度在 0~120℃范围内时，允许工作压力和公称压力是一致的，但当温度高于 120℃时，工作压力将低于公称压力。

2. 公称直径

公称直径由字母 DN 和无因次整数数字组合而成，表示管道元件规格名义尺寸，单位为 mm；公称直径既不是管子的内径，也不是管子的外径，而是靠近管子内径的某个整数值；但不一定相等。凡是同一公称直径的管子，外径必定相同，但内径则因壁厚不同而异。例如，$\phi20mm\times2.5mm$ 和 $\phi20mm\times2.0mm$ 的无缝钢管，都称作公称直径为 20mm 的钢管，但它们的内径却分别为 15mm 和 16mm。常用钢管的公称直径、外径及常用壁厚见表 5-4。

表 5-4 钢管的公称直径、外径及常用壁厚 mm

公称直径 DN	管子外径	管子壁厚	公称直径 DN	管子外径	管子壁厚
10	14	3	150	159	4.5
15	18	3	200	219	6
20	25	3	250	273	7 或 8
25	32	3.5	300	325	8
32	38	3.5	350	377	9
40	45	3.5	400	426	9
50	57	3.5	450	480	9
80	89	4	500	530	9
100	108	4	600	630	9

水煤气钢管的公称直径用英寸表示，有 1/8″、1/4″、3/8″、1/2″、3/4″、1″、1.25″、1.5″、2″、2.5″、3″、4″、5″、6″等。

（三）化工用管

1. 铸铁管

铸铁管常用作埋于地下的给水总管及污水管，化工厂用来输送碱液及浓硫酸，但铸铁管不能用于输送蒸汽及在压力下输送爆炸性与有毒的气体。铸铁管的公称直径有 50mm、75mm、100mm、125mm、150mm、200mm、250mm、300mm、350mm、400mm、450mm、500 mm、600mm、700mm、800mm、900mm 和 1000mm 多种。连接方式有承插式、单端法兰式和双端法兰式三种，连接件和管子一起铸出。

按制造材质不同，分为灰口铸铁浇铸的铸铁管和球墨铁管，按其制造方式又可分为砂型离心铸铁直管和连续铸铁直管。由于出厂时管壁内外均涂有沥青，因此，铸铁管比钢管耐腐蚀，故常用于埋地的给水和煤气等压力流体的输送管道。

（1）灰口铸铁承压铸铁管

① 砂型离心铸造灰口铸铁管，按其壁厚分为 P 和 G 两级。据出厂前的水压试验压力的不同，P 级适用于输送工作压力≤0.75MPa 的流体，G 级适用于输送压力≤1.0MPa 的流体。

② 连续铸造的灰口铸铁管，按其壁厚分为 LA、A 和 B 三种，根据出厂前水压试验压力的不同，LA 级适用于输送工作压力≤0.75MPa 的流体，A 级适用于输送工作压力≤1.0MPa 的流体，B 级适用于输送工作压力≤1.25MPa 的流体。

（2）承压球墨铸铁管

球墨铸铁管根据出厂前水压试验、压力和抗拉强度，可适用于输送工作介质压力≤1.5MPa 的流体，具有壁厚薄和承压高等特点。

（3）排水铸铁管

排水铸铁管是采用灰口铸铁浇铸而成。与给水铸铁管相比较其管壁较薄，承插口浅，因其机械强度较低而质脆，故适用于铺设排水管道。

(4) 高硅铸铁管

① 普通高硅铸铁管：普通高硅铸铁管性质易裂，加工性能差，强度低，但它能抵抗各种浓度的硫酸、硝酸、醋酸、蚁酸、脂肪酸在常温时的腐蚀作用。面对沸腾的浓盐酸、氢氟酸、氟化物和浓碱液却不能抵抗。

② 稀土高硅铸铁管：在普通高硅铸铁中加入稀土镁合金元素后，可以除气，改善金属基体组织，使之石墨球化，提高强度、耐蚀性和铸造流动性，改善了加工性能。稀土高硅球墨铸铁管的使用温度：在腐蚀介质中一般低于 80℃，使用时不宜骤冷骤热；而在水蒸气中使用可耐 700℃ 高温。适用介质种类与普通高硅铸铁相似。

③ 稀土中硅耐酸铸铁管：将高硅铸铁中含硅量降到 10%～12%，可得稀土中硅铸铁管，其硬度略有下降，但脆性及加工性能有所改善。它可用于下列介质：温度 $t<50℃$、浓度 $\psi \leqslant 46\%$ 的硫酸；温度 $t<95℃$、浓度 $\psi=70\%\sim98\%$ 的硫酸；温度 $t=160\sim205℃$ 的苯磺酸与浓度 $\psi=92.5\%$ 的硫酸；室温下，饱和氯气浓度 $\psi=60\%\sim70\%$ 的硫酸；温度 $t=90\sim100℃$ 的粗苯与浓度 $\psi=92.5\%$ 的硫酸。

④ 硅铜铸铁管：在高硅铸铁中加入一定量铜，即得到硅铜铸铁管。它的力学性能、加工性能和耐腐蚀性能均提高了。它能抵抗硫酸及碱的腐蚀，但不耐硝酸的腐蚀。

⑤ 硅钼铜铸铁（抗氯硅铁）管：在含硅量 11%～12% 的硅铸铁中加入铜、钼元素，即得硅钼铜铸铁管，其硬度比普通高硅铸铁有一定的下降，但脆性略减，加工性能有所改善。抗氯硅铁管耐蚀性强，可以抵抗任何浓度、任何温度（包括沸点温度）盐酸的腐蚀。但抗氯铸铁中所含的钼价格甚贵，所以这种铸铁管只能用于高硅铸铁管或其它化学安定性材料不能适用的场合。

2. 水煤气管

水煤气管常用作给水、煤气、暖气、压缩空气、真空、低压蒸汽、凝液以及无侵蚀性物料的管道。水煤气管的极限工作温度为 175℃，且不得用于输送有爆炸性及有毒性的介质。水煤气管分为普通（公称压力 1MPa）与加强（公称压力 1.6MPa）两级，公称直径为 8～150mm。

3. 钢管

钢管的优点是耐压高，韧性好，管段长而接口少。缺点是价格高，易锈蚀，因而使用寿命短。

(1) 普通无缝钢管

普通无缝钢管是用普通碳素钢、优质碳素钢、低合金钢或合金结构钢轧制而成。品种规格多，强度高，是工业管道最常用的一种管材，广泛用于工作压力为 1.6MPa 以下的管道。例如热力管道、制冷管道、压缩空气管道、氧气管道、乙炔管道及除强腐蚀性介质外的各种化工管道。

(2) 不锈钢无缝钢管

不锈钢无缝钢管用铬镍不锈钢制成，有热轧和冷轧（冷拔）管两种。特点是耐酸性强，抗腐蚀，但价格昂贵，主要是用于有特殊要求的化工管道。

(3) 低压流体输送用焊接钢管

低压流体输送用焊接钢管是有缝管，一般用 Q215A、Q235A 和 Q255A 普通碳素钢制成。按表面质量分镀锌（白铁管）和不镀锌（黑铁管）两种；按管端带螺纹与否，又可分带螺纹与不带螺纹两种；按壁厚分有普通与加厚两种。

普通钢管一般可承受 2.0MPa 水压试验，加厚管能承受 3.0MPa 水压试验。普通钢管和加厚管一般可用于工作压力及介质力较低的管道。

4. 有色金属管

① 铜管与黄铜管：多用作低温管道（冷冻系统）、仪表的测压管线或输送有压力的流体（如油压系统、润滑系统），当温度高于 250℃ 时不宜在压力下使用。

② 铝及铝合金管：铝是一种银白色的轻金属，相对密度小，为 2.7~2.8，只有铁的 1/3。铝具有良好的导热性和导电性。在冷态和热态时均有较好的塑性，因此铝可在冷态中轧制，也可在热态中挤压、轧制。但是铝的机械强度较低，铸造性和切削性较差。

铝合金一般不耐碱液腐蚀，能被氨破坏。铝合金在硝酸铵、硫酸铵、硫酸钠、氧化钙等盐溶液中会引起局部腐蚀，而对氧化性溶液则因能引起铝合金钝化而具有较高的耐腐蚀性。由于铝及铝合金管具有较高的耐蚀性，在化学工业中常用来输送腐蚀性介质（如浓硝酸、尿素、磷酸等）和不允许有铁离子污染的介质。

铝及铝合金管在低温环境中强度和力学性能仍然良好，可用来输送冷冻食品，加之由于铝及铝合金管不易污染产品，所以在食品工业中得到广泛应用。

铝及铝合金管有良好的导热性，常用来制造换热设备。其反射辐射热性能好，可用来输送易挥发性的介质。铝管常用来输送浓硝酸、醋酸、甲酸等物料，但不能抗碱腐蚀，在温度大于 160℃ 时不宜在压力下操作，极限工作温度为 200℃。

③ 铅及铅合金管：常用铅管分软铅管和硬铅管两种。软铅管用 Pb2、Pb3、Pb4、Pb5、Pb6 等牌号的纯铅制成，最常用牌号为 Pb4。硬铅管主要由锑铅合金制成，目前生产牌号为 PbSb0.5~12，最常用的牌号为 PbSb4 及 PbSb6。

内径小于 55mm 的铅管多制成盘管，内径大于 60mm 时才做成直管。大直径铅管用铅板焊制而成，铅管的硬度小，密度大，熔点低，可塑性好，电阻率高，线胀系数大。铅管有良好的可焊性和耐蚀性，且阻止各种射线透射的能力强大。铅管在 10% 以下的盐酸、亚硫酸、砷酸、磷酸、氢氟酸、铬酸以及海水中都是稳定的。但铅管在常温的干燥氟、氯、溴等气体中会有轻微的腐蚀。铅管主要在化学工业中用来输送 150℃、浓度 70%~80% 的硫酸以及浓度 10% 以下的盐酸等腐蚀介质。由于铅管的强度和熔点较低，因此铅管的使用温度一般不能超过 140℃。又因铅管的硬度较低，不耐磨，因此铅管不宜输送有固体颗粒悬浮液的介质。由于铅有毒，因此铅管不能用于输送食品和生活饮用水。

5. 非金属管

① 陶瓷管：化工陶瓷耐腐蚀性能好，能耐除氢氟酸、氟硅酸和强碱外的各种浓度的无机酸、有机酸和有机溶液的腐蚀，来源较广且价格便宜。缺点是性脆、强度低和不耐温度剧变，常用作排除腐蚀性介质的下水管道和通风管道。

② 硬聚氯乙烯管：硬质聚氯乙烯对于任何含量的各种酸类、碱类和盐类都是稳定的，但对强氧化剂、芳香族碳氢化合物、氯化物及碳氧化物是不稳定的，可用来输送 60℃ 以下的介质，也可用于输送 0℃ 以下的液体。常温下轻型管材的工作压力不超过 0.25MPa，重型管材（即管壁较厚）的工作压力不超过 0.6MPa，它的优点是轻、抗蚀性能好，易加工，但耐热性差。

③ ABS 工程塑料管：ABS 工程塑料管是以工程塑料 ABS 粒料经注射、挤压两种方法加工而成的。ABS 塑料是一种比硬聚氯乙烯轻的塑料，它的密度为 $1.03~1.07\text{g/cm}^3$。ABS 塑料具有良好的机械强度和较高的冲击韧性，它的抗拉强度为 40~50MPa，与硬聚氯

乙烯差不多，但它的冲击强度很高，比硬聚氯乙烯管大得多，在遭到突然袭击时，ABS 塑料更能显示出其优越性，仅产生韧性变形，而硬聚氯乙烯则要碎裂。ABS 塑料的线胀系数较大，一般为 $10.0\times10^{-5}\mathrm{K}^{-1}$。在管道安装中同样要处理好管子热伸长的补偿问题。ABS 塑料的热变形温度为 65～124℃（不同品种其热变形温度也不同），其热成形温度为 149℃ 或再高一些。ABS 塑料还有良好的耐磨性。ABS 塑料的抗老化性也较差，当暴露在阳光下使用时，应采取防护措施。

ABS 塑料能耐弱酸、弱碱和中等浓度的强酸、强碱的腐蚀，在酮、醛、酯类以及有氯化烃中会溶解或形成乳浊液，而不溶于大部分醇类和烃类溶剂，但与烃类长期接触后，会软化和溶胀，不耐硫酸、氢氟酸、冰醋酸的腐蚀。

ABS 工程塑料管除了用于化工、制革、医药等行业输送腐蚀介质外，还可用来输送摩擦性大的黏稠性液体，在食品工业中输送各种饮料，以发挥它的耐磨和无毒的特性。

二、管道的布置、安装及连接

1. 管道的布置

在进行管道布置时应根据管道的用途、周围建筑物的位置、所输送介质的特性及与管道连接的机械设备的布置情况等综合考虑，合理配置，一般应遵循以下原则。

① 布置管道时，应对全装置的所有管道包括工艺管道、热力管道、供排水管道、仪表管道及采暖通风管道等通盘规划，各安其位，做到安全、经济和便于施工、操作及维修，防止顾此失彼。

② 布置管道时，应了解周围建筑物的位置，与管道连接的设备的特点，以便管道可靠安装固定。

③ 除能满足工艺、机械设备及整个系统的正常运行外，还应能适应开工、停工和事故处理的要求，备有必要的旁通管路或采取其它措施。

④ 在满足操作和工艺流程要求的前提下，尽可能紧凑，避免烦琐，防止浪费。

⑤ 管道通过人行道时，最低点离地面不得小于 2m，通过工厂主要交通干线时，管底离地面不得小于 4.5m；通过铁路时不小于 6m。

⑥ 输送有毒或腐蚀性介质的管道，不得在人行道上空设置阀件、法兰等，以免泄漏时发生事故；输送易燃易爆介质的管道，一般应设有防火、防爆安全装置。

⑦ 为便于安装、检修和管理，管路尽量架空敷设。必要时可沿地面敷设或埋地敷设，也可沿管沟敷设。

⑧ 管道不应挡门、挡窗；应避免通过电动机、配电盘、仪表盘的上空；在有吊车的情况下，管道的布置应不妨碍吊车工作。管路的布置不应妨碍设备、管件、阀门、仪表的检修。塔和容器的管路不可从人孔正前方通过，以免影响打开人孔。

⑨ 在焊接或螺纹连接的管路上应适当配置一些法兰或活接头，以利安装、拆卸和检修。

⑩ 管子与管子间、管子和墙间的距离，以能容纳活接头或法兰以及能进行检修为度。

⑪ 当管路需要穿过墙或楼板时，要由工艺专业向土建专业提请预留孔或预埋套管。管子应尽量集中敷设，在穿过墙壁或楼板时，尤应注意。

⑫ 阀门和仪表的安装高度主要考虑操作的方便和安全，下列的数据可供参考：阀门（截止阀、闸阀和旋塞等）为 1.2m，温度计为 1.5m，安全阀为 2.2m，压力计为 1.6m。

⑬ 某些不耐高温的材料制成的管道（如聚氯乙烯管、橡胶管等），应避开热管路。输送

冷流体（如冷冻盐水）的管道与热流体（如蒸汽）的管道应相互避开。

⑭ 长距离输送蒸汽的管道应在一定距离处安装分离器以排除冷凝水。长距离输送液化气体的管道在一定距离处应装设垂直向上的膨胀器。

2. 管道的安装

下面以工厂煤气管道的安装为例介绍安装要求和注意事项。

(1) 工厂厂区煤气管道的布置

设计单位根据工厂的特点，从安全生产和安装成本的角度出发，采用不同的布置形式。常见的有树枝式、双干线式、辐射式和环状式四种。

① 辐射式管网布置。这是最常见的一种布置形式。从干管上接出的分支管，靠近干管和进入车间入口处均应设启闭阀一个，便于控制。这种布置形式的缺点是当干管上某点发生故障时，该点到以后各车间全部停止供气。

② 双干线式管网布置。干管采用双线布置，平时两根干管都供气，只有在检修时才有一根干管停气，这样就保证了各车间的供气，适用于重要车间必须保证煤气不间断供应的工厂。

③ 树枝式管网布置。各车间煤气供应管道都从干管头上分支专用管上接出，形成树枝状。这种布置形式较辐射式管网供气可靠性增加，某一车间供气分支管检修时不影响其它车间供气，但管道长度增加，安装成本较辐射式要高。

④ 环状式管网布置。干管布置成闭合环形，在两车间之间设置放散管，如某点发生故障，可隔断进行修理，不影响其它车间用气。其缺点是工程造价增加。

(2) 工厂厂区煤气管道安装注意事项

① 煤气管道从厂区接入车间前，均设置入口装置，以便于管理。当管道直径大于300mm时，还应在入口装置上装设平台。入口装置一般设有控制阀门、盲板、吹扫口、放散管、排水器、压力表、安全网等。

② 厂区架空煤气管道不允许穿越爆炸危险品生产车间、仓库、变电所、通风间等建筑物，以免发生意外事故。

③ 架空煤气管道的管材，一般采用卷板钢管或焊接钢管。管道连接通常采用焊接，与阀门连接采用法兰连接，法兰垫片采用焦油或铅油浸过的石棉绳，管径小于400mm的可采用石棉纸垫片，管径在300mm以下允许用石棉橡胶垫片，煤气管道严禁使用橡胶。

④ 为了保证架空管道正常输送煤气，不致因温度变化产生内应力而遭到破坏，必须考虑设置好补偿装置。煤气管道使用的补偿器一般有波形、鼓形和套筒式三种，车间内部不准使用套筒式。只有设在屋顶的煤气管道，为了减少推力，才允许敷设套筒式补偿器。煤气管道补偿器除补偿管道最大的热伸缩量外，还应有一定的富裕补偿量（鼓形或波形 3～4mm 壁厚者，富裕量 25%～30%；壁厚大于 5mm 者取 30%～50%；套筒式取 30%）。波形或鼓形补偿器应充分退火，每一组补偿器片数不得多于 4 个，禁止把支架焊接在补偿器本体上。直径大于 1000mm 的煤气管道不宜用弯头作为补偿器，以免固定支架扭曲。

⑤ 厂区架空煤气管道与架空电力线路交叉时，煤气管道应敷设在电力线路下面，并应在煤气管道上电力线路两侧设有标明电线危险、禁止沿煤气管道通行的栏杆。栏杆与电力线路外侧边缘的最小水平净距，当电压为 3kV 以下时，为 1.5m；当电压为 3～10kV 时，为 2m；当电压为 35kV 以上时，为 4m。交叉处的煤气管道和栏杆必须可靠接地，其电阻值不应大于 10Ω。

⑥ 煤气管道都要装置静电接地，以消除由于煤气管道气体流动与管壁摩擦产生的静电，

避免发生爆炸。一般室外煤气管道每隔100m接地一次，车间内架空管道可每隔30m接地一次，车间入口要作接地。各段管子间应导电良好，每对法兰或螺纹接头间电阻值超过0.032Ω时，应有导线跨接。焊接连接的管道应用镀锌扁铁进行接地。静电接地的电阻值不应超过100Ω。

⑦ 厂区架空煤气管道应尽量平行于道路或建筑物敷设，系统应简单明显，便于施工和维修。架空管道应避免受到外界损伤。与其它管道共架敷设时，煤气管道应放在输送酸、碱等腐蚀介质管道的上层。与其相邻管道间的水平净距，必须满足安全和安装、检修的要求，管道间的净距不宜小于200mm。厂区架空煤气管道与水管、热力管、不燃气体管和燃油管在同一支柱或栈桥上敷设时，其上下平行敷设的垂直净距不应小于250mm。对于容易漏气、漏油、漏腐蚀性液体的部位，应在煤气管道上采取措施。

⑧ 管径大于600mm的厂区煤气管道上，每隔150～200m设置人孔。在独立检修的管段上，人孔不应少于2个。人孔的直径不应小于600mm，当管道直径小于600mm时，可设手孔，其直径与管径相同。

⑨ 架空管道高度，管底至路面的垂直净距不小于4.5m，跨越厂区铁路时，其垂直净距不小于5.5m。

⑩ 架空管道应有0.001～0.003的坡度，最低处应设置排水器。在可能冻结的地方，架空煤气管道上的排水器立管应绝热保护。

3. 管道的连接

管道常见的连接方式有螺纹连接、法兰连接、焊接连接、承插连接、黏合连接、胀接连接和卡套式连接七种。

① 螺纹连接：螺纹连接也称丝扣连接，它是应用管件螺纹、管端外螺纹进行连接的。螺纹连接在管道工程中得到较为广泛的应用。它适用于焊接钢管150mm以下管径的管件以及带螺纹的阀类和设备接管的连接，适宜于工作压力在1.6MPa内的给水、热水、低压蒸汽、燃气、压缩空气、燃油、碱液等介质。

② 法兰连接：法兰连接是通过连接件法兰及紧固件螺栓、螺母，压紧法兰中间的垫片而使管道连接起来的一种方法。它的优点很多，在设计要求上可以满足高温、高压、高强度的需要。并且法兰的制造生产已达到标准化，在生产、检修中可以方便拆卸，这是法兰连接的最大优点。

③ 焊接连接：管道工程中，焊接是管子与管件最常用的连接方式。施工中焊接技术对管道安装是非常重要的，管工不但要配合焊工完成管子与管件的焊接，还经常需要管工独立完成一些焊接工作。

焊接的主要优点是：接口牢固耐久，不易渗漏，接口强度和严密性高；不需要接头配件，成本低；使用后不需要经常管理。缺点是：其接口是一种不可拆连接，拆卸时必须把管子切断；接口操作工艺较复杂，需用焊接设备来进行。尽管如此，在管道安装、维修工作中焊接连接仍然占第一位，管工应掌握管子加工或组对怎样才能符合焊接的技术要求，这对于保证焊接质量好坏影响很大。

④ 承插连接：在管道工程中，铸铁管、陶瓷管、混凝土管、塑料管等管材常采用承插连接，它主要用于给水、排水、化工、燃气等工程。承插连接根据使用的填料不同，可分为青铅接口和水泥接口两大类。水泥接口还可以分为石棉水泥接口、膨胀水泥接口、三合一水泥接口和普通水泥接口等。

⑤ 黏合连接：黏合剂胶黏连接是通过黏合剂在胶黏的两个物体表面产生的黏结力作用，将两个相同或不同材料的物件材料牢固地粘接在一起，采用黏合剂粘接连接的方式，与法兰、焊接等连接方式相比，具有剪切强度大，应力分布均匀，可以黏合任意不同材料，施工简便，价格低廉，自重轻以及兼有耐腐蚀、密封等优点，一般适用于塑料管、玻璃管、石墨管和玻璃钢等耐腐蚀非金属管道及金属管道上。

⑥ 胀接连接：是指用胀管器把管子扩大，消灭管子与管孔的间隙。管壁减薄而发生塑性形变，管孔产生弹性形变。胀管器取出后，因管孔是弹性形变，试图恢复原状而向管子产生挤压力，而管壁是塑性形变，无法恢复原状，从而使管壁与管孔紧密结合在一起。主要用于水管锅炉的沸水管与锅筒的连接，还有热力站的加热器、空调机的冷凝器以及化工企业、食品、医药部门的换热器等设备的管束与管板的连接。采用胀接可以避免焊接变形，同时也便于维修时更换损坏的管子。

⑦ 卡套式连接：卡套式连接是目前在国内外均已采用的一种结构比较先进的管道连接方式，即卡套式管接头连接方法。卡套式连接的类型很多，如挤压式、撑胀式、自撑式、啮合式等。根据国家标准局颁发的标准，我国卡套式连接属于挤压式和啮合式，其结构由接头体、卡套及螺母三个零件组成，其中的关键零件是卡套——一个带有切割刃口的金属环（室内热水采暖用的卡套为橡胶卡套）。

卡套式管接头的连接特点是依靠卡套的切割刃口，紧紧咬住钢管管壁，使管内的高压流体得到完全密封。这种接头还具有防松的结构特点，耐冲击，耐振动。啮合式长套管接头适用于小管径的高压系统。挤压式卡套管接头适用于中、低压管道，如室内热水采暖、给水、热水、燃气管道等。

4. 管道的保温、防腐

管道无论在地下还是在地面，其表面都会受到周围土壤或大气不同程度的腐蚀，使管道使用寿命减少，因此对管道应采取适当的防腐措施。普通的地面架空管道，如果不需要保温则采用涂料使金属与周围大气、水分、灰尘等腐蚀性介质相隔绝，通常是管外壁先除锈，再涂刷一层红丹底漆，然后再刷一遍醇酸磁漆；如果需要保温则在保温层外再加一层玻璃布或镀锌铁皮，铁皮表面刷两遍醇酸磁漆。埋于地下的管道受到土壤的腐蚀，主要是电化学腐蚀，应根据土壤的性质采取不同的措施，最常用的是涂沥青防腐层。

对于一些输送高温介质的管道，如蒸汽管道、热油管道等，为了减少热量损失、节约能源，保证工艺过程的控制和操作人员的安全，需要采取保温措施。保温层的厚度和结构应根据管道所处的环境、用途、经济指标等综合考虑，应使全年热损失的价值和保温层投资的折旧费之和为最小，一般是由理论分析并结合实际经验确定。要求保温材料具有热导率低，密度小，机械强度高，化学稳定性好，价格低廉，施工方便等特点；地上管道或地沟中敷设的管道最常用的保温材料有玻璃棉毡、矿渣棉毡和石棉硅藻土，地下管道常采用硬质保温制品，如酚醛玻璃棉管壳、水泥蛭石管壳、泡沫混凝土等。

三、管道配件

管道配件是管道组成件的一部分，是管道系统中用于连接、分支、改变方向与直径、端部封闭等直接与管子相连的零部件，包括弯头、弯管、三通、四通、异径管、管箍、螺纹接头和短节、活接头、软管接头、翻边短节、支管座（台）、堵头、管帽等。按用途和所用材质管件可分为钢制管件、铸铁管件和非金属管件，炼油化工系统大多采用钢制管件。钢制管件适用于多种介质和用途的管道，目前成型产品主要有弯头、异径管和三通等。

在管路系统中，弯头是改变管路方向的管件。管道安装中常用的一种连接用管件，用于管道拐弯处的连接。按角度分，有45°、90°、180°三种最常用的，另外根据工程需要还包括60°等其它非正常角度弯头。弯头的材料有铸铁、不锈钢、合金钢、可锻铸铁、碳钢、有色金属及塑料等。与管子连接的方式有：直接焊接（最常用的方式）、法兰连接、热熔连接、电熔连接、螺纹连接及承插式连接等。按照生产工艺可分为：焊接弯头、冲压弯头、铸造弯头等。弯头可用铸造方法制成，也可以用直管子弯曲而成，在高压管路中的弯头大都用优质钢或合金钢锻制而成。

当管路装配中短缺一小段，或因检修需要在管路中置一小段可拆的管段时，经常采用短接管。短接管有带连接头的（如法兰、丝扣等），或仅仅是一直短管，也称为管垫。将两个不等管径的管口连通起来的管件称为异径管，通常也叫大小头。这种管件有铸造异径管，也有用管子割焊而成或用钢板卷焊而成，如图 5-1 所示。高压管路中的异径管是用锻件或用高压无缝钢管缩制而成。

当一条管路与另一条管路相连通时，或管路需要有分流时，我们通常用三通来完成这一功能。根据接入管的角度不同，三通可以分为正接三通和斜接三通，按出入口的口径大小差异，把三通分为等径三通和异径三通，按连接方式分为普通三通、螺纹三通、卡套三通和承插三通。常见的三通管件，除用管子拼焊而成外，也有用模压组焊、铸造和锻造而成的。以上管件都是与管段焊接连接的，在小直径的管道上常用的管件还有钢制活接头、钢制螺纹短节、钢制管箍等。除此之外，阀门也是管道中应用最多的配件之一。

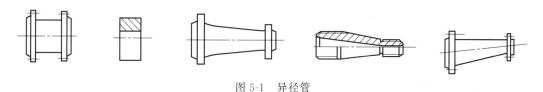

图 5-1　异径管

四、管道的使用与维护

1. 管道的使用

管道的使用单位负责本单位管道的安全工作，保证管道的安全使用，对管道的安全性能负责。使用单位应当按照 TSG D0001—2009 及其标准的有关规定，配备必要的资源和具备相应资格的人员从事压力管道安全管理、安全检查、操作、维护保养和一般改造、维修工作。

新压力管道投入使用前，使用单位应当核对是否具有 TSG D0001—2009 要求的安装质量证明文件。

使用单位的管理层应当配备一名人员负责压力管道安全管理工作。管道的安全管理人员应当具备管道的专业知识，熟悉国家相关法规标准，经过管道安全教育和培训，取得"特种设备作业人员证"后，方可从事管道的安全管理工作。

管道使用单位应当在工艺操作规程和岗位操作规程中，明确提出管道的安全操作要求。管道的安全操作要求主要包括以下内容：

① 管道操作工艺指标，包括最高工作压力、最高工作温度或者最低工作温度；
② 管道操作方法，包括开、停车的操作方法和注意事项；
③ 管道运行中重点检查的项目和部位，运行中可能出现的异常现象和防止措施，以及

紧急情况的处置和报告程序。

  管道操作人员应当在取得《特种设备作业人员证》后，方可从事管道的操作工作。管道操作人员在作业中应当严格执行压力管道的操作规程和有关的安全规章制度。操作人员在作业过程中发现事故隐患或者其它不安全因素，应当及时向现场安全管理人员和单位有关负责人报告。管道发生事故有可能造成严重后果或者产生重大社会影响的使用单位，应当制定应急救援预案，建立相应的应急救援组织机构，配置与之适应的救援装备，并且适时演练。

  使用单位应当建立定期自行检查制度，检查后应当做出书面记录，书面记录至少保存3年。发现异常情况时，应当及时报告使用单位有关部门处理。在用管道发生故障、异常情况，使用单位应当查明原因。对故障、异常情况以及检查、定期检验中发现的事故隐患或者缺陷，应当及时采取措施，消除隐患后，方可重新投入使用。不能达到合乎使用要求的管道，使用单位应当及时予以报废，并且及时办理管道使用登记注销手续。

2. 管道的改造

  管道改造是指改变管道受压部分结构（如改变受压元件的规格、材质，改变管道的结构布置，改变支吊架位置等），致使管道性能参数或者管道特性发生变更的活动。

  管道改造应当由管道设计单位和安装单位进行设计和施工。安装单位应当在施工前将拟进行改造的情况书面告知使用登记机关后，方可施工。改造施工结束后，安装单位应当向使用单位提供施工质量证明文件。对于 GC1 级管道或者改造长度大于 500m 的管道还应当实施监督检验，检验机构应当提供监督检验报告。

  不改变受压元件结构而改变管道的设计压力、设计温度和介质，必须由压力管道设计单位进行设计验证，出具书面设计验证文件，并且由检验机构进行全面检验后方可进行改变。

3. 管道的检验

  管道定期检验分为在线检验和全面检验两种。在线检验是在运行条件下对在用管道进行的检验，在线检验每年至少1次（也可称为年度检验）；全面检验是按一定的检验周期在管道停车期间进行的较为全面的检验。

  全面检验一般进行外观检查、壁厚测定、耐压试验和泄漏试验，并且根据管道的具体情况，采取无损检测、理化检验、应力分析、强度校验、电阻值测量等方法。全面检验工作由国家市场监督管理总局核准的具有压力管道检验资格的检验机构进行；全面检验时，检验机构还应当对使用单位的管道安全管理情况进行检查和评价。检验工作完成后，检验机构应当及时向使用单位出具全面检验报告。

  GC1、GC2 级压力管道的全面检验周期按照以下原则之一确定：

① 检验周期一般不超过6年；

② 按照基于风险检验（RBI）的结果确定的检验周期，一般不超过9年。

GC3 级管道的全面检验周期一般不超过9年。

如有下列情况之一的管道，应当适当缩短检验周期：

① 新投用的 GC1、GC2 级的（首次检验周期一般不超过3年）；

② 发现应力腐蚀或者严重局部腐蚀的；

③ 承受交变载荷，可能导致疲劳失效的；

④ 材质产生劣化的；

⑤ 在线检验中发现存在严重问题的；

⑥ 检验人员和使用单位认为需要缩短检验周期的。

全面检验所发现的管道严重缺陷，使用单位应当制定修复方案。修复后，检验机构应当对修复部位进行检查确认；不易修复的严重缺陷，也可以采用安全评定的方法，确认缺陷是否影响管道安全运行到下一个全面检验周期。

在线检验主要检验管道在运行条件下是否有影响安全的异常情况，一般以外观检查和安全保护装置检查为主，必要时进行壁厚测定和电阻值测量。在线检验的时间，由使用单位根据生产情况安排。

在线检验工作可由从事在线检验的人员进行，也可将在线检验工作委托给具有压力管道检验资格的机构承担。在线检验后应当填写在线检验报告，做出检验结论。

4. 输油管道的维护

油品在管路输送过程中，为防止油品由于黏度增高或凝结而影响输送，在输油管内安装小直径的蒸汽管或把蒸汽管和输油管用保温材料包扎在一起，这些用来加热油品的辅助性管道称为伴热管。若伴热管蒸汽不足，温度下降，蒸汽凝结甚至被冻结，使输油管中油品凝固，管路堵塞，这时应加强对伴热管的维护，利用伴热管将输油管内的油品化开，严禁用明火烘烤，当油品管停运时应用蒸汽及时吹扫排空，在伴热管的低处应设置放水点，多条油管的伴热管都应单独排水，不可连接在同一根排水管上，以防止阀门不严凝结水串入停运的伴热管而使管路冻结。

管道的焊缝质量不合格会造成管道破损漏油，在进行修补或切除重焊时，应先将与储罐一侧连接的管道或室外供油管网连接处的管道拆开通往大气，并用绝缘物分离；管内积油要用蒸汽吹扫干净并排净余气，取样化验确认无可燃气体时方可作业。

第二节 阀 门

阀门是流体管路的控制装置，在石油化工生产过程中发挥着重要作用。通过改变管道通路断面以控制管道内流体流动的装置，均称为阀门或阀件。阀门在管路中主要的作用是：接通或截断介质；防止介质倒流；调节介质的压力、流量等参数；分离、混合或分配介质；防止介质压力超过规定数值，以保证管路或容器、设备的安全。

阀门在管道工程上有着广泛的应用，由于使用目的的不同，阀门的类型也多种多样。特别是近年来阀门的新结构、新材料、新用途不断发展。为了统一制造标准，也为了正确选用和识别阀门，同时为了便于阀门的生产、安装、维修和更换，阀门的品种规格正向标准化、通用化、系列化方向发展。

一、阀门的分类与型号

（一）阀门的分类

1. 按用途分类

① 截断用：用来接通或切断管路介质，如截止阀、闸阀、球阀、蝶阀等。
② 止回用：用来防止介质倒流，如止回阀。
③ 调节用：用来调节介质的压力和流量，如调节阀、减压阀。
④ 分配用：用来改变介质流向、分配介质，如三通旋塞、分配阀、滑阀等。
⑤ 安全用：在介质压力超过规定值时，用来排放多余的介质，保证管路系统及设备安全，如安全阀、事故阀。

⑥ 其它特殊用途：如疏水阀、放空阀、排污阀等。

2. 按公称压力分类

① 真空阀：指工作压力低于标准大气压的阀门。
② 低压阀：指公称压力 $PN \leqslant 1.6MPa$ 的阀门。
③ 中压阀：指公称压力 PN 为 $2.5MPa$、$4.0MPa$、$6.4MPa$ 的阀门。
④ 高压阀：指公称压力 PN 为 $10 \sim 80MPa$ 的阀门。
⑤ 超高压阀：指公称压力 $PN \geqslant 100MPa$ 的阀门。

3. 按工作温度分类

① 超低温阀：介质工作温度 $t < -100℃$ 的阀门。
② 低温阀：介质工作温度 $-100℃ \leqslant t < -40℃$ 的阀门。
③ 常温阀：介质工作温度 $-40℃ \leqslant t \leqslant 120℃$ 的阀门。
④ 中温阀：介质工作温度 $120℃ < t \leqslant 450℃$ 的阀门。
⑤ 高温阀：介质工作温度 $t > 450℃$ 的阀门。

4. 按结构特征（根据关闭件相对于阀座移动的方向）分类

① 截门形：关闭件沿着阀座中心移动。
② 闸门形：关闭件沿着垂直阀座中心移动。
③ 旋塞和球形：关闭件是柱塞或球，围绕本身的中心线旋转。
④ 旋启形：关闭件围绕阀座外的轴旋转。
⑤ 碟形：关闭件的圆盘，围绕阀座内的轴旋转。
⑥ 滑阀形：关闭件在垂直于通道的方向滑动。

5. 按驱动方式（根据不同的驱动方式）分类

① 手动：借助手轮、手柄、杠杆或链轮等，有人力驱动，传动较大力矩时，装有蜗轮、齿轮等减速装置。
② 电动：借助电动机或其它电气装置来驱动。
③ 液动：借助（水、油）来驱动。
④ 气动：借助压缩空气来驱动。

6. 按公称通径分类

① 小口径阀门：公称通径 $DN < 40mm$ 的阀门。
② 中口径阀门：公称通径 $DN 50 \sim 300mm$ 的阀门。
③ 大口径阀门：公称通径 $DN 350 \sim 1200mm$ 的阀门。
④ 特大口径阀门：公称通径 $DN \geqslant 1400mm$ 的阀门。

7. 按与管道连接方法分类

① 法兰连接：阀体带有法兰，与管道采用法兰连接的阀门。
② 螺纹连接：阀体带有螺纹，与管道采用螺纹连接的阀门。
③ 焊接连接：阀体带有焊口，与管道采用焊接连接的阀门。
④ 夹箍连接：阀体上带夹口，与管道采用夹箍连接的阀门。
⑤ 卡套连接：采用卡套与管道连接的阀门。

8. 通用分类法

这种分类方法既按原理、作用又按结构划分，是目前国内、国际最常用的分类方法。一般分为：闸阀、截止阀、旋塞阀、球阀、蝶阀、隔膜阀、止回阀、节流阀、安全阀、减压阀、疏水阀、调节阀等。

(二) 阀门的型号

阀门的型号是表示阀门类别、驱动及连接形式、密封圈材料和公称压力等要素。

由于阀门种类繁杂，为了制造和使用方便，国家对阀门产品型号的编制方法做了统一规定。阀门产品的型号是由七个单元组成，用来表明阀门类别、驱动种类、连接和结构形式、密封面或衬里材料、公称压力及阀体材料。

阀门型号由七个单元顺序组成，如图 5-2 所示。

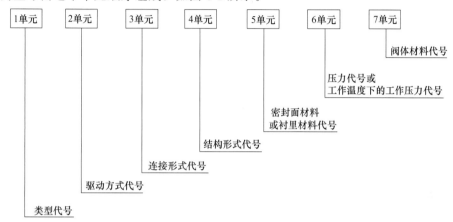

图 5-2　阀门型号单元

① 阀门类型代号用汉语拼音字母表示，按表 5-5 的规定。

表 5-5　阀门类型代号

阀门类型	代号	阀门类型	代号
弹簧载荷安全阀	A	排污阀	P
蝶阀	D	球阀	Q
隔膜阀	G	蒸汽疏水阀	S
杠杆式安全阀	GA	柱塞阀	U
止回阀和底阀	H	旋塞阀	X
截止阀	J	减压阀	Y
节流阀	L	闸阀	Z

当阀门还具有其它功能作用或带有其它特异结构时，在阀门类型代号前再加注一个汉语拼音字母。

② 阀门驱动方式代号用阿拉伯数字表示，按表 5-6 的规定。

表 5-6　阀门驱动方式代号

驱动方式	代号	驱动方式	代号
电磁动	0	锥齿轮	5
电磁-液动	1	气动	6
电-液动	2	液动	7
蜗轮	3	气-液动	8
正齿轮	4	电动	9

注：代号1、代号2及代号8是用在阀门启闭时，需有两种动力源同时对阀门进行操作。

安全阀、减压阀、疏水阀、手轮直接连接阀杆操作结构形式的阀门，本代号省略，不表示。对于气动或液动机构操作的阀门，常开式用 6K、7K 表示；常闭式用 6B、7B 表示；防爆电动装置的阀门用 9B 表示。

③ 阀门与管道连接形式代号用阿拉伯数字表示，按表 5-7 的规定。

表 5-7 阀门连接形式代号

连接形式	代号	连接形式	代号
内螺纹	1	对夹	7
外螺纹	2	卡箍	8
法兰式	4	卡套	9
焊接式	6		

各种连接形式的具体结构、采用标准或方式（如：法兰面形式及密封方式、焊接形式、螺纹形式及标准等），不在连接代号后加符号表示，应在产品的图样、说明书或订货合同等文件中予以详细说明。

④ 阀门结构形式用阿拉伯数字表示，表 5-8 以闸阀为例予以说明。

表 5-8 闸阀结构形式代号

结构形式				代号
阀杆升降式（明杆）	楔式闸板	刚性闸板	弹性闸板	0
			单闸板	1
			双闸板	2
	平行式闸板		单闸板	3
			双闸板	4
阀杆非升降式（暗杆）	楔式闸板		单闸板	5
			双闸板	6
	平行式闸板		单闸板	7
			双闸板	8

⑤ 密封面或衬里材料代号。除隔膜阀外，当密封副的密封面材料不同时，以硬度低的材料表示。阀座密封面或衬里材料代号按表 5-9 规定的字母表示。

隔膜阀以阀体表面材料代号表示。阀门密封副材料均为阀门的本体材料时，密封面材料代号用"W"表示。

表 5-9 密封面或衬里材料代号

密封面或衬里材料	代号	密封面或衬里材料	代号
锡基轴承合金（巴氏合金）	B	尼龙塑料	N
搪瓷	C	渗硼钢	P
渗氮钢	D	衬铅	Q
氟塑料	F	奥氏体不锈钢	R
陶瓷	G	塑料	S
Cr13 系不锈钢	H	铜合金	T
衬胶	J	橡胶	X
蒙乃尔合金	M	硬质合金	Y

⑥ 压力代号。阀门使用的压力级符合 GB/T 1048 的规定时，采用 GB/T 1048 标准 10 倍的兆帕单位（MPa）数值表示。当介质最高温度超过 425℃时，标注最高工作温度下的工作压力代号。如压力等级采用磅级（lb）或 K 级单位的阀门，在型号编制时，应在压力代号栏后有 lb 或 K 的单位符号。当公称压力小于等于 1.6MPa 的灰铸铁阀门的阀体材料代号在型号编制时可予以省略。公称压力大于等于 2.5MPa 的碳素钢阀门的阀体材料代号在型号编制时也可予以省略。

⑦ 阀体材料代号。阀体材料代号用表 5-10 的规定字母表示。

表 5-10 阀体材料代号

阀体材料	代号	阀体材料	代号
碳钢	C	铬镍钼系不锈钢	T
Cr13 系不锈钢	H	塑料	S
铬钼系钢	I	铜及铜合金	T
可锻铸铁	K	钛及钛合金	Ti
铝合金	L	铬钼钒钢	V
铬镍系不锈钢	P	灰铸铁	Z
球墨铸铁	Q	—	—

注：CF3、CF8、CF3M、CF8M 等材料牌号可直接标在阀体上。

二、常用阀门的结构及特点

（一）常见阀门的结构及特点

1. 闸阀

闸阀又称闸板阀，是指启闭体（阀板）由阀杆带动阀座密封面作升降运动的阀门，可接通或截断流体的通道，如图 5-3 所示。在全开时整个流道直通，此时介质运行的压力损失最小。通常适用于不需要经常启闭，而且保持闸板全开或全闭的工况。不适合作为调节或节流使用。对于高速流动的介质，闸板在局部开启状况下可以引起闸门的振动，而振动又可能损伤闸板和阀座的密封面，而节流会使闸板遭受介质的冲蚀。闸阀按阀杆螺纹分明杆式和暗杆式两类，按闸板构造分平行闸板和楔式闸板两类。

闸阀流体流动阻力小；启闭所需力矩小；介质流向不受限制；启闭无水击现象；形体结构比较简单，制造工艺性较好；但外形尺寸和安装高度较大，所需的安装空间亦较大；在启闭过程中，密封面有相对摩擦，磨损较大，甚至在高温时容易引起擦伤现象；闸阀一般都有两个密封面，给加工、研磨和维修增加了一些困难。

闸阀应用范围广泛，常用于公称直径 $DN \geqslant 50$mm 的给水管路上。

2. 截止阀和节流阀

截止阀和节流阀都是向下闭合式阀门，启闭件（阀瓣）由阀杆带动，沿阀座轴线作升降运动来启闭阀门，如图 5-4 所示。截止阀与节流阀的结构基本相同，只是阀瓣的形状不同：截止阀的阀瓣为盘形，节流阀的阀瓣多为圆锥流线型，特别适用于节流，可以改变通道的截面积，用以调节介质的流量与压力。

截止阀是最常用的阀门之一，由于开闭过程中密封面之间摩擦力小，比较耐用，开启高度不大，制造容易，维修方便，不仅适用于中低压，而且适用于高压。大部分截止阀的结构简单，修理或更换密封元件时无需把整个阀门从管线上拆下来，这对于阀门和管线焊接成一体的场合是很适用的。

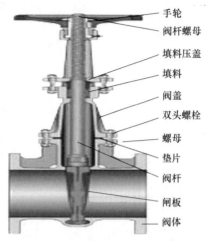

图 5-3　闸阀结构示意图

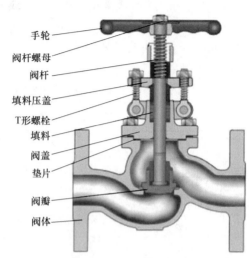

图 5-4　截止阀结构示意图

截止阀安装有方向性，一般阀门上都标有箭头，箭头方向代表介质流动的方向。若无标注，则应按"低进高出"的原则进行安装。截止阀宜水平安装，阀杆朝上，不得朝下安装。截止阀具有结构简单、安装尺寸小、密封性能好、密封面检修方便等优点；缺点是介质流动阻力大，阀门开闭力矩较大，结构长度较长，一般公称通径都限制在 $DN \leqslant 200mm$ 以下。

3. 蝶阀

蝶阀是由阀体、圆盘、阀杆和手柄组成，如图 5-5 所示。它是采用圆盘式启闭件，圆盘式阀瓣固定于阀杆上，阀杆转动 90° 即可完成启闭作用。同时在阀瓣开启角度为 20°～75° 时，流量与开启角度呈线性关系，有节流的特性。

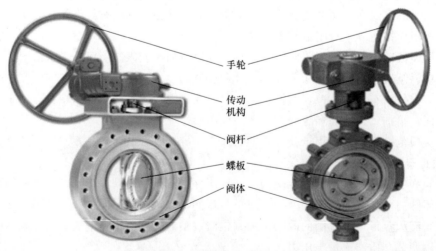

图 5-5　蝶阀结构示意图

蝶阀具有结构简单、体积小、重量轻、节省材料，安装空间小，而且驱动力矩小，操作简便、迅速等特点。近十几年来，蝶阀制造技术发展迅速，其使用品种也在不断扩大，并向高温、高压、大口径、高密封性、长寿命、优良的调节性以及一阀多功能的方向发展，其密封性及安全可靠性均达到了较高的水平，并已部分地取代截止阀、闸阀和球阀。蝶阀目前广泛应用于 2.0MPa 以下的压力和温度不高于 200℃ 的各种介质管路中。

4. 旋塞阀

启闭件呈塞状，绕其轴线转动的阀门称为旋塞阀。旋塞阀如图 5-6 所示，旋塞阀中的塞子中部有一孔道，旋转 90° 即可全关或全开。

旋塞阀具有结构简单，启闭迅速、操作方便，流体流动阻力小等优点。缺点是密封面维修困难，输送介质参数较高时其密封性及旋转的灵活性较差。

旋塞阀在管路中主要用作切断、分配和改变介质流动的方向。旋塞阀是历史上最早被人们采用的阀件。由于结构简单，开闭迅速（塞子旋转四分之一圈就能完成开闭动作），操作方便，流体阻力小，至今仍被广泛使用。目前主要用于低压、小口径和介质温度不高的情况下。旋塞阀的另一重要特征是它易于适用多流道结构，以致一个阀门可以获得两个、三个甚至四个不同的流道。这样可以简化管道系统的设计，减少阀门用量以及系统连接中的一些配件。

旋塞阀广泛地应用于油田开采、输送设备中，同时也广泛用于石油、化工、燃气、水暖等管路中。

5. 球阀

启闭件为球体，绕垂直于通路的轴线转动的阀门称为球阀，如图 5-7 所示。

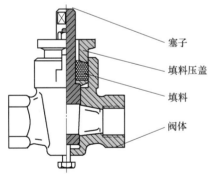

图 5-6　旋塞阀结构示意图

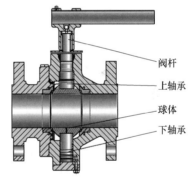

图 5-7　球阀结构示意图

球阀是由旋塞阀演变而来。它具有相同的旋转 90° 的动作，不同的是旋塞体是球体，有圆形通孔或通道通过其轴线。当球旋转 90° 时，在进、出口处应全部呈现球面，从而截断流动。球阀只需要用旋转 90° 的操作和很小的转动力矩就能关闭严密。完全平等的阀体内腔为介质提供了阻力很小、直通的流道。球阀适宜直接做开闭使用，但也能作节流和控制流量之用。球阀的主要特点是本身结构紧凑，易于操作和维修，适用于水、溶剂、酸和天然气等一般工作介质，而且还适用于工作条件恶劣的介质，如氧气、过氧化氢、甲烷、乙烯、树脂等，缺点是高温时启闭困难，水击严重，易磨损。球阀阀体可以是整体的，也可以是组合式的；按结构特点，球阀可分为两类，一是浮动球式，二是固定球式。

6. 止回阀

止回阀是指依靠介质本身流动而自动开、闭阀瓣，用来防止介质倒流的阀门，如图 5-8 所示。凡是防止介质逆流的地方，均应安装止回阀。

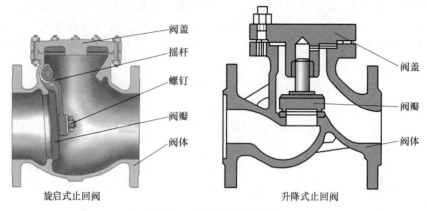

图 5-8 止回阀结构示意图

止回阀的作用是只允许介质向一个方向流动，而且阻止介质反方向流动。通常这种阀门是自动工作的，在一个方向流动的流体压力作用下，阀瓣打开；流体反方向流动时，由流体压力和阀瓣的自重使阀瓣作用于阀座，从而切断流动。包括旋启式止回阀和升降式止回阀。

升降式止回阀只能安装在水平管路上；而底阀只能安装在水泵吸水管可安装的垂直管路上；旋启式止回阀的安装位置不受限制，在水平管路上，也可安装在垂直管路上。止回阀的类别可根据管路中输送介质的种类来确定，当介质倒流速度较大时，应选用带缓闭装置的止回阀。

7. 安全阀

安全阀是防止系统中介质压力超过规定数值起安全作用的阀门。安全阀在管路中，当介质工作压力超过规定数值时，阀门便自动开启，排放出多余介质，而当工作压力恢复到规定值时，又自动关闭。

安全阀种类较多，按结构可分为：

① 重锤（杠杆）式安全阀：用杠杆和重锤来平衡阀瓣的压力。重锤式安全阀靠移动重锤的位置或改变重锤的重量来调整压力。它的优点在于结构简单；缺点是比较笨重，回座力低。这种结构的安全阀只能用于固定的设备上。

② 弹簧式安全阀：利用压缩弹簧的力来平衡阀瓣的压力并使之密封。弹簧式安全阀靠调节弹簧的压缩量来调整压力。它的优点在于比重锤式安全阀体积小、轻便，灵敏度高，安装位置不受严格限制；缺点是作用在阀杆上的力随弹簧变形而发生变化。同时必须注意弹簧的隔热和散热问题。弹簧式安全阀的弹簧作用力一般不要超过 2000kgf（1kgf＝9.80665N）。因为过大会使弹簧不适于精确的工作，如图 5-9 所示。

③ 脉冲式安全阀：脉冲式安全阀由主阀和辅阀组成。主阀和辅阀连在一起，通过辅阀的脉冲作用带动主阀动作。脉冲式安全阀通常用于大口径管路上。因为大口径安全阀如采用重锤或弹簧式时都不适应。当管路中介质超过额定值时，辅阀首先动作带动主阀动作，排放出多余介质，如图 5-10 所示。

根据安全阀阀瓣最大开启高度与阀座通径之比，又可分为：

① 微启式：阀瓣的开启高度为阀座通径的 1/20～1/10。由于开启高度小，对这种阀的结构和几何形状要求没有全启式那样严格，设计、制造、维修和试验都比较方便，但效率较低。

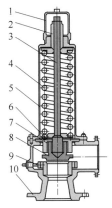
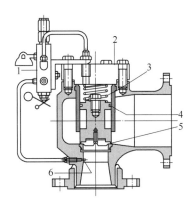

图 5-9 弹簧式安全阀
1—保护罩；2—调整螺杆；3—阀杆；4—弹簧；5—阀盖；
6—导向套；7—阀瓣；8—反冲盘；9—调节环；10—阀体

图 5-10 脉冲式安全阀
1—导阀；2—主阀；3—圆顶气室；
4—活塞密封圈；5—阀座；6—压力传感嘴

② 全启式：阀瓣的开启高度为阀座通径的 1/4～1/3。全启式安全阀是借助气体介质的膨胀冲力，使阀瓣达到足够的升高量和排量。它利用阀瓣和阀座的上、下两个调节环，使排出的介质在阀瓣和上下两个调节环之间形成一个压力区，使阀瓣上升到要求的开启高度和规定的回座压力。此种结构灵敏度高，使用较多，但上、下调节环的位置难以调整，使用须仔细。

根据安全阀阀体构造又可分为：

① 全封闭式：排放介质时不向外泄漏，而全部通过排泄管放掉。

② 半封闭式：排放介质时，一部分通过排泄管排放，另一部分从阀盖与阀杆配合处向外泄漏。

③ 散开式：排放介质时，不引到外面，直接由阀瓣上方排放。

(二) 阀门的选用原则

阀门种类繁多，选用时应考虑介质的性质，阀门的功能，阀门的尺寸大小，介质的阻力损失，工作压力和工作温度及变化范围，阀体的材料，管道的直径及工艺上特殊要求（节流、减压、放空、止回等），阀门的安装位置等因素，本着"满足要求、安全可靠、经济合理、操作维护方便"的基本原则选择相应阀门。

① 对双向流的管道应选用无方向性的阀门，如闸阀、球阀、蝶阀；对只允许单向流的管道应选止回阀，对需要调节流量的地方多选截止阀。

② 要求启闭迅速的管道应选球阀或蝶阀；要求密封性好的管道应选闸阀或球阀。

③ 对受压容器及管道，视其具体情况设置安全阀，对各种气瓶应在出口处设置减压阀。

④ 蒸汽加热设备及蒸汽管道上应设置疏水阀。

⑤ 在油品及石油气体管道上就连接形式而言应多选法兰连接的阀门，在公称直径小于等于 25mm 的管道中才选螺纹连接的阀门；就阀门的材料而言尽量少选公称压力小于等于 1.0MPa 的闸阀或公称压力小于等于 1.6MPa 的截止阀，因为这两种阀材料为铸铁，对安全生产不利。

三、阀门的操作与检修

1. 阀门的操作

为了使阀门使用长久、开关灵活，保证安全生产，应正确操作和检修。一般应注意以下几点。

① 手动阀门是使用最广的阀门，它的手轮或手柄，是按照普通的人力来设计的，考虑了密封面的强度和必要的关闭力。有些人习惯于使用扳手，应严格注意，不要用力过大过猛，否则容易损坏密封面，或扳断手轮、手柄。

② 启闭阀门，用力应该平稳，不可冲击。某些冲击启闭的高压阀门各部件已经考虑了这种冲击力与一般阀门不能等同。

③ 对于蒸汽阀门，开启前，应预先加热，并排除凝结水，开启时，应尽量徐缓，以免发生水击现象。

④ 当阀门全开后，应将手轮倒转少许，使螺纹之间严紧，以免松动损伤。

⑤ 对于明杆阀门，要记住全开和全闭时的阀杆位置，避免全开时撞击上死点，并便于检查全闭时是否正常。假如阀瓣脱落，或阀芯密封之间嵌入较大杂物，全闭时的阀杆位置就要变化。

⑥ 管路初用时，内部脏物较多，可将阀门微启，利用介质的高速流动，将其冲走，然后轻轻关闭（不能快闭、猛闭，以防残留杂质夹伤密封面），再次开启，如此重复多次，冲净脏物，再投入正常工作。

⑦ 常开阀门，密封面上可能粘有脏物，关闭时也要用上述方法将其冲刷干净，然后正式关严。

⑧ 如手轮、手柄损坏或丢失，应立即配齐，不可用活络扳手代替，以免损坏阀杆四方，启闭不灵，以致在生产中发生事故。

⑨ 某些介质，在阀门关闭后冷却，使阀件收缩，操作人员就应于适当时间再关闭一次，让密封面不留细缝，否则，介质从细缝高速流过，很容易冲蚀密封面。

⑩ 操作时，如发现操作过于费劲，应分析原因。若填料太紧，可适当放松，如阀杆歪斜，应通知人员修理。有的阀门，在关闭状态时，关闭件受热膨胀，造成开启困难；如必须在此时开启，可将阀盖螺纹拧松半圈至一圈，消除阀杆应力，然后扳动手轮。

2. 阀门操作注意事项

① 200℃以上的高温阀门，由于安装时处于常温，而正常使用后，温度升高，螺栓受热膨胀，间隙加大，所以必须再次拧紧，叫做"热紧"，操作人员要注意这一工作，否则容易发生泄漏。

② 天气寒冷时，水阀长期闭停，应将阀后积水排除。汽阀停汽后，也要排除凝结水。阀底有如丝堵，可将它打开排水。

③ 非金属阀门，有的硬脆，有的强度较低，操作时，开闭力不能太大，尤其不能使猛劲。还要注意避免物件磕碰。

④ 新阀门使用时，填料不要压得太紧，以不漏为度，以免阀杆受压太大，加快磨损，而又启闭费劲。

3. 阀门的检修

① 检修阀门时，要求在干净的环境中进行。首先清理阀门外表面，检查外表损坏情况，并作记录；接着拆卸阀门各个部件，用煤油清洗（不要用汽油清洗，以免引起火灾），检查部件损坏情况，并作记录。

② 对阀体阀盖进行强度试验。如系高压阀门，还要进行无损探伤，如超声波探伤、X光探伤。

③ 对密封圈可用红丹粉检验阀座、闸板（阀板）的吻合度。检查阀杆是否弯曲，有无腐蚀，螺纹磨损如何。检查阀杆螺母磨损程度。

④ 对检查到的问题进行处理。阀体补焊缺陷，堆焊或更新密封圈，校直或更换阀杆，修理一切应修理的零部件；不能修复者更换。

⑤ 重新组装阀门。组装时，垫片、填料要全部更换。

⑥ 检修后的阀门需进行强度试验和密封性试验。

四、阀门常见故障及排除

阀门由于受介质特性、使用环境、操作频繁程度、产品质量及使用维护不当等因素的影响，常会发生各种故障，若不及时排除不仅影响生产的正常进行，有时还会带来灾害，因此应加强维护、及时排除故障。阀门常见故障及排除方法见表5-11。

表5-11 阀门常见故障及排除方法

阀门名称	常见故障	产生原因	预防和排除方法
闸阀	开不启	T形槽断裂	T形槽应有圆弧过渡，提高铸造和热处理质量，开启时不要超过上死点
		单闸板卡死在阀体内	关闭力适当，不要使用长杠杆
		内阀杆螺母失效	内阀杆螺母不适宜腐蚀性大的介质
		阀杆关闭后受热顶死	阀杆在关闭后，应间歇一定时间，阀杆进行一次卸载，将手轮倒转少许
	关不严	阀杆的顶丝磨灭或悬空，使闸板密封时好时坏	阀杆顶丝磨灭后应修复，顶心应顶住关闭件，并有一定的活动间隙
		密封面掉线	楔式双闸板间顶心调整垫更换厚垫、平行双闸板加厚或更换顶锥（楔块）、单闸板结构应更换或重新堆焊密封面
		楔式双闸板脱落	正确选用楔式双闸板闸阀。保持架注意定期检查和修理
		阀杆与闸板脱落	正确选用闸阀、操作用力适当
		导轨扭曲、偏斜	注意检查，进行修整
		闸板拆卸后装反	拆卸时应作好标记
		密封面擦伤	不宜在含磨粒介质中使用闸阀；关闭过程中，密封面间反复留有细缝，利用介质冲走磨粒和异物
截止阀节流阀	密封面泄漏	介质流向不对，冲蚀密封面	按流向箭头或按结构形式安装，即介质从阀座下引进（除个别设计介质从密封面上引进、阀座下流出外）
		平面密封面易沉积脏物	关闭时留细缝冲刷几次再关闭
		锥面密封副不同心	装配要正确，阀杆、阀瓣或节流锥、阀座三者同一轴线上，阀杆弯曲要矫直
		衬里密封面损坏、老化	定期检查和更换衬里，关闭力要适当，以免压坏密封面
	失效	针形阀堵死	选用不对，不适于黏度大的介质
		小口径阀门被异物堵住	拆卸或解体清除
		阀瓣、节流锥脱落	腐蚀性大的介质应避免选用碾压、钢丝连接关闭件的阀门，关闭件脱落后应修复，钢丝应改为不锈钢丝

续表

阀门名称	常见故障	产生原因	预防和排除方法
截止阀节流阀	失效	内阀杆螺母或阀杆梯形螺纹损坏	选用不当,被介质腐蚀,应正确选用阀门结构形式,操作力要小,特别是小口径的截止阀和节流阀。梯形螺纹损坏后应及时更换
	节流不准	标尺不对零位,标尺丢失	标尺应调准对零,标尺松动或丢失后应修理和补齐
		节流锥冲蚀严重	要正确选材和热处理,流向要对,操作要正确
止回阀	升降式阀瓣升降不灵活	阀瓣轴和导向套上的排泄孔堵死,产生阻尼现象	不宜使用黏度大和含磨粒多的介质,定期修理清洗
		安装和装配不正,使阀瓣歪斜	阀门安装和装配要正确,阀盖螺栓应均匀拧紧,零件加工质量不高,应进行修理纠正
		阀瓣轴与导向套间隙过小	阀瓣轴与导向套间隙适当,应考虑温度变化和磨粒侵入的影响
		阀瓣轴与导向套磨损或卡死	装配要正,定期修理,损坏严重的应更换
		预紧弹簧失效,产生松弛、断裂	预紧弹簧失效应及时更换
	旋启式摇杆机构损坏	阀前阀后压力接近平衡或波动大,使阀瓣反复拍打而损坏阀瓣和其它件	操作压力不稳定的场合,适于选用铸钢阀瓣和钢摇杆
		摇杆机构装配不正,产生阀瓣掉上掉下缺陷	装配和调整要正确,阀瓣关闭后应密合良好
		摇杆与阀瓣和芯轴连接处松动或磨损	连接处松动、磨损后,要及时修理,损坏严重的应更换
		摇杆变形或断裂	摇杆变形要校正,断裂应更换
	介质倒流	除产生阀瓣升降不灵活和摇杆机构磨损的原因外,还有密封面磨损、橡胶密封面老化	正确选用密封面材料,定期更换橡胶密封面,密封面磨损后及时研磨
		密封面间夹有杂质	含杂质的介质,应在阀前设置过滤器或排污管道
旋塞阀	密封面泄漏	阀体与塞子密封面加工精度和粗糙度不符合要求	重新研磨阀体与塞锥密封面,直至着色检查和试压合格
		密封面中混入磨粒,擦伤密封面	操作时应利用介质冲洗阀内和密封面上的磨粒等脏物,阀门应处全开或全关位置,擦伤密封面应修复
		油封式油路堵塞或没按时加油	应定期检查和沟通油路,按时加油
		调整不当或调整部件松动损坏;紧定式压紧螺母松动;填料式调节螺钉顶死了塞子;自封式弹簧顶紧力过小或弹簧损坏等	应正确调整旋塞阀调节零件,以旋转轻便和密封不漏为准,紧定式压紧螺母松动后适当拧紧,螺纹损坏应更换;填料式调节螺钉适当调整后拧紧;自封式弹簧顶紧力应适当,损坏后应及时更换
		自封式排泄小孔被脏物堵死,失去自紧密封性能	定期检查和清洗,不宜用于含沉淀物多的介质中
旋塞阀	阀杆旋转不灵活	密封面压得过紧;紧定式螺母拧得过紧;自封式预紧弹簧压得过紧	适当调整密封面的压紧力,适当放松紧定式螺母和自封式预紧弹簧
		密封面擦伤	定期修理,油封式应定时加油
		压盖压得过紧	适当放松些
		润滑条件变坏	填料装配时,适当涂些石墨,油封式旋塞阀定时加油

思考与练习

5-1 常见的化工用管有哪几种？简述其特点。
5-2 化工管道布置安装的一般要求是什么？
5-3 简述阀门型号的具体组成。
5-4 按结构特征，阀门可分为哪几类？
5-5 简述几种常见阀门的特点。
5-6 简述阀门的选用原则。

第六章

泵

本章学习指导

● 能力目标
  - 能够正确认识和理解常见泵的结构与工作原理。

● 知识点
  - 了解泵的应用及类型；
  - 掌握离心泵的内部构件和工作原理；
  - 掌握其它泵的内部构件和工作原理；
  - 了解泵常见故障及处理方法。

泵是输送流体（液体或泥浆）或增加流体能量的机械，它将原动机的机械能或其它外部能量传递给液体，使液体能量增加以达到生产工艺的要求。在石油化工生产中，由于石油化工原料、半成品和成品大多是液体，所以泵在石油化工行业中的用量很多，如炼油厂的各类油泵、化工厂的各类化工泵和给排水系统用的各种水泵等。有人形象地将管路比喻为化工生产的血管，而将泵喻为化工厂的"心脏"，因此泵性能的优劣直接影响着生产的正常进行。另外，由于泵数量多、能量消耗大，泵运转效率的高低也将直接关系到生产成本。本章重点介绍离心泵结构特点、工作原理及主要性能参数，离心泵的型号及选用、操作及流量调节、常见故障排除方法及日常维护等内容。

第一节 泵的类型和主要性能参数

一、泵的应用与分类

泵是一种通用设备，不仅使用在石油化工生产中，在国民经济的其它部门也都有广泛的应用，如在农业中的给排水泵、在电力部门中的冷凝水泵等。由于泵的用途极为广泛，被输送液体的性质有时差异很大，为了满足不同场合对泵性能的要求，泵的种类也十分繁多，分类方法也各不相同，下面介绍几种常见的分类方式。

1. 按照工作原理分类

（1）容积式泵

容积式泵是靠工作部件的周期运动造成工作容积周期性地增大和缩小而吸入和排出液

体,并靠工作部件的挤压而直接使液体的压力能增加。根据运动部件运动方式的不同又分为往复泵和回转泵两类。

根据工作部件结构不同一般分为:活塞泵、柱塞泵、齿轮泵、螺杆泵、滑片泵、计量泵、隔膜泵、软管泵、蠕动泵和水环泵等。

(2) 叶片式泵

叶片式泵是靠叶片带动液体高速回转而把机械能传递给所输送的液体。

根据泵的叶片和流道结构特点的不同,叶片式泵又可分为:离心泵、轴流泵、混流泵、高速泵、旋涡泵等。

(3) 其它类型的泵

其它类型的泵还有喷射泵、水锤泵等,其中喷射泵是靠工作流体产生的高速射流引射流体,然后再通过动量交换而使被引射流体的能量增加。

2. 按照泵的压力(扬程)分类

高压泵:总扬程在 600m 以上;

中压泵:总扬程为 200~600m;

低压泵:总扬程低于 200m。

3. 按照泵的用途分类

一般有进料泵、回流泵、塔底泵、试压泵、锅炉给水泵、真空泵、循环泵、产品泵、注入泵、排污泵、燃料油泵、深井泵、水环泵、液下泵、注水泵、化工流程泵、消防泵、润滑油泵和封液泵等。

4. 按照泵的介质分类

一般有清水泵、污水泵、泥浆泵、砂泵、灰渣泵、耐酸泵、碱泵、冷油泵、热油泵、低温泵、液氮泵、油浆泵、分子泵、卫生泵、塑料泵等。

5. 按照驱动泵的原动机分类

一般有电动机驱动泵、汽轮机驱动泵、内燃机驱动泵和压缩空气驱动泵等。

二、泵的适用范围

各种泵的适用范围是不同的,常用泵的适用范围如表 6-1 和图 6-1 所示。

容积泵一般适用于小流量、高扬程的场合;转子泵适用于小流量、高压力的场合;离心泵则适用于大流量,但扬程不太高的场合。离心泵具有转速高、体积小、重量轻、效率高、流量大、结构简单、性能平稳、容易操作和维修等优点,缺点是启动前需要灌泵。另外,液体的黏度对泵的性能影响较大,对某一流量的离心泵有一相对的黏度极限,如果液体黏度超过此黏度极限值,泵的效率迅速下降,甚至无法工作。

表 6-1 叶片式泵和容积式泵的适用范围

指标		叶片式泵			容积式泵	
		离心泵	轴流泵	旋涡泵	往复泵	转子泵
流量	均匀性	均匀			不均匀	比较均匀
	稳定性	不恒定,随管路情况变化而变化			恒定	
	范围/(m³/h)	1.6~30000	150~245000	0.4~10	0~600	1~600
扬程	特点	对应一定流量,只能对应一定扬程			对应一定流量可以达到不同扬程,由管路系统确定	
	范围	10~2600m	2~20m	8~150m	0.2~100MPa	0.2~50MPa

续表

指标		叶片式泵			容积式泵	
		离心泵	轴流泵	旋涡泵	往复泵	转子泵
效率	特点	在设计点最高,偏离愈远,效率愈低			扬程高时效率降低很少	扬程高时效率降低很大
	范围(最高)	0.5~0.8	0.7~0.9	0.25~0.5	0.7~0.85	0.6~0.8
结构特点		结构简单,造价低,体积小,重量轻,安装检修方便			结构复杂,振动大,体积大,造价高	同叶片泵
适用范围		黏度较低的各种介质(水)	特别适用于大流量、低扬程、黏度较低的介质	特别适用于小流量、较高压力的低黏度清洁介质	适用于高压力、小流量的清洁介质(含悬浮液或要求完全无泄漏可用隔膜泵)	适用于中低压力、中小流量,尤其适用于黏度高的介质

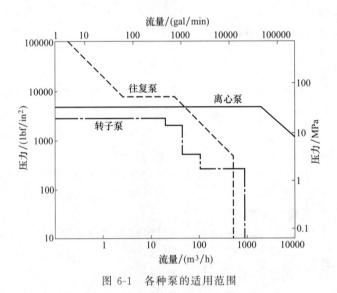

图 6-1 各种泵的适用范围

第二节 离 心 泵

一、离心泵的结构、分类及性能参数

1. 离心泵的结构

离心泵的种类有很多,图 6-2 所示为单级单吸式离心水泵的基本构造,主要包括泵体、泵盖、叶轮、轴、密封环、叶轮螺母、轴套、填料压盖、填料环、填料和悬架轴承部件等。

2. 离心泵的分类

(1) 按液体吸入方式分类

单吸式(图 6-2),叶轮一侧有吸入口。

双吸式(图 6-3),它是从叶轮两侧吸入介质的离心泵。因泵盖和泵体是采用水平中开式离心泵。泵轴左右受力,因此轴向力基本平衡。与单级单吸式离心泵相比,效率高、流量大、扬程较高,但体积大,比较笨重,一般用于固定作业。适用于丘陵、高原中等面积的灌区，也适用于化工厂、矿山、城市给排水等方面。

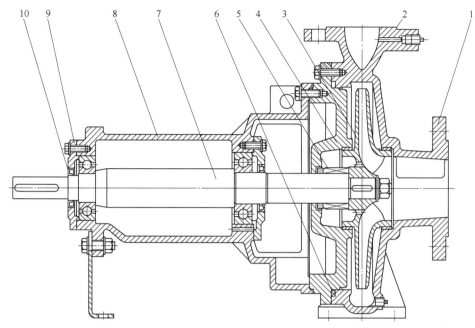

图 6-2 离心泵的结构

1—泵体；2—出口；3—叶轮；4—泵盖；5—机械密封；6—O形橡胶圈；7—泵轴；8—悬架体；9—轴承压盖；10—油封

（2）按叶轮级数分类

单级泵（图 6-2）只有一个叶轮。

多级泵（图 6-4）是将具有同样功能的两个以上的叶轮集合在一起，第一级的介质出口与第二级的进口相通，第二级的介质出口与第三级的进口相通，这样可产生较高的能头，如锅炉给水泵。

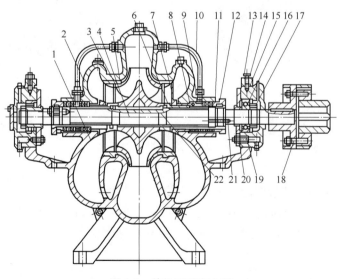

图 6-3 单级双吸离心泵

1—泵体；2—泵盖；3—叶轮；4—轴；5—密封环；6—轴套；7—填料挡套；8—填料；9—填料环；10—水封管；
11—填料压盖；12—轴套螺母；13—固定螺栓；14—轴承架；15—轴承体；16—轴承；17—圆螺母；
18—联轴器；19—轴承挡套；20—轴承盖；21—螺栓；22—键

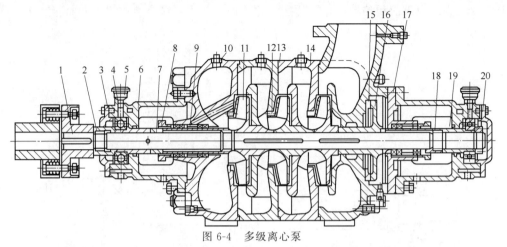

图 6-4 多级离心泵

1—泵轴；2—轴套螺母；3—轴承盖；4—轴承衬套；5—轴承；6—轴套体；7—轴套；8—填料压盖；9—填料；
10—进水端；11—叶轮；12—密封环；13—中段；14—出水段；15—平衡环；16—平衡盘；17—尾盖；
18—轴承；19—轴承挡套；20—圆螺母

(3) 按泵轴在空间的方位分类

有卧式泵（图 6-5）和立式泵（图 6-6）之分。

图 6-5 卧式泵

图 6-6 立式泵

3. 离心泵性能参数

表示离心泵工作特性的参数称为离心泵的性能参数，离心泵的主要性能参数包括流量、扬程、功率、效率、转速等。

(1) 流量

单位时间内从泵的排液管实际排出的液体体积量，称为离心泵的流量。流量的常用单位是 m^3/h、m^3/s 或 L/s，流量的大小可在泵的排液管路中直接用流量计测量，泵的铭牌上所标的流量为离心泵在设计工况点工作时的流量，不是泵的最大流量。

(2) 扬程

单位重量的液体流过泵时所增加的能量，称为离心泵的扬程。扬程的单位是 J/N，简化后为 m。虽然泵扬程的单位和高度的单位相同，但不能简单地将其理解为泵所能提升液体的高度。由于液体流过泵时所增加的能量，一部分用于提高液体的压力，一部分用于增加液体的流速，还有一部分用于克服流动阻力，剩下的部分才能用于提升液体的高度，因此，泵所能提升液体的高度是小于其扬程的。一般离心泵的扬程都是随流量的增大而降低的，泵铭牌上所标扬程为泵在设计工况点工作时的扬程，不是泵的最大扬程。

（3）功率

离心泵的功率可用输出功率表示，也可用输入功率表示。单位时间内由原动机传递给泵轴的功称为轴功率，它是泵的输入功率；单位时间内泵对输出液体所做的功称为有效功率，它是泵的输出功率，即泵的输入功率中被有效利用的那部分功率。离心泵的有效功率可按下式计算

$$N_e = \frac{QH\rho g}{1000} \tag{6-1}$$

式中 N_e——离心泵的有效功率，kW；

Q——离心泵的流量，m^3/s；

H——与式中流量所对应的扬程，m；

ρ——泵内流体的密度，kg/m^3；

g——重力加速度，取 $g=9.81m/s^2$。

（4）效率

泵在输送液体过程中，轴功率大于排送到管道中的液体从叶轮处获得的功率，因为容积损失、水力损失及机械损失都要消耗掉一部分功率，而离心泵的效率即反映泵对外加能量的利用程度。反映能量丧失大小的参数称为效率。效率是衡量泵工作经济性的指标。由于工作时在泵内存在着泄漏、流动阻力、机械摩擦等损失，所以泵不可能将原动机输入的功率全部转变为液体的有效功率。离心泵的效率可用下式表示

$$\eta = \frac{N_e}{N} \tag{6-2}$$

式中 η——离心泵的效率；

N_e——离心泵的有效功率，kW；

N——离心泵的轴功率，kW。

影响离心泵的效率或者离心泵运转时能量丧失包含以下三项：

a. 水力丧失：由于液体流经叶片、蜗壳的沿程阻力，流道面积和方向变更的局部阻力，以及叶轮通道中的环流和旋涡等因素造成的能量丧失。这种丧失可用水力效率 η_h 来反映。额定流量下，液体的运动方向恰与叶片的进口角一致，这时丧失最小，水力效率最高，其值在 0.8～0.9 的范围。

b. 机械丧失：由于高速旋转的叶轮表面与液体之间摩擦，泵轴在轴承、轴封等处的机械摩擦造成的能量丧失。机械丧失可用机械效率 η_m 来反映，其值在 0.96～0.99 之间。

c. 容积丧失：即泄漏造成的丧失，无容积丧失时泵的功率与有容积丧失时泵的功率之比称为容积效率 η_v。闭式叶轮的容积效率值在 0.85～0.95。

离心泵的总效率由三部分构成，即 $\eta = \eta_v \eta_h \eta_m$

离心泵的效率与泵的类型、尺寸、加工精度、液体流量和性质等因素有关。通常，小泵效率为 50%～70%，而大型泵可达 90%。

（5）转速

离心泵的转速指的是泵轴每分钟的转数，单位为 r/min。

二、离心泵的工作原理

离心泵是利用叶轮旋转而使液体产生的离心力来工作的。离心泵在启动前,必须使泵壳和吸入管内充满液体,然后启动电动机,使泵轴带动叶轮和水做高速旋转运动,水在离心力的作用下,从泵叶轮中心甩向叶轮外缘,经蜗形泵壳的流道流入泵的出口管路。离心泵叶轮中心处,由于液体在离心力的作用下被甩出后形成低压区,池中的液体便在大气压力的作用下被压进泵壳内,叶轮通过不停地转动,使得液体在叶轮的作用下不断吸入与排出,达到了输送流体的目的,如图 6-7 所示。

三、离心泵的主要零部件

离心泵的类型繁多,但由于作用原理基本相同,它们的主要部件大体类同,典型的离心泵结构如图 6-8 所示,主要由叶轮、轴、轴承、吸入室、机壳、密封装置、轴向力平衡装置等组成。

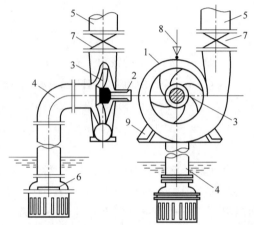

图 6-7 离心泵的工作原理
1—泵壳;2—泵轴;3—叶轮;4—吸水管;5—压水管;
6—底阀;7—控制阀门;8—灌水漏斗;9—泵座

1. 叶轮

叶轮是将原动机输入的机械能传递给液体,提高液体能量的核心部件。叶轮有开式、半开式及闭式叶轮三种,如图 6-9 所示。

开式叶轮没有前盘和后盘而只有叶片,多用于输送含有杂质的液体,如污水泵的叶轮就是采用开式叶轮。半开式叶轮只设后盘。闭式叶轮既有前盘也有后盘。清水泵的叶轮都是闭式叶轮。

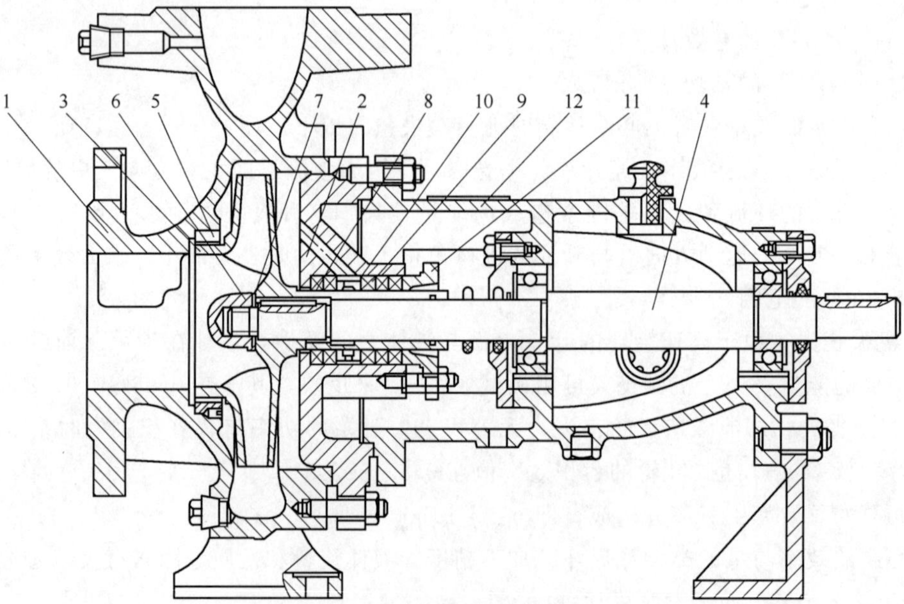

图 6-8 离心泵的结构
1—泵体;2—泵盖;3—叶轮;4—轴;5—密封环;6—叶轮螺母;7—止动垫圈;
8—轴套;9—填料;10—填料环;11—填料压盖;12—轴承架

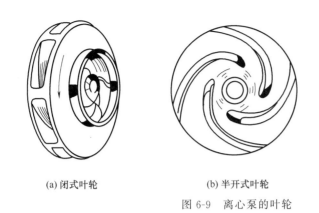

(a) 闭式叶轮　　　　　　(b) 半开式叶轮　　　　　　(c) 开式叶轮

图 6-9　离心泵的叶轮

2. 轴和轴承

轴是传递扭矩的主要部件，如图 6-10 所示。轴径按强度、刚度及临界转速定。中小型泵刚度和临界转速确定多采用水平轴，叶轮滑配在轴上，叶轮间距离用轴套定位。近代大型泵则采用阶梯轴，不等孔径的叶轮用热套法装在轴上，并利用渐开线花键代替过去的短键。此种方法，叶轮与轴之间没有间隙，不致使轴间窜水和冲刷，但拆装困难。

轴承一般包括两种形式：滑动轴承和滚动轴承。

滚动轴承如图 6-11 所示，通常用冷冻油润滑，常用于小型泵。较大型泵可能既有滚动轴承又有滑动轴承。而滑动轴承由于运行噪声低而被推荐用于大型泵。大功率的泵通常要用专门的油泵来给轴承送油。

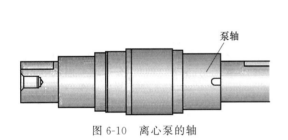

图 6-10　离心泵的轴

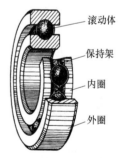

图 6-11　离心泵的轴承

3. 吸入室

离心泵吸入管法兰至叶轮进口前的空间过流部分称为吸入室。其作用为在最小水力损失下，引导液体平稳地进入叶轮，并使叶轮进口处的流速尽可能均匀地分布。

按结构吸入室可分为直锥形吸入室、弯管形吸入室、环形吸入室、半螺旋形吸入室几种。

① 直锥形吸入室：这种形式的吸入室水力性能好，结构简单，制造方便。液体在直锥形吸入室内流动，速度逐渐增加，因而速度分布更趋向均匀。直锥形吸入室的锥度约 7°～8°。这种形式的吸入室广泛应用于单级悬臂式离心水泵上。

② 弯管形吸入室：它是大型离心泵和大型轴流泵经常采用的形式，这种吸入室在叶轮前都有一段直锥式收缩管，因此，它具有直锥形吸入室的优点。

③ 环形吸入室：吸入室各轴面内的断面形状和尺寸均相同。其优点是结构对称、简单、

紧凑，轴向尺寸较小。缺点是存在冲击和旋涡，并且液流速度分布不均匀。环形吸入室主要用于节段式多级泵中。

④ 半螺旋形吸入室：它主要用于单级双吸式水泵、水平中开式多级泵、大型的节段式多级泵及某些单级悬臂泵上。半螺旋形吸入室可使液体流动产生旋转运动，绕泵轴转动，致使液体进入叶轮吸入口时速度分布更均匀，但因进口预旋会致使泵的扬程略有降低，其降低值与流量是成正比的。

相比较而言，直锥形吸入室使用最为普遍。

4. 机壳

机壳收集来自叶轮的液体，并使部分流体的动能转换为压力能，最后将流体均匀地引向次级叶轮或导向排出口。机壳结构主要有螺旋形和环形两种。螺旋形压水室不仅起收集液体的作用，同时在螺旋形的扩散管中将部分液体动能转换成压能。螺旋形压水室具有制造方便、效率高的特点。它适用于单级单吸、单级双吸离心泵以及多级中开式离心泵。单级离心式泵的机壳大都为螺旋形蜗式机壳。环形压水室在节段式多级泵的出水段上采用。环形压水室的流道断面面积是相等的，所以各处流速就不相等。因此，不论在设计工况还是非设计工况时总有冲击损失，故效率低于螺旋形压水室。有些机壳内还设置了固定的导叶，就是所谓的导叶式机壳。

5. 密封装置

离心泵的密封装置主要分为泵内部泄漏和泵外部泄漏两种。

为了防止泵出口处高压流体内部泄漏至低压的泵入口处，一般设置口环，也叫密封环，或者叫耐磨环。它是安装在水泵叶轮和泵体之间的一个环状金属圈，如图 6-12 所示。

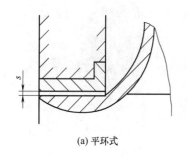 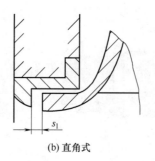 

(a) 平环式　　　　　(b) 直角式　　　　　(c) 迷宫式

图 6-12　离心泵的密封环形式

多级离心泵口环的作用是在叶轮与泵壳间形成狭窄、曲折的通道，来增加介质的流动阻力，达到减少介质泄漏的目的。离心泵口环的设置还起到保护泵上主要零件不受磨损的作用，在口环磨损后，可以修复或更换新环、恢复正常装配间隙，这样既经济又便于检修。

口环间隙大会降低泵的使用效率，经过泵加压的流体会过多地从泵出口区域沿叶轮与口环的间隙返回到进口，从而降低了泵的使用效率，同时由于流量的加大，会使口环过早地被磨损。口环间隙过大，会导致泵的流量降低，严重时不上量。口环材质可以根据技术要求来确定，一般可选用灰铸铁 HT200、铸钢和不锈钢等材质；如果需要考虑到口环的耐磨性，材质可以选用 SiN 等。当径向间隙超过所规定的值时，一般采用换件修理。

轴封是旋转的轴和固定的泵体间的密封。主要是为了防止高压液体从泵中漏出和防止空气进入泵内,是用于隔绝输送介质与泵体,防止介质外泄的密封装置。

最常见的轴封形式有:机械密封和填料密封,其它还有橡胶密封和浮环密封等,其中机械密封是最常用的密封形式。

(1) 填料密封

填料密封是依靠填料和轴(或轴套)的外圆表面接触来实现密封的。它由填料箱(又称填料函)、填料、液封环、压盖、双头螺栓等组成。图 6-13 所示为带液封环的填料密封。为了避免泵工作时填料与泵轴摩擦过于剧烈,填料不应压得过紧,注意松紧要适度,允许液体成滴状漏出,以每分钟 10~60 滴的液体泄漏量为宜。填料在使用一段时间后会损坏,所以需要定期检查和置换。

填料材料特性:

① 有一定的弹性。在压紧力作用下能产生一定的径向力并紧密与轴接触。

② 有足够的化学稳定性。不污染介质,填料不被介质泡胀,填料中的浸渍剂不被介质溶解,填料本身不腐蚀密封面。

③ 自润滑性能良好。耐磨、摩擦系数小。

④ 轴存在少量偏心的,填料应有足够的浮动弹性。

⑤ 制造简单、装填方便。填料密封的泄漏量大,使用寿命短,且要经常更换,影响泵的工作,近年来,逐渐被密封效果好、使用寿命长的机械密封所替代。

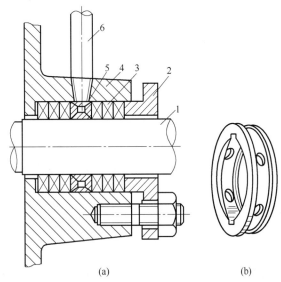

图 6-13 带液封环的填料密封
1—轴;2—压盖;3—填料;4—填料箱;5—液封环;6—引液管

(2) 机械密封

机械密封,又称端面密封,是指由至少一对垂直于旋转轴线的端面在流体压力和补偿机构弹力(或磁力)的作用下以及辅助密封的配合下保持贴合并相对滑动而构成的防止流体泄漏的动密封面。机械密封的种类很多,但工作原理基本相同,其典型结构如图 6-14 所示。

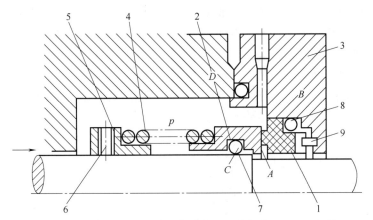

图 6-14 机械密封主要组成部分
1—静环;2—动环;3—压盖;4—弹簧;5—传动座;6—固定销钉;
7,8—O 形密封圈;9—防转销

图中主要密封元件：动环 2 和静环 1。动环 2 与泵一起旋转，静环固定在压盖 3 内，用防转销 9 来防止它转动。靠动环与静环的接触端面 A 在运动中始终贴合，实现密封。

辅助密封元件：包括各静密封点（B、C、D 点）所用的 O 形或 V 形密封圈 7 和 8。

压紧元件：弹簧 4。

传动元件：传动座 5 及键或固定销钉 6。

密封点的密封原理：

机械密封中一般有四个可能泄漏点 A、B、C、D。密封点 A 在动环与静环的接触面上，它主要靠泵内液体压力及弹簧力将动环压在静环上，防止 A 点泄漏。但两环的接触面 A 上总有少量的液体泄漏，它可以形成液膜，一方面可以阻止泄漏，另一方面又可以起润滑作用。为保证两环的端面贴合良好，两端面必须平直光洁。

密封点 B 在静环与压盖之间，属于静密封点。用有弹性的 O 形（或 V 形）密封圈压于静环和压盖之间，靠弹簧力使弹簧密封圈变形而密封。

密封点 C 在动环与轴之间，此处也是静密封，考虑到动环可以沿轴向窜动，可以采用具有弹性和自紧性的 V 形圈来密封。

密封点 D 在填料密封箱与压盖之间，也是静密封，可用密封圈或垫片作为密封元件。

从结构上看，机械密封将容易泄漏的轴封，改为较难泄漏的静密封和端面径向接触的动密封。由动环端面与静环端面相互贴合的径向接触动密封是决定机械密封性能和寿命的关键。同时机械密封的发展是非常迅速的，一种新的补偿件波纹管取代了原来的密封弹簧，使其有更大的伸缩性，是防止机泵抽空而引起密封泄漏的较好办法。

与填料密封相比，机械密封的主要优点是：

泄漏量小，一般为 10mL/h，仅为填料密封的 1%；寿命长，一般可连续使用 1～2 年；运转中不需要人工调整，能够实现自动补偿；对轴的精度和表面粗糙度要求相对较低，对轴的振动敏感性相对较小，而且轴不受磨损；功率消耗少，约为填料密封的 20%～30%；密封参数高，适用范围广，可用于高温、低温、强腐蚀、高速等工况。但是，机械密封结构复杂、造价较高，对密封元件的制造要求及安装要求较高，因此多用于对密封要求比较严格的场合。

由于机械密封本身的工作特点，动静环的端面在工作中相互摩擦，不断产生摩擦热，使端面温度升高，严重时会使摩擦副间的液膜汽化，造成干摩擦，使摩擦副严重磨损，温度升高还使辅助密封圈老化，失去弹性，动静环产生变形。为了消除这些不良影响，保证机械密封的正常工作，延长使用寿命，故要求对不同工作条件采取适当的冷却措施，以将摩擦热及时带走。常用的冷却措施有冲洗法和冷却法。

a. 冲洗法　利用密封液体或其它低温液体冲洗密封端面，带走摩擦热并防止杂质颗粒积聚。在被输送液体温度不高、杂质含量较少的情况下，由泵的出口将液体引入密封腔冲洗密封端面，然后再流回泵体内，使密封腔内液体不断更新，带走摩擦热。当被输送液体温度较高或含有较多杂质时，可在冲洗回路中装冷却器或过滤器，也可以从外部引入压力相当的常温密封液。常用的冲洗冷却机械密封装置的结构如图 6-15 所示。

b. 冷却法　分为直接冷却和间接冷却。直接冷却是用低温冷却水直接与摩擦副内径接触，冷却效果好。缺点是冷却水硬度高时，水垢堆积在轴上会使密封失效。并且要有防止冷却水向大气一侧泄漏的措施，因此，使用受到限制。

间接冷却常采用静环背部引入冷却水结构，如图 6-16 所示。也可采用密封腔外加冷却水套,如图 6-17 所示,用于输送高温液体。

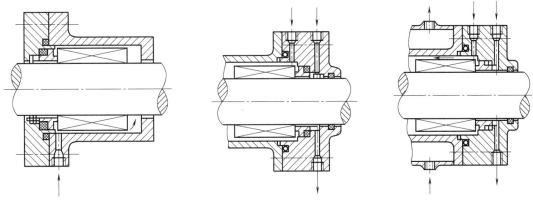

图 6-15 冲洗冷却机械密封装置　　图 6-16 静环背部引入冷却水　　图 6-17 密封腔外加冷却水套

6. 轴向力平衡装置

一般如果不设法消除或平衡作用在多级离心泵叶轮上的轴向力,此轴向力将拉动转子轴向窜动,与固定零件接触,造成泵零件的损坏以致不能工作。常用的有以下 7 种方法来平衡泵的轴向力。

(1) 推力轴承

对于轴向力不大的小型泵,采用推力轴承承受轴向力,是简单而经济的方法。即使采用其它平衡装置,考虑到总有一定的残余轴向力,有时也装设推力轴承。

(2) 平衡孔

如图 6-18 所示,在叶轮后盖板上附设密封环,密封环所在直径一般与前密封环相等,同时在后盖板下部开孔,或设专用连通管与吸入侧连通。由于液体流经密封环间隙的阻力损失,使密封下部的液体的压力下降,从而减小作用在后盖板上的轴向力。减小轴向力的程度取决于孔的数量和孔径的大小。在这种情况下,仍有 10%～15% 的不平衡轴向力。要完全平衡轴向力必须进一步增大密封环所在直径,需要指出的是密封环和平衡孔是相辅相成的,只设密封环无平衡孔不能平衡轴向力;只设平衡孔不设密封环,其结果是泄漏量很大,平衡轴向力的程度甚微。

采用这种平衡方法可以减小轴封的压力,其缺点是容积损失增加(平衡孔的泄漏量一般为设计流量的 2%～5%)。另外,经平衡孔的泄漏流与进入叶轮的主液流相冲击,破坏了正常的流动状态,会使泵的抗气蚀性能下降。为此,有的泵体上开孔,通过管线与吸入管连通,但结构变得复杂。

采用上述平衡方法,轴向力是不能达到完全平衡的,剩余轴向力需由泵的轴承来承受。用平衡孔平衡轴向力的结构使用较广,不仅单级离心泵上使用,而且多级离心泵上也使用。但由于轴向力不能完全平衡,仍需设置止推轴承,且由于多设置了一个口环,因而泵的轴向尺寸要增加,因此仅用于扬程不高、尺寸不大的泵上。

(3) 双吸叶轮

单级泵采用双吸式叶轮后,如图 6-19 所示,因为叶轮是对称的,所以叶轮两边的轴向力互相抵消。但实际上,由于叶轮两边密封间隙的差异,或者叶轮相对于蜗室中心位置的不对中,还是存在一个不大的剩余轴向力,此轴向力需由轴承来承受。

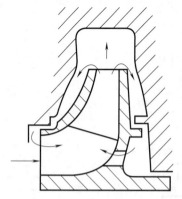
图 6-18 泵内介质通过平衡孔泄漏示意图

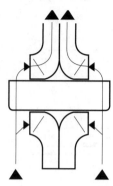
图 6-19 双吸叶轮

(4) 背叶片

泵背叶片是加在后盖板的外侧，如图 6-20 所示，即相当于在主叶轮的背面加一个与吸入方向相反的附加半开式叶轮。为了便于铸造，这种背叶片通常都是做成径向的，也有做成弯曲的。叶轮加背叶片之后，背叶片强迫液体旋转，液体的旋转角速度增加，改变了后盖板的压力水头分布，减小了不平衡力。剩余轴向力仍需由轴承来承受。

背叶片除平衡轴向力外，同时能减小轴封前液体的压力。装背叶片泵的扬程大约提高 1%～2%，使泵效率下降 2%～3%。背叶片还有防止杂质进入轴封的功能，输送含杂质液体的泵中常采用。

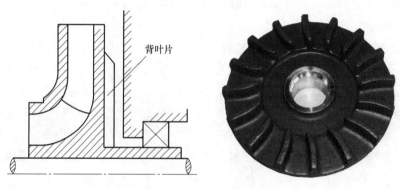
图 6-20 背叶轮

(5) 叶轮对称布置

该方法主要用于多级泵。泵的所有叶轮平均分为两个方向布置，面对面或者背靠背地按一定次序排列起来，如图 6-21 所示，可使轴向力相互平衡。

布置叶轮的原则是：
① 级间过渡流道不能很复杂，以利于铸造和减小阻力损失；
② 两端轴封侧应布置低压级，以减小轴封所受的压力；
③ 相邻两级叶轮间的级差不要过大，以减小级间压差，从而减小级间泄漏。

节段式泵对称布置可平衡轴向力，但级间泄漏增加。对称布置叶轮，只有在结构完全相同的条件下，才能完全平衡，当各级的轮毂轴台不同时，也将产生一定的轴向力。

(6) 平衡鼓

平衡鼓是个圆柱体，如图 6-22 所示，装在末级叶轮之后，随转子一起旋转。平衡鼓外

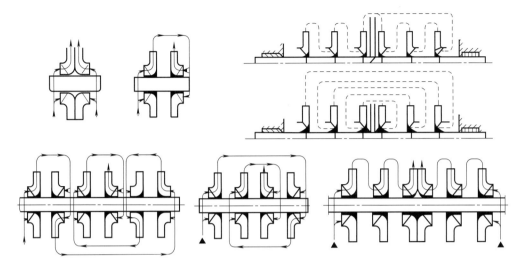

图 6-21 叶轮对称布置

圆表面与泵体间形成径向间隙。平衡鼓前面是末级叶轮的后泵腔,后面是与吸入口相连通的平衡室。这样作用在平衡鼓上的压差,形成指向右方的平衡力,该力用来平衡作用在转子上的轴向力,不能自动调节。

(7) 平衡盘

平衡盘可在不同工况自动完全地平衡轴向力,故广泛地应用于多级离心泵。平衡盘装置如图 6-23 所示,有两个间隙,一个是由平衡套和轴套外圆形成的间隙 b_1,另一个是平衡盘内端面形成的轴向间隙 b_2,平衡盘后面的平衡室与泵吸入口连通。径向间隙前的压力是叶轮后泵腔的压力 p_3,通过径向间隙 b_1 下降为 p_4,又经过轴向间隙 b_2 下降为 p_5,平衡盘后面的压力为 p_6,由于平衡盘后面的平衡室通过平衡水管与泵吸入口连通,p_6 就等于多级泵吸入口的压力加平衡水管的管阻损失。由于平衡盘前面的压力 p_4 远大于后面的压力 p_6,其压差在平衡盘上产生平衡力 F,用以平衡作用在转子上的轴向力 A。

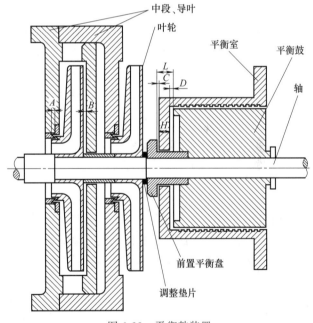

图 6-22 平衡鼓装置

平衡室位于多级泵的出口端,使其与泵的吸入口相通,即平衡室内压力 p_6 基本等于吸入口压力 p_5。泵出口处的液体压力为 p_2,在 b_1 入口处为 p_3,流经轴向间隙 b_1(b_1 约 1.5~2mm)后压力降为 p_4,然后再经径向间隙 b_2 后压力降至 p_5。由于平衡盘两侧面所受到的压力为 p_6 与 p_4,它们的压力之差产生一个轴向平衡力 F,该力与叶轮所受到的轴向力 A 相平衡。

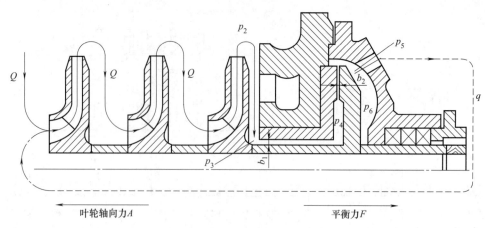

图 6-23 平衡盘

由叶轮背面压力大于吸入口一侧压力而产生的轴向力 A（向左）小于平衡盘所产生的平衡力 F（向右），即 $A<F$ 时，泵轴带动叶轮及平衡盘向右移动，于是间隙 b_2 增大，使阻力减小，导致流量增加，因流道 b_1 的长度和宽度都没变，流量的增大，使流经 b_1 的阻力损失 Δp_1 增加，因 $p_4=p_3-\Delta p_1$，p_3 不变，Δp_1 的增加使 p_4 减小，而 $p_6=p_5$ 基本不变，p_4 减小使平衡盘上向右的力减小，即平衡力 F 减小，最终达到 $A=F$；当轴向力 A（向左）大于平衡盘所产生的平衡力 F（向右）时，即 $A>F$，泵轴带动叶轮及平衡盘向左移动，于是间隙 b_2 减小，使阻力增大，导致流量减小，因流道 b_1 的长度和宽度都没变，流量的减小，使流经 b_1 的阻力损失 Δp_1 减小，因 $p_4=p_3-\Delta p_1$，p_3 不变，Δp_1 的减小使 p_4 增加，而 $p_6=p_5$ 基本不变，p_4 增加使平衡盘上向右的力增大，即平衡力 F 增大，最终达到 $A=F$。

所以，在离心泵整个工作过程中泵轴随离心泵的工况在某一平衡位置左右来回窜动，从而自动地实现平衡。采用平衡盘平衡轴向力需要采用使轴可以在轴向自由浮动的轴承。

四、离心泵的气蚀及预防

1. 气蚀的机理及危害

由离心泵的工作原理可知，在离心泵叶轮中心（叶片入口）附近形成低压区，这一压强与泵的吸上高度密切相关。当贮液池上方压强一定时，泵吸入口附近压强越低，则吸上高度就越高。但是吸入口的低压是有限制的，这是因为当叶片入口附近的最低压强等于或小于输送温度下液体的饱和蒸气压时，液体将在该处气化并产生气泡，气泡随同液体从低压区流向高压区；气泡在高压作用下迅速凝结或破裂，此时周围的液体以极高的速度冲向原气泡所占据的空间，在冲击点处产生大的冲击压力，且冲击频率极高；由于冲击作用使泵体震动并产生噪声，且叶轮和泵壳局部处在极大冲击力的反复作用下，使材料表面疲劳，从开始点蚀到形成裂缝，叶轮或泵壳受到破坏，这种现象称为气蚀。

气蚀发生时，由于产生大量的气泡，占据了液体流道的部分空间，导致泵的流量、压头及效率下降。气蚀严重时，泵不能正常操作。因此，为了使离心泵能正常运转，应避免产生气蚀现象，这就要求叶片入口附近的最低压强必须维持在某一值以上，通常是取输送温度下液体的饱和蒸气压作为最低压强。应予指出，在实际操作中，不易确定泵内最低压强的位置，而往往以实测泵入口处的最低压强为准。

离心泵发生气蚀时会使泵产生振动和噪声、过流元件点蚀、泵性能下降。泵发生气蚀时，泵内发出各种频率的噪声，严重时可听到泵内有"噼啪"的爆炸声，同时引起泵体的振动。气蚀使液体在叶轮中的流动受到严重干扰，使泵的扬程、功率和效率明显下降，性能曲线也出现急剧下降的情况，这时泵已无法继续工作。通常叶片入口附近是遭受气蚀最严重的部位，表面出现麻点、沟槽和蜂窝状等痕迹，严重时可造成叶轮的叶片或前后盖板穿孔，甚至叶轮破裂，造成事故。

2. 气蚀余量

泵在工作时液体在叶轮的进口处因一定真空压力下会产生汽化，汽化的气泡在液体质点的撞击运动下使叶轮等金属表面产生剥落，从而破坏叶轮等，此时真空压力叫汽化压力，气蚀余量是指泵吸入口处单位重量液体所具有的超过汽化压力的富余能量。单位为米液柱，用 NPSH（Net Positive Suction Head）表示。

首先讲 NPSH 的一种：有效气蚀余量 $NPSH_a$（NPSH available，也有以 Δh_a 表示），取决于进水池水面的大气压强、泵的吸水高度、进水管水头损失和水流的工作温度，这些因素均取决于水泵的装置条件，与水泵本身性能无关，所以也有叫装置气蚀余量的。

NPSH 的另一种 $NPSH_r$（NPSH required，Δh_r），必需气蚀余量，将泵内的水力损失和流速变化引起的压力降低值称为必需气蚀余量 Δh_r。

在一定装置条件下，有效气蚀余量 Δh_a 为定值，此时对于不同的泵，有些泵发生了气蚀，有些泵则没有，说明是否气蚀还与泵的性能有关。因为 Δh_a 仅说明泵进口处有超过汽化压力的富余能量，并不能保证泵内压力最低点（与泵性能有关）的压力仍高于汽化压力，也就是说要保证泵不发生气蚀，必要条件是 $\Delta h_a > \Delta h_r$。Δh_r 与泵的进水室、叶轮几何形状、转速和流量有关，也就是与泵性能相关，而与上述装置条件无关。

一般来讲 Δh_r 不能准确计算，所以通常通过试验方法确定。这时就引入临界气蚀余量 $NPSH_c$（NPSH critical，Δh_c），即试验过程泵刚好开始气蚀时的气蚀余量，此时 $\Delta h_a = \Delta h_c = \Delta h_r$，这样即可确认 Δh_r，一般临界状况很难判断（因为此时性能可能并无大变化），而以上均为理论值。

要保证水泵不发生气蚀，引入允许气蚀余量（[NPSH]，[Δh]），是根据经验人为规定的气蚀余量，对于小泵 [Δh]$=\Delta h_c + 0.3m$，大型水泵 [Δh]$=(1.1 \sim 1.3)\Delta h_c$。最后泵运行不产生气蚀的必要条件是：装置有效气蚀余量不得小于允许气蚀余量，即 $\Delta h_a \geqslant [\Delta h]$。

如同测试水泵其它性能参数一样，水泵厂家通过气蚀试验测得不同流量下的临界气蚀余量 Δh_c，绘制 Δh_c-Q 曲线和 Δh-Q 曲线供用户使用。允许气蚀余量 [Δh] 越大，对装置有效气蚀余量要求越高，也就越容易发生气蚀。

3. 增强泵抗气蚀的措施

提高泵的抗气蚀能力应该从以下两方面出发：

一方面是提高进液装置有效气蚀余量：

① 增加泵前贮液罐中液面的压力，以提高有效气蚀余量。
② 减小吸上装置泵的安装高度。
③ 将上吸装置改为倒灌装置。
④ 减小泵前管路上的流动损失。如在要求范围尽量缩短管路，减小管路中的流速，减少弯管和阀门，尽量加大阀门开度等。
⑤ 降低泵入口工质温度（当输送工质接近饱和温度时）。

另一方面是提高离心泵本身抗气蚀性能：

① 改进泵的吸入口至叶轮附近的结构设计。增大过流面积；增大叶轮盖板进口段的曲率半径，减小液流急剧加速与降压；适当减少叶片进口的厚度，并将叶片进口修圆，使其接近流线型，也可以减少绕流叶片头部的加速与降压；提高叶轮和叶片进口部分表面光洁度以减小阻力损失；将叶片进口边向叶轮进口延伸，使液流提前接受做功，提高压力。

② 采用前置诱导轮，使液流在前置诱导轮中提前做功，以提高液流压力。

③ 采用双吸叶轮，让液流从叶轮两侧同时进入叶轮，则进口截面增加一倍，进口流速可减少一半。

④ 设计工况采用稍大的正冲角，以增大叶片进口角，减小叶片进口处的弯曲，减少叶片阻塞，以增大进口面积；改善大流量下的工作条件，以减少流动损失。但正冲角不宜过大，否则影响效率。

⑤ 采用抗气蚀的材料。实践表明，材料的强度、硬度、韧性越高，化学稳定性越好，抗气蚀的性能越强。

以上措施可根据泵的选型、选材和泵的使用现场等条件，进行综合分析，适当加以应用。

五、离心泵的性能曲线

离心泵在一定转速下工作时，其扬程 H、功率 N、效率 η 等是随泵流量 Q 的变化而变化的，在平面坐标上表示这种性能参数之间变化规律的曲线，称为离心泵的性能曲线。如图 6-24 所示，泵的性能曲线不仅与泵的形式、转速、几何尺寸有关，同时也与液体在泵内流动时的各种损失有关。掌握离心泵的性能曲线，可正确合理地选用离心泵、使泵在最有利的工况下工作，也能解决操作中遇到的许多实际问题。

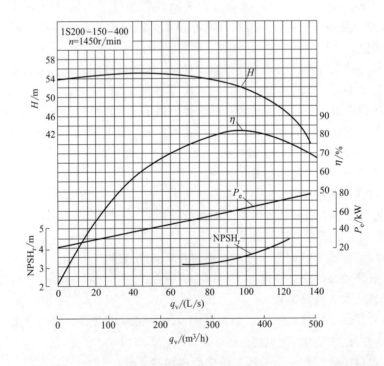

图 6-24　离心泵的性能曲线

1. 离心泵性能曲线的形成

离心泵的性能曲线既可以用理论分析的方法、也可用实验测定的方法绘制。由于液体在泵内流动的复杂性，泄漏量及各项能量损失难以进行准确地计算。因此，工程中使用的性能曲线都是在一定的转速下，以常温（20℃）清水为介质，通过实验测定绘制成的。

2. 离心泵性能曲线的分析及应用

（1）扬程曲线 $H\text{-}Q$

离心泵的 $H\text{-}Q$ 曲线是选择和操作泵的主要依据，其形状有平坦形、陡降形和驼峰形三种。

具有平坦形扬程曲线的泵，在流量变化较大时扬程变化很小，所以适应流量调节范围较大而压力管路系统中压力变化不大的场合，如给水塔和锅炉供水的泵。采用具有平坦形扬程曲线的泵，不仅可以在一定的流量范围内保持液面高度或压力基本不变，而且使采用调节阀调节流量时的节流损失很小，故调节的经济性好。

陡降形扬程曲线的泵，在流量变化很小时扬程就会出现较大的变化，所以适用于输送易堵塞管路的液体介质。如在输送含纤维液浆时，采用陡降形扬程曲线的泵，当管路中的流量稍有减小时，泵的出口压力会有较大的提高，可防止当流速减慢时纤维液浆堵塞管路。

驼峰形扬程曲线的泵，若在工作时流量小于某流量时会产生不稳定工况、即管路中液体向泵内倒流的现象，所以使用这种泵时应使工作流量大于曲线最高点对应的流量 Q_T。但是这种泵的效率往往比较高，运行成本较低，应根据实际情况选用。

（2）功率曲线 $N\text{-}Q$

离心泵的 $N\text{-}Q$ 曲线是合理选择原动机和正常启动泵的依据。通常应按所需流量变化范围的最大值，再加上适当的安全裕量来确定原动机的功率。应在功耗最小的情况下启动泵，以降低启动电流、保护电动机。从图 6-24 中可见：当离心泵流量 $Q=0$ 时对应的轴功率最小，因此启动泵时应先关闭出口调节阀门，待泵正常运转后再调节到所需的流量。

（3）效率曲线 $\eta\text{-}Q$

离心泵的 $\eta\text{-}Q$ 曲线是检查泵工作经济性的依据。在 $\eta\text{-}Q$ 曲线上最高效率点所对应的工况称为最佳工况点，一般也是离心泵的设计工况点。以最高效率点以下 7% 的工况范围称为泵的高效工作区，有的泵高效工作区对应的流量范围宽、有的则较窄，离心泵在高效工作区工作时运转经济性较高。

离心泵性能曲线的换算：离心泵的样本或说明书所给出的性能曲线是以清水在 20℃ 时进行实验得到的，在实际生产过程中泵输送的液体，其性质往往与此相差很大，如黏度、温度等；在生产中也可能根据工艺条件改变泵某些参数，如泵的转速等；泵的制造厂为了扩大泵的使用范围，有时给泵配备不同直径的叶轮等。这些都会使泵的性能曲线发生变化，所以在实际应用过程中还要根据具体情况，查阅相关资料进行换算。

泵特性曲线的作用如下：

① 根据泵的特性曲线可以知道泵的各个性能的变化规律，根据实际用途可以选择最合适的泵。

② 根据泵的特性曲线可以确定泵的运转工作点，根据运转工作点，可以检查流量和扬程大小，判断泵效率的高低，经济性能的好坏，配套功率是否够用。

③ 根据功率曲线的变化规律，正确选择开车启动方式。

六、离心泵的工况调节

离心泵工作时是和管路串联在一起的。所以泵所提供的能量与管路装置上所需要的能量是相等的，泵所排出的流量和管路中所输送的流量是相等的。也就是说：被串联在管路中的泵工作时，既要符合其自身的性能特征，又要能满足管路的需求。

1. 管路特性曲线

对于一定的管路系统，液体要在管路中流动就需要由外界对其提供能量，管路需要由外界对单位重量液体提供的能量与管路中流量之间的关系曲线称为管路特性曲线。

2. 泵的工作点

如前所述，泵在管路中工作时既要符合其自身的性能特征又要满足管路的需求。这就要求：泵所具有的流量和扬程既在泵的扬程曲线 H-Q 上，又在管路特性曲线 H_c-Q 上。将泵的扬程曲线 H-Q 和管路特性曲线 H_c-Q 绘制在同一坐标系中，两曲线的交点就是离心泵的工作点，如图 6-25 所示。

图 6-25 中的 M 点即为离心泵的工作点，其所对应的流量 Q_m 和扬程 H_m 就是泵在管路中运行时所提供的流量和扬程，也是管路所需要的流量和扬程。如果泵在 A 点工作，这时泵所提供的扬程 H_a 小于管路所需要的扬程 H_{ca}，因推动力不足管路流速降低、流量减小，泵的工作点自动沿 H-Q 曲线移动到 M 点；如果泵在 B 点工作，这时泵所提供的扬程 H_b 大于管路所需要的扬程 H_{cb}，因推动力过剩管路流速增高、流量增大，泵的工作点又自动沿 H-Q 曲线移动到 M 点。由此可见，离心泵的工作点是唯一的（驼峰形扬程曲线的泵除外）。

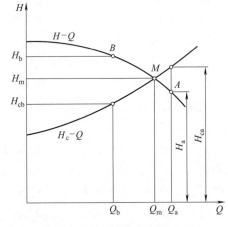

图 6-25 离心泵的工作点

3. 离心泵的流量调节

离心泵在使用过程中，常常需要根据操作条件的变化来调节其流量。流量是由泵的工作点来确定的，而工作点又是泵扬程曲线和管路特性曲线的交点，因此，改变泵扬程曲线和管路特性曲线中的任何一条，都可改变泵的工作点，从而达到调节流量的目的。

(1) 出口调节阀调节流量

出口调节阀调节的实质是改变管路特性曲线。在泵的排出管上安装调节阀，通过改变调节阀的开度来改变管路特性曲线，是最简单、最常用的方法。采用关小出口调节阀的方法调节流量时，管路中局部阻力损失增加，需要泵提供更多的能量来克服这个附加的阻力损失，使泵的运行效率降低。所以长期采用这种方法调节流量是不经济的，对具有陡降形扬程曲线的离心泵则更为突出。但由于其方法简单、操作方便，可调节流量的范围大，故在生产中还是得到了广泛的使用。

(2) 改变泵的转速调节流量

离心泵的性能曲线是在一定的转速下得到的，改变泵的转速可以改变其性能曲线，使工作点发生变化，从而达到调节流量的目的。

泵设计时不仅要考虑运行特性，而且还要考虑叶轮、泵壳等零件的强度问题，所以一般都是降低转速而不是增加转速。采用改变转速调节流量，不存在调节损失，比较经济，但是改变泵的转速受到原动机类型的限制。当用汽轮机、内燃机及直流电动机等易改变转速的原动机驱动时，可直接采用改变转速的方法进行流量调节；对广泛使用的交流电动机，近年来开始采用变频调速器，可任意调节转速且节能、可靠。需要注意的是，改变转速后泵的性能曲线要按比例定律进行换算，当转速变化超过原转速的 20% 时误差较大，所以在调节流量时泵的转速变化应限制在原转速的 20% 以内。

（3）切割叶轮外径调节流量

在其它条件不变的情况下，当离心泵的叶轮外径减小时，泵对液体所提供的能量减少，泵的性能曲线也相应改变，从而改变了工作点达到调节流量的目的。用这种方法调节时只能减少流量而不能增加流量，调节时不会产生附加的能量损失，叶轮切割后不能恢复（也有些泵出厂时配备了大、小叶轮），故这种方法适合用于流量调小后长期不变的场合。切割叶轮外径也要在其允许的范围内进行。

（4）更换叶轮调节

根据现场实际条件更换符合现场要求的叶轮。

七、离心泵的操作和维护

离心泵的操作方法与其结构形式、用途、驱动机的类型、工艺过程及输送液体的性质等有关。具体的操作方法应按泵制造厂提供的产品说明书中的规定及生产单位制订的操作规程进行。

下面以炼油厂电动机驱动的热油泵为例说明其操作过程（开泵操作、切泵操作和停泵操作）。符号说明：（P）表示现场确认；[P] 表示现场操作；（I）表示中控室确认；[I] 表示中控室操作。

1. 开泵操作

(P)—泵单机试车完毕

(P)—泵处于有工艺介质状态

(P)—确认联轴器安装完毕

(P)—确认防护罩安装好

(P)—泵的机、电、仪确认完毕

(P)—泵盘车均匀灵活

(P)—泵的入口过滤器清扫干净并安装好

(P)—确认冷却水引至泵前

(P)—确认润滑油合格

(P)—确认轴承箱油位正常

(P)—确认泵的出入口阀关闭

(P)—确认泵预热线上的阀关闭

(P)—确认封油线上的阀关闭

(P)—确认泵的排凝阀打开

(P)—确认泵的电动机开关处于关或停止状态，联锁解除

(P)—确认泵的电动机断电

[P]—打开冷却水回水上水阀

(P)—确认回水畅通

[P]—将封油引到泵前脱水,检查有无泄漏

(P)—打开进泵封油手阀,观察压力表,确认封油进泵

[P]—缓慢打开泵预热线或稍开入口阀

(P)—确认泵不转

[P]—投用封油

[P]—调整封油压力

[P]—盘车 180°/半小时

(P)—控制暖泵升温速度≤50℃/h

(P)—确认泵体与介质温差小于 50℃

(P)—确认无泄漏

启动泵电动机:

(P)—确认泵电动机已送电,具备开机条件

[P]—联系相关岗位操作员

(P)—确认泵入口阀全开

(P)—确认泵出口阀关闭

(P)—确认泵不转

[P]—盘车均匀灵活

[P]—关闭泵预热线阀门

[P]—启动电动机

[P]—若出现下列情况立即停泵

(P)—确认泵出口达到启动压力且稳定

[P]—缓慢打开泵出口阀

(P)—确认泵出口压力、流量、电动机电流在正常范围内

[P]—调节封油压力应高于泵体压力 0.05~0.10MPa

[P]—调整泵流量

[P]—联系相关岗位操作员

启动后确认和调整:

a. 泵:

(P)—确认泵的振动正常

(P)—确认轴承箱外部温度不大于 70℃

(P)—确认轴承箱油液位在 1/2~2/3 之间

(P)—确认无泄漏

(P)—确认封油压力 0.4~0.5MPa

(P)—确认冷却水温度、压力正常

b. 动力设备:

(P)—确认电动机的电流正常

(P)—确认电动机振动声音正常

c. 工艺系统:

(P)—确认泵入口压力稳定

(P)—确认泵出口压力稳定

d. 补充操作：

[P]—将排凝阀或放空阀加盲板或丝堵

(P)—泵入口阀全开

(P)—泵出口阀开

(P)—泵出口压力在正常稳定范围状态

(P)—动静密封点无泄漏

辅助说明：

① 轴承箱所用润滑油为 HL-32。

② 开泵前监测泵体温度，与介质温差不超过 50℃，才可开泵。

③ 投用油雾润滑的机泵，润滑投用按照油雾润滑操作规程执行。

2. 停泵操作

(P)—泵入口全开

(P)—泵出口阀在开启位置

(P)—暖泵跨线阀关闭

(P)—排凝阀关闭

(P)—泵正常运转

[P]—关泵出口阀

(P)—确认泵出口阀全关

[P]—停电动机

[P]—热油泵停止运转后应保持预热

[P]—盘车

(P)—泵入口阀全开

(P)—确认辅助系统投用正常

[P]—泵入口阀全开

[P]—泵出口阀略开

[P]—打开出口预热线手阀，泵预热

[P]—停预热系统

[P]—停用冷却水

[P]—停润滑油系统

[P]—停密封液

[P]—停冷却介质

[P]—电动机停电

[P]—关闭泵入口阀

[P]—关闭泵出口阀

[P]—打开泵排凝丝堵

(P)—确认泵出入口阀关闭

(P)—确认预热阀关闭

[P]—打开泵冲洗油将泵内热油顶出

[P]—打开导淋或泵丝堵

[P]—打开密封液阀门

［P］—置换

［P］—置换过程中盘车180°/半小时

［P］—关闭密封液阀门

［P］—关闭密闭排凝阀

［P］—打开泵排凝阀

（P）—确认泵体内介质排干净

［P］—泵出入口阀加盲板

［P］—密闭排放线加盲板

［P］—密闭放空线加盲板

［P］—预热线加盲板

［P］—置换线加盲板

［P］—密封油线加盲板

［P］—联系电工将电动机断电

（P）—确认排凝阀、放空阀开

（P）—确认泵已与系统完全隔离

（P）—确认泵已排干净，排凝阀打开，放空阀打开

（P）—确认电动机断电

3. 离心泵的日常检查

（1）泵及辅助系统

① 检查泵有无异常振动、杂音。

② 检查轴承温度是否正常。

③ 检查润滑油液面是否正常。

④ 检查润滑油油质是否合格。

⑤ 检查机械密封泄漏是否符合要求。

⑥ 检查冷却水是否正常。

⑦ 检查静密封点是否泄漏。

（2）工艺系统

① 检查泵出口压力是否正常稳定。

② 检查出入口管线及导淋是否存在泄漏。

③ 检查管线是否存在震动严重现象。

（3）其它

① 备用泵按规定盘车。

② 备用泵定期检查润滑油液位及油质。

③ 冬季注意防冻凝检查。

九、离心泵的润滑

1. 润滑油及润滑油的作用

润滑油对于机械转动设备的作用是无法用其它物质代替的。它可以减小转动设备的摩擦阻力，减少零部件的磨损，带走所产生的摩擦热，降低动力消耗，延长设备使用寿命。如果没有润滑油的作用，转动件产生的摩擦热顷刻间就会使一大型机组烧毁，造成严重安全事

故。润滑油的种类繁多，是所有石油产品中种类最多的一种。

2. 设备润滑管理制度

为了保证润滑油能充分起到润滑作用，保证设备的安全运行，特别制定了"五定"和"三过滤"的润滑油管理制度。

"五定"是指：定质、定量、定点、定时、定人。

定质：依据机泵设备型号、性能、输送介质、负荷大小、转速高低及润滑油（脂）性能不同，根据季节不同，选用不同的种类的润滑油（脂）牌号。

定量：依据设备型号、负荷大小、转速高低、工作条件和计算结果及实际所用油的多少，确保设备所需润滑油量。

定点：保证机泵设备的每个活动部分及摩擦点，达到充分润滑。常用机泵的润滑点如机泵轴承用机械油、电动机轴承用润滑脂。

定时：根据润滑油（脂）性能与设备工作条件、负荷大小及使用要求定时对设备输入一定的润滑油（脂）。

定人：油库、加油站及每台设备由专人负责发放、保管、定时定量加油。

"三过滤"是指：大油桶放油过滤、小油罐或小油桶放油过滤、往轴承加油过滤。

对于关键机组，除了上述的要求外，对机组的润滑油还要定期分析（每月一次），如果分析不合格必须立即采取措施并直到分析合格为止。

十、离心泵的常见故障及排除方法

离心泵在运行过程中可能出现的故障的现象、产生原因及处理方法见表 6-2。

表 6-2 离心泵常见故障现象、产生原因及处理方法

序号	故障现象	产生原因	处理方法
（1）离心泵抽空	出口压力晃动，电流表波动	①未灌泵或泵体内未灌满 ②入口管线堵塞或阀门开度小 ③入口压头不够	①排净机泵内的气体 ②开大入口阀 ③提高入口压头
	泵体及管线内发出刺耳的噪声	①介质温度高、汽化 ②介质温度低、黏度过大	①适当降低介质的温度 ②适当降低介质的黏度
	流量减小，大幅度变化	①叶轮堵塞 ②电动机反转 ③泵吸入管线漏气	①拆检 ②确认电动机反转后，找电工检查调整 ③消除漏气点
	泵体振动剧烈	①高温介质内含水或蒸汽 ②叶轮气蚀严重	①查找漏水、漏气点进行处理 ②更换泵叶轮
（2）离心泵轴承温度升高	测量轴承箱温度偏高	①冷却水不足、中断或冷却水来水温度过高 ②润滑油不足或过多 ③轴承损坏或轴承间隙大小不符合标准 ④甩油环失去作用	①加大冷却水或联系调度降低循环水的温度 ②加注润滑油或调整润滑油液位至1/2~1/3 ③拆开检查 ④更换甩油环
	润滑油温度高	①轴承箱进水，润滑油乳化、变质 ②轴承箱内有杂质 ③泵负荷过大 ④多级泵平衡盘间隙过大	①更换轴承腔内的润滑油 ②多次冲洗轴承箱 ③根据工艺指标适当降低负荷 ④调整多级泵平衡盘间隙，降低泄漏量
（3）离心泵振动	振动	①泵抽空（见(1)离心泵抽空） ②泵的膜片断裂或损坏 ③转子不平衡 ④轴承损坏或轴承间隙大	①消除抽空因素（见(1)离心泵抽空） ②更换膜片 ③转子重新找平衡 ④更换轴承

续表

序号	故障现象	产生原因	处理方法
(3)离心泵振动	振动	⑤泵与电动机不同心 ⑥转子与定子部分发生碰撞或摩擦 ⑦叶轮松动 ⑧泵内有杂物 ⑨泵座基础共振 ⑩泵地脚螺栓松 ⑪泵的叶轮气蚀严重 ⑫轴弯曲	⑤泵与电动机重新找正 ⑥转子部分重新找正 ⑦检查叶轮 ⑧清除杂物 ⑨查找原因,消除机座共振 ⑩拧紧泵地脚螺栓 ⑪更换泵的叶轮 ⑫换轴
(4)气蚀	气蚀	①泵体内或输送介质内有气体 ②吸入容器的液位太低 ③吸入口压力太低 ④吸入管内有异物堵塞 ⑤叶轮损坏,吸入性能下降	①灌泵,排净泵体或管线内的气体 ②提高容器中液面高度 ③提高吸入口压力 ④吹扫入口管线 ⑤检查更换叶轮
(5)抱轴	抱轴	油箱缺油或无油;润滑油质量不合格,有杂质或含水乳化;冷却水中断或太小,造成轴承温度过高;轴承本身质量差或运转时间过长造成疲劳老化;震动大;轴承安装偏差大或轴承、轴套、轴选用不合适	在初期发现轴承箱温度高、润滑油中含金属碎屑等现象应及时联系钳工处理;如果发现机泵噪声异常、振动剧烈、电流增加甚至电动机跳闸,要及时切换至备用泵,停运转泵,同时通知操作室,然后联系钳工处理
(6)密封泄漏	密封泄漏	①密封填料选用或安装不当 ②填料、轴套磨损或压盖松 ③机械密封损坏 ④密封腔冷却水不足 ⑤泵长时间抽空 ⑥密封面有杂质 ⑦轴震动剧烈 ⑧机械密封压量过小 ⑨启泵时,泵没有预热充分,密封腔内有黏油	①按规定选用密封填料并正确安装 ②联系钳工更换填料、压盖或压紧压盖 ③联系钳工更换机械密封 ④调节密封腔冷却水或封油量 ⑤如果泵抽空,按抽空处理 ⑥拆开检查 ⑦查找原因并处理 ⑧调整或更换机械密封 ⑨启泵前,进行暖泵
(7)离心泵盘车不动	盘车不动	①重质油品(如渣油)凝固 ②转子与定子摩擦 ③泵的部件损坏或卡住 ④轴弯曲严重 ⑤填料泵填料压得过紧 ⑥抱轴 ⑦泵体内有异物,卡死 ⑧轴承生锈或损	①吹扫预热 ②拆开检查 ③拆开检查 ④更换轴承 ⑤放松填料压盖或加强盘车 ⑥拆开检查 ⑦拆开检查 ⑧拆开检查
(8)泵出口压力超标	出口压力超标	①出口管线堵 ②出口阀柄脱落(或开度太小) ③压力表失灵 ④泵入口压力过高 ⑤油品含水太多(密度增大) ⑥叶轮选择不合适,直径过大	①处理出口管线 ②检查更换 ③更换压力表 ④查找原因,降低入口压力 ⑤加强脱水 ⑥选择合适的叶轮或对原有叶轮进行切削

第三节 其它类型泵

一、其它类型泵简述

(一)往复泵

往复泵属于容积泵的一种,它是依靠泵缸内工作容积做周期性的变化而吸入和排出液体的。往复泵主要用于在高压力、小流量的场合下输送黏性液体,要求精确计量、流量随压力变化较小的情况下。当活塞自左向右移动时,泵缸内形成负压,则贮槽内液体经吸入阀进入泵缸内。当活塞自右向左移动时,缸内液体受挤压,压力增大,由排出阀排出。活塞往复一次,各吸入和排出一次液体,称为一个工作循环,这种泵称为单动泵。若活塞往返一次,各吸入和排出两次液体,称为双动泵。活塞由一端移至另一端,称为一个冲程。往复泵的运动机构由曲轴、连杆、十字接头、驱动机等组成,如图 6-26 所示。

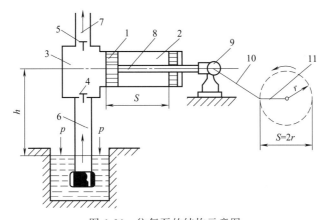

图 6-26 往复泵的结构示意图

1—活塞;2—活塞缸;3—工作室;4—进口蝶阀;5—出口蝶阀;6—进口阀;
7—出口管;8—活塞杆;9—十字接头;10—连杆;11—皮带轮

驱动机带动曲轴旋转,通过与曲轴连接的曲柄连杆机构将曲轴的旋转运动转化为活塞的往复运动,曲轴每旋转一周,泵缸完成一个工作循环。

按驱动方式,往复泵分为机动泵(电动机驱动)和直动泵(蒸汽、气体或液体驱动)两大类。

往复泵的主要特点是:

① 效率高而且高效区宽。

② 能达到很高的压力,压力变化几乎不影响流量,因而能提供恒定的流量。

③ 具有自吸能力,可输送液、气混合物,特殊设计的还能输送泥浆、混凝土等。

④ 流量和压力有较大的脉动,特别是单作用泵,由于活塞运动的加速度和液体排出的间断性,脉动更大。通常需要在排出管路上(有时还在吸入管路上)设置空气室使流量比较均匀。采用双作用泵和多缸泵还可显著地改善流量的不均匀性。

⑤ 速度低,尺寸大,结构较离心泵复杂,需要有专门的泵阀,制造成本和安装费用都较高。

(二) 柱塞泵

柱塞泵是往复泵的一种,属于体积泵,它是液压系统的一个重要装置。它依靠柱塞在缸体中往复运动,使密封工作容腔的容积发生变化来实现吸油、压油,如图 6-27 所示。

柱塞泵具有额定压力高、结构紧凑、效率高和流量调节方便等优点。柱塞泵被广泛应用于高压、大流量和流量需要调节的场合,如大型阀门开启动力泵、液压机、工程机械和船舶中。

其柱塞靠泵轴的偏心转动驱动,往复运动,其吸入和排出阀都是单向阀。当柱塞外拉

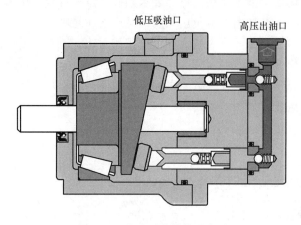

图 6-27 柱塞泵的结构示意图

时,工作室内压力降低,出口阀关闭,低于进口压力时,进口阀打开,液体进入;柱塞内推时,工作室压力升高,进口阀关闭,高于出口压力时,出口阀打开,液体排出。当传动轴带动缸体旋转时,斜盘将柱塞从缸体中拉出或推回,完成吸排油过程。柱塞与缸孔组成的工作容腔中的油液通过配油盘分别与泵的吸、排油腔相通。变量机构用来改变斜盘的倾角,通过调节斜盘的倾角可改变泵的排量。

柱塞泵按柱塞的排列方向不同,分为径向柱塞泵和轴向柱塞泵两大类。

(1) 径向柱塞泵的特点

① 柱塞在转子内是径向排列,所以径向尺寸大,旋转惯性大,结构复杂。

② 柱塞与定子为点接触,接触应力高。

③ 配油轴受到径向不平衡液压力的作用,易磨损,磨损后间隙不能补偿,泄漏大,故这种泵的工作压力、容积效率和泵的转速都比轴向柱塞泵低。

④ 定子与转子偏心安装,改变偏心距 e 值可改变泵的排量,因此径向柱塞泵可做变量泵使用。有的径向柱塞泵的偏心距 e 可从正值变到负值,改变偏心的方向,泵的吸油方向和排油方向也发生变化,成为双向径向柱塞变量泵。

⑤ 由其特点所决定,径向柱塞泵广泛地用于低速、高压、大功率的拉床、插床和刨床的液压传动的主运动中。

(2) 轴向柱塞泵的特点

① 轴向柱塞泵的柱塞是轴向安装,结构紧凑、径向尺寸小、转动惯量小。

② 容积效率高,能在高速和高压下工作,因此广泛地应用于高压系统中。

③ 通过变量机构改变柱塞泵斜盘倾角的大小和方向,控制柱塞往复行程的大小,从而改变泵的输出流量和吸排油方向。

④ 泵的轴向尺寸大,轴向作用力也大,结构复杂。

(三) 齿轮泵

齿轮泵是依靠泵缸与啮合齿轮间所形成的工作容积变化和移动来输送液体或使之增压的回转泵。由两个齿轮、泵体与前后盖组成两个封闭空间,当齿轮转动时,齿轮脱开侧的空间的体积从小变大,形成真空,将液体吸入,齿轮啮合侧的空间的体积从大变小,而将液体挤入管路中去。吸入腔与排出腔是靠两个齿轮的啮合线来隔开的。齿轮泵的排出口的压力完全取决于泵出口处阻力的大小,如图 6-28 所示。

齿轮泵的优点:结构简单紧凑、体积小、重量轻、工艺性好、价格便宜、自吸力强、对油液污染不敏感、转速范围大、能耐冲击性负载、维护方便、工作可靠。

齿轮泵的缺点:径向力不平衡、流动脉动大、噪声大、效率低,零件的互换性差,磨损后不易修复,端盖和齿轮的各个齿间槽组成了许多固定的密封工作腔,只能用作定量泵,不能做变量泵用。

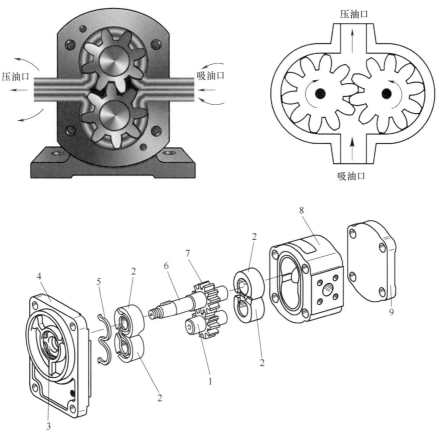

图 6-28　齿轮泵的结构示意图

1—从动齿轮；2—轴承套；3—密封圈；4—前端盖；5—密封；6—传动轴；
7—主动齿轮；8—壳体；9—后端盖

(四) 隔膜泵

隔膜泵是一种新型输送机械，是目前国内较新颖的一种泵类。一般采用压缩空气为动力源，对于各种腐蚀性液体，带颗粒的液体，高黏度、易挥发、易燃、剧毒的液体，均能予以高效输送。

如图 6-29 所示，工作以压缩空气为动力，在泵的两个对称工作腔中，各装有一块有弹性的隔膜，连杆将两块隔膜结成一体，压缩空气从泵的进气接头进入配气阀后，推动两个工作腔内的隔膜，驱使连杆连接的两块隔膜同步运动。与此同时，另一工作腔中的气体则从隔膜的背后排出泵外。一旦到达行程终点，配气机构则自动地将压缩空气引入另一个工作腔，推动隔膜朝相反方向运动，这样就形成了两个隔膜的同步往复运动。每个工作腔中设置有两个单向球阀，隔膜的往复运动，造成工作腔内容积的改变，迫使两个单向球阀交替地开启和关闭，从而将液体连续地吸入和排出。

气动隔膜泵一般用四种材质：塑料、铝合金、铸铁、不锈钢。隔膜泵根据不同液体介质分别采用丁腈橡胶、氯丁橡胶、氟橡胶、聚四氟乙烯、聚四氯乙烯。安置在各种特殊场合，用来抽送各种常规泵不能抽吸的介质，均取得了满意的效果。

由于气动隔膜泵具有以上特点，所以在世界上隔膜泵自从诞生以来正逐步侵入其它泵的

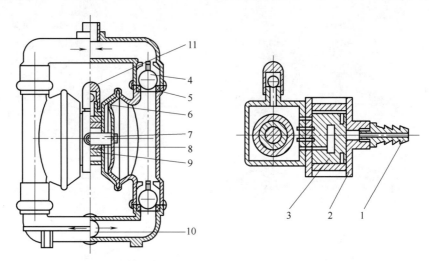

图 6-29 气动隔膜泵的结构示意图
1—进气口；2—配气阀体；3—配气阀；4—圆球；5—球座；6—隔膜；
7—连杆；8—连杆铜套；9—中间支架；10—泵进口；11—排气口

市场，并占有其中的一部分。如：喷漆、陶瓷业中隔膜泵已占有绝对的主导地位，而在其它的一些行业中，像环保、废水处理、建筑、排污、精细化工中正在扩大它的市场份额，并具有其它泵不可替代的地位。

气动隔膜泵的优点：

① 由于用空气作动力，所以流量随背压（出口阻力）的变化而自动调整，适合用于中高黏度的流体。而离心泵的工作点是以水为基准设定好的，如果用于黏度稍高的流体，则需要配套减速机或变频调速器，成本就大大地提高了，对于齿轮泵也是同样如此。

② 在易燃易爆的环境中用气动泵可靠且成本低，如燃料输送，接地后不可能产生火花；工作中无热量产生，机器不会过热；流体不会过热，因为隔膜泵对流体的搅动最小。

③ 在环境恶劣的地方，如建筑工地、化工厂的废水排放，由于污水中的杂质多且成分复杂，管路易于堵塞，这样对电泵就形成负荷过高的情况，电动机发热易损。气动隔膜泵可通过颗粒且流量可调，管道堵塞时自动停止至通畅。

④ 隔膜泵体积小，易于移动，不需要地基，占地面积小，安装简便经济，可作为移动式物料输送泵。

⑤ 在有危害性、腐蚀性的物料处理中，隔膜泵可将物料与外界完全隔开。

⑥ 在一些试验中可保证没有杂质污染原料。

⑦ 可用于输送化学性质不稳定的流体，如：感光材料、絮凝液等。这是因为隔膜泵的剪切力低，对材料的物理影响小。

⑧ 无泄漏、能自吸、可空载、不必用电更安全。

（五）螺杆泵

1932 年，法国人 Rene Moineau 发明了螺杆泵。之后螺杆泵这种水力机械在世界范围内得到了广泛的应用、发展和完善。

螺杆泵属于转子式容积泵，它是依靠螺杆与衬套相互啮合在吸入腔和排出腔产生容积变化来输送液体的。它是一种内啮合的密闭式螺杆泵，主要工作部件由具有双头螺旋空腔的衬套（定子）和在定子腔内与其啮合的单头螺旋螺杆（转子）组成，如图 6-30 所示。当输入轴通过万向节驱动转子绕定子中心作行星回转时，定子-转子副就连续地啮合形成密封腔，这些密封腔容积不变地作匀速轴向运动，把输送介质从吸入端经定子-转子副输送至压出端，吸入密闭腔内的介质流过定子而不被搅动和破坏。

螺杆油泵用来输送温度≤150℃、黏度 3~760cSt、不含固体颗粒、无腐蚀性、具有润滑性能的介质，主要应用于燃油输送、液压工程机械及重型机械、船舶及海上工程、油罐及印染工业、化工、石化及其它工业。

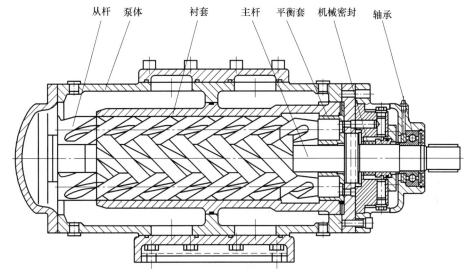

图 6-30　螺杆泵的结构示意图

其结构简单，具有多种结构形式，泵的泵体和衬套合为一个（统称泵体），轴封为端面机械密封。中等流量以上的泵衬套为一单独的零件固定于泵体内，大流量泵多制成双吸结构卧式安装，轴封根据输送介质的不同有端面机械密封和填料密封两种。它兼有离心泵和容积泵的优点。螺杆泵运动部件少，没有阀体和复杂的流道，吸入性能好，水力损失小，介质连续均匀吸入和排出，砂粒不易沉积且不怕磨，不易结蜡，一般不会产生气锁现象，其流量与转速成正比。

螺杆泵的优点：

① 与离心泵相比，单螺杆泵无需安装阀门，流量是稳定的线性流动。

② 与气动隔膜泵相比，单螺杆泵可输送各种混合杂质、含有气体及固体颗粒或纤维的介质，也可输送各种腐蚀性物质。

③ 与齿轮泵相比，单螺杆泵可输送高黏度的物质。

④ 与柱塞泵、隔膜泵及齿轮泵不同的是，螺杆泵可用于药剂填充和计量。

（六）计量泵

1936 年，世界上第一台马达驱动计量泵产生；1939 年，Wilson 化学品进料设备（世界上第一台液压驱动隔膜计量泵）产生；1963 年，世界上第一台电磁驱动计量泵 LMI 产生；1965 年，世界上第一台气动计量泵 WILLIAMS 产生。计量泵是一种可以满足各种严格的工艺流程需要，流量可以在 0~100% 范围内无级调节，用来输送液体（特别是腐蚀性液体）的特殊容积泵。计量泵也称定量泵或比例泵。计量泵属于往复式容积泵，用于精确计量，通常要求计量泵的稳定性精度不超过 ±1%。随着现代化工业朝着自动化操作、远距离自动控制不断发展，计量泵的配套性强、适应介质（液体）广泛的优势尤为明星。

1. 计量泵的结构及原理

计量泵一般由电动机、传动箱、缸体等三部分组成。传动箱部件是由蜗轮蜗杆机构、行程调节机构和曲柄连杆机构组成；通过旋转调节手轮来实现行程调节，通过改变移动轴的偏心距来达到改变柱塞（活塞）行程的目的。缸体部件是由泵头、吸入阀组、排出阀组、柱塞和填料密封件组成，如图6-31所示。

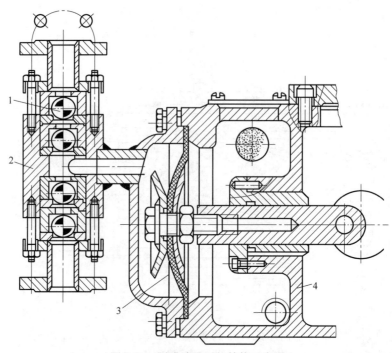

图6-31 隔膜计量泵的结构示意图
1—球阀；2—泵体；3—隔膜；4—托架

计量泵的工作原理是由电动机经联轴器带动蜗杆并通过蜗轮减速使主轴和偏心轮作回转运动，由偏心轮带动弓型连杆在滑动调节座内作往复运动。当柱塞或者隔膜向后死点移动时，泵腔内逐渐形成真空，吸入阀打开，吸入液体；当柱塞或者隔膜向前死点移动时，吸入阀关闭，排出阀打开，液体在柱塞运动时排出。泵的往复工作形成连续有压力、定量地排放液体。

2. 计量泵的分类

根据过流部分，分为：柱塞、活塞式；机械隔膜式；液压隔膜式。

根据驱动方式，分为：电动机驱动；电磁驱动。

根据工作方式，分为：往复式；回转式；齿轮式。

3. 计量泵的流量调节

计量泵的流量调节是靠旋转调节手轮，带动调节螺杆转动，从而改变弓型连杆间的间距，改变柱塞（活塞）在泵腔内移动行程来决定流量的大小。调节手轮的刻度决定柱塞行程，精确率为95%。

4. 计量泵的特点

① 该泵性能优越，其中隔膜式计量泵绝对不泄漏，安全性能高，计量输送精确，流量可以从零到最大定额值范围能任意调节，压力可从常压到最大允许范围内任意选择。

② 调节直观清晰，工作平稳、无噪声、体积小、重量轻、维护方便，可并联使用。

③ 该泵品种多、性能全，适用于输送$-30\sim450℃$，黏度为$0\sim800mm^2/s$的介质，最高排出压力可达64MPa，流量范围在$0.1\sim20000L/h$，计量精度在±1%以内。

④ 根据工艺要求该泵可以手动调节和变频调节流量，亦可实现遥控和计算机自动控制。

⑤ 可以保持与排出压力无关的恒定流量。使用计量泵可以同时完成输送、计量和调节的功能，从而简化生产工艺流程。使用多台计量泵，可以将几种介质按准确比例输入工艺流程中进行混合。

计量泵如今已被广泛地应用于石油化工、制药、食品等各工业领域中。

（七）滑片泵

滑片泵又叫叶片泵、刮片泵、刮板泵，是容积泵的一种。多数由泵体、内转子、定子、泵盖以及滑片组成，如图6-32所示。

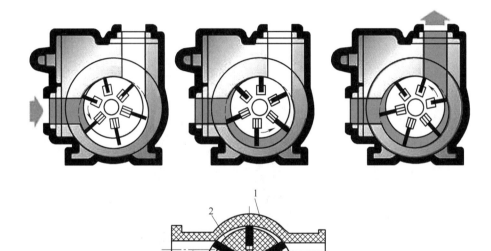

图6-32 滑片泵工作原理示意图
1—泵壳；2—转子；3—滑片

滑片泵是靠泵体、泵盖、偏心转子和滑片之间形成的容积的周期性变化吸、排液体的泵。泵转子为圆柱形，转子上有若干槽，每个槽内置有滑片。转子在泵壳内偏心安装，滑片可在转子的槽内径向滑动。滑片靠离心力、弹簧力或者液体的压力压向壳体，使滑片端部紧贴壳体而保证密封。吸入口和排出口靠转子与壳体之间很小的间隙密封分开。当转子旋转时，在吸入侧的基元容积不断增大，将液体吸入基元容积。当基元容积达到最大值时，基元容积与吸入口脱离而与排出口连通。转子继续旋转，基元容积逐渐变小，将液体排出。转子旋转一周，滑片在槽内往复一次，各基元容积变大、变小一次，完成一次吸入、排出过程。

启泵前准备工作：

① 检查泵各连接螺栓是否紧固、各接口有无泄漏情况，检查地脚螺栓有无松动现象，检查接地情况是否良好。

② 盘泵 2~3 转，检查泵的转动是否有卡涩情况。
③ 检查轴承润滑情况是否正常，长期停用的泵或者新装泵，启动前按要求加注润滑脂。
④ 检查进出口管线上的压力表等是否正常，检查电气系统是否正常。
⑤ 新装泵或者维修后的泵，应单独点动电动机，检查电动机和泵标识旋转方向是否一致。
⑥ 打开进口阀，打开排气阀，灌泵，排空泵内空气。
⑦ 确认打开泵进口阀、泵出口阀，确认泵前后工艺流程导通。

启动：
① 待各个专业确认完成，启动泵，在监视压力的同时关闭回流阀，观察泵运行情况。
② 泵启动后，检查泵出口压力，应在性能指标范围内。
③ 检查泵运行情况，不得有刺耳噪声和剧烈振动。
④ 连续运转时要检查轴承的端盖温度是否正常，不得高于环境 40℃，用手触摸不得烫手，否则应该停机检查。
⑤ 运行时，操作人员不得离开现场，要监视泵的运转情况，经常检查泵壳，出口温度是否有变温现象，如有则应立即查找原因。
⑥ 先停泵，然后再关出口阀或进口阀，对长期停用泵，应将泵内液体排干，并将内外转子擦干，回装贮存。

（八）旋涡泵

由星形叶轮在带有不连贯槽道的盖板之间旋转来输送液体的泵称为旋涡泵，如图 6-33 所示。

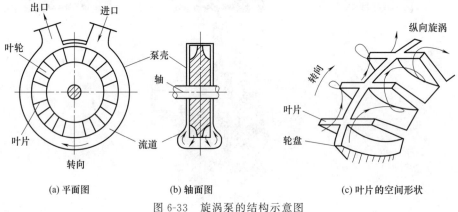

图 6-33 旋涡泵的结构示意图

旋涡泵是靠旋转叶轮对液体的作用力，在液体运动方向上给液体以冲量来传递动能以实现输送液体的泵。叶轮为一等厚圆盘，在它外缘的两侧有很多径向小叶片。在与叶片相应部位的泵壳上有一等截面的环形流道，整个流道被一个隔舌分成为吸、排两方，分别与泵的吸、排管路相连。泵内液体随叶轮一起回转时产生一定的离心力，向外甩入泵壳中的环形流道，并在流道形状的限制下被迫回流，重新自叶片根部进入后面的另一叶道。因此，液体在叶片与环形流道之间的运动迹线，对静止的泵壳来说是一种前进的螺旋线；而对于转动的叶轮来说则是一种后退的螺旋线。旋涡泵即因液体的这种旋涡运动而得名。液体能连续多次进入叶片之间获取能量，直到最后排出口排出。

旋涡泵的种类很多，分类方式也不同，有的是按结构分，如：W 型单级旋涡泵、直连旋涡泵、离心旋涡泵、多级自吸旋涡泵、磁力传动旋涡泵等。通常是按照叶轮和流道的形状进行分类。

旋涡泵的缺点：

① 效率较低，最高不超过55%，大多数旋涡泵的效率在20%～40%，因此妨碍了它向大功率方向发展。

② 旋涡泵的气蚀性能较差。

③ 旋涡泵不能用来抽送黏性较大的介质。因随着液体黏性的增加，泵的扬程和效率会急剧降低，介质的黏度限制在114cSt之内。

④ 旋涡泵叶轮和泵体之间的径向间隙和轴向间隙的要求较严，给加工和装配工艺带来一定困难。

⑤ 抽送的介质只限于纯净的液体。当液体中含有固体颗粒时，就会因磨损引起轴向和径向的间隙增大而降低泵的性能或导致旋涡泵不能工作。

旋涡泵的优点：

① 旋涡泵体积小、重量轻的特点在船舶装置中具有极大的优越性。

② 具有自吸能力或借助于简单装置来实现自吸。

③ 具有陡降的扬程特性曲线，因此，对系统中的压力波动不敏感。

④ 某些旋涡泵可实现气液混输。这对于抽送含有气体的易挥发的液体和汽化压力很高的高温液体具有重要的意义。

⑤ 旋涡泵结构简单、铸造和加工工艺都容易实现，某些旋涡泵零件还可以使用非金属材料，如塑料、尼龙模压叶轮等。

（九）轴流泵

轴流泵是叶片式泵的一种。它输送液体不像离心泵那样沿径向流动，而是沿泵轴方向流动，所以称为轴流泵。又因为它的叶片是螺旋形的，很像飞机和轮船上的螺旋桨，所以有的又称为螺旋桨泵，如图6-34所示。

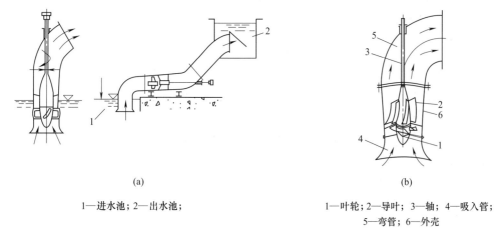

1—进水池；2—出水池；

1—叶轮；2—导叶；3—轴；4—吸入管；5—弯管；6—外壳

图6-34 轴流泵的工作原理示意图

（1）轴流泵的种类

轴流泵根据泵轴安装位置可分为立式、斜式和卧式三种。它们之间仅泵体形式不同，内部结构基本相同。我国生产较多的是立式轴流泵。

立式轴流泵的内部结构主要由泵体、叶轮、导叶装置和进出口管等组成。泵体形状呈圆筒形，叶轮固定在泵轴上，泵轴在泵体内由两个轴承支承，泵轴借顶部联轴器与电动机传动轴相连接。

叶轮一般由 2~6 片弯曲叶片组成，形状和电风扇叶片相似，有扭曲。叶片的结构有固定的和螺旋角可以调节的两种。可调节叶片又有半调节式和全调节式的两种。半调节式的叶片是可拆装的，改变角度需把叶片松开手工调节；全调节式的是通过一套专门的随动机构自动改变叶片的角度。大型轴流泵的叶片大多为全调节式的。

导叶装置外形呈圆锥形或圆柱形，一般装有 6~10 个导叶片。导叶装置的作用是使从叶轮出来的液体流经导叶片所构成的流道后增加压力，提高泵的效率。进口管为喇叭形的。出口管通常为 60°或 90°的弯管，其作用是改变液体流出的方向。

（2）轴流泵的工作原理

轴流泵输送液体不是依靠叶轮对液体的离心力，而是利用旋转叶轮叶片的推力使被输送的液体沿泵轴方向流动。当泵轴由电动机带动旋转后，由于叶片与泵轴轴线有一定的螺旋角，所以对液体产生推力（或叫升力），将液体推出从而沿排出管排出。这和电风扇运行的道理相似，靠近风扇叶片前方的空气被叶片推向前面，使空气流动。当液体被推出后，原来位置便形成局部真空，外面的液体在大气压的作用下，将沿进口管被吸入叶轮中。只要叶轮不断旋转，泵便能不断地吸入和排出液体。

（3）轴流泵的特点

轴流泵的优点：

① 流量大、结构简单、重量轻、外形尺寸小，它的形体为管状，因此占地面积小。

② 立式轴流泵工作时叶轮全部浸没在水中，启动时不必灌泵，操作简单方便。

③ 对调节式轴流泵，当工作条件变化时，只要改变叶片角度，仍然可保持在较高效率下工作。

轴流泵的主要缺点：扬程太低，因此应用范围受到限制。

（十）高速泵

高速泵的过流部件和结构形状与一般离心泵不同，可以说是基于新的理论研制成功的一种新型泵。高速泵由普通电动机通过增速齿轮箱增速后驱动过流部件，增速箱是泵高速化的关键，高速机械密封、滑动轴承是高速泵能够安全、长期运行的保证。高速泵在小流量高扬程参数范围具有性能优良、可靠性高和寿命长的特点，在石油化工行业得到广泛应用。

高速泵的基本工作原理与普通离心泵类似，所不同的是利用增速箱（一级增速或二级增速）的增速作用使工作叶轮获得数倍于普通离心泵叶轮的工作转速（通常在 6000~17300r/min 之间），从而获得很高的排出压力。

高速离心泵主要由泵机组、增速装置、润滑及监控系统、底座及电动机等部分组成，如图 6-35 所示。

1. 高速泵的特点

① 高速泵的转速高，单级复合叶轮外径小，泵头的总体尺寸小。结构紧凑，驱动机、增速器、泵三者浑然一体，安装方便，占地少。

② 操作、检查简单。特别像排水、排气等操作过程比多级离心泵简单得多。检查和运转中必需停车操作的无效时间短，提高了泵的使用率。

③ 泵本身的零件数少，轴向力比较容易平衡。因为采用单级叶轮，产生轴向力较小，且主

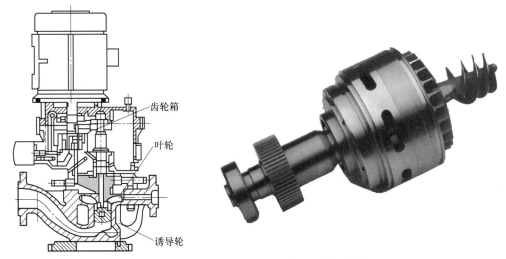

图 6-35　立式高速泵的结构示意图及转子实物图

轴采用斜齿轮传动,斜齿轮的轴向力和叶轮轴向力刚好相反,平衡了大部分的轴向力。轴承运转可靠,无一般离心泵的密封环部分。因此高速泵的运转周期长,性能稳定,检修亦很方便。

④ 零件少,与介质接触部分的体积小,对要求特殊材料的泵来说,可以节省大量贵重金属。

⑤ 密封腔压力低。高速泵的密封腔压力仅为泵出口压力的 1/5～1/3,有利于减小机械密封的端面压力,形成润滑油膜,密封可靠性大大优于多级泵。

⑥ 气蚀性能好。复合叶轮前端加诱导轮,大大提高了泵的气蚀余量;且输送易汽化介质时,由于泵的流道短,流体在泵腔滞流时间短,不易汽化;适合于特殊工况下使用,如高温水、轻烃、液氨等易汽化介质。

⑦ 单级扬程高达 1900m,在低比转速(n_s) 80 以下能特别发挥高性能,而且没有口环,所以不会产生由于口环磨损而引起性能下降的现象。

⑧ 具有扬程中断特性,所以在排出阀开放运转时,不会发生电动机过载的危险。

⑨ 采用积木式设计思想,零部件模块化和标准化程度高,做到大部分零部件能互换和通用,缩短了交货期和降低用户保养费用。

⑩ 完全密闭,完全自动给油,室外型整体结构,能设置在任何场所。

2. 高速泵与多级泵比较

① 高速泵没有叶轮的口环,不会出现多级离心泵因密封间隙侵蚀而使泵性能下降的问题,也不会出现因多级泵轴的振动、弯曲、变形而使中间轴承烧伤、磨损等事故。

② 高速泵使用开式叶轮,几乎没有轴向力,所以不需要多级泵的轴向力平衡机构,也没有多级泵因气蚀、密封环和平衡盘磨损而产生的异常轴向力问题。

③ 高速泵的结构简单坚固,在生产线上安装方便。与卧式多级泵相比占地面积小;与立式多级泵相比,泵的基础工程简单。

④ 高速泵的叶轮与壳体侧壁间的轴向间隙大,适合于抽送含颗粒液体和高黏度液体,而多级离心泵则不适合。

⑤ 高速泵因是部分流式离心泵,具有流量切断特性,运转中不会使电动机过载。而多级离心泵则没有流量切断特性,流程调节过程中有使电动机过载的危险。

⑥ 高速泵密封腔的压力只略高于泵吸入压力，且与排出压力大小无关，轴封问题好解决。而多级泵的级间密封压力是逐级增加的，轴封问题解决起来麻烦。

（十一）磁力泵

随着化学工业的发展以及人们对环境、安全意识的提高，对化工用泵的要求也越来越高，在一些场合对某些泵提出了绝对无泄漏要求，这种需求促进了磁力泵技术的发展。

磁力驱动泵（简称磁力泵）结构上只有静密封而无动密封，用于输送液体时能保证一滴不漏。目前国内厂家的磁力泵大致可分为：不锈钢磁力泵、工程塑料磁力泵、氟塑料磁力泵、耐高温磁力泵、多级磁力泵等几大类。

磁力泵由泵体、叶轮、内磁钢、外磁钢、隔离套、泵内轴、泵外轴、滑动轴承、滚动轴承、联轴器、电动机、底座等组成（有些小型的磁力泵，将外磁钢与电动机轴直接连在一起，省去泵外轴、滚动轴承和联轴器等部件），如图 6-36 所示。

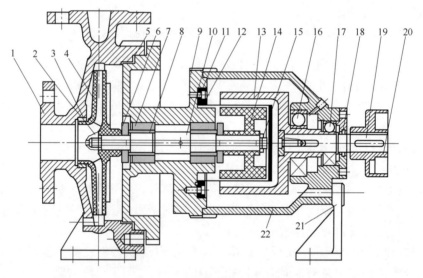

图 6-36　磁力泵的结构示意图
1—泵体；2—叶轮螺母；3—密封环；4—叶轮；5—密封垫；6—止推轴承；7—滑动轴承；
8,16,17—轴承；9—中体；10—泵轴；11—密封圈；12—隔离套；13—外联轴器；
14—内联轴器；15—螺母；18—轴承压盖；19—轴；20—联轴器；21—托架；22—悬架

磁力泵的泵内轴由滑动轴承支承。由于滑动轴承是靠润滑性很差的输送介质来润滑，因此滑动轴承应采用耐磨性和自润滑性良好的材料制作。常用的轴承材料有碳化硅陶瓷、石墨、填充聚四氟乙烯等。磁力泵一般采用碳化硅陶瓷轴承。为防止游离的硅离子进入介质，一般应要求采用纯烧结的 α 级碳化硅。碳化硅滑动轴承，承载能力高，且具有极强的耐冲蚀、耐化学腐蚀、耐磨损和良好的耐热性，使用温度可达 500℃ 以上。碳化硅滑动轴承的使用寿命一般可达 3 年以上。石墨具有较好的自润滑性能，可经受短时间的干运行，使用温度可达 450℃，缺点是耐磨性能较差。石墨滑动轴承的使用寿命一般可达 1 年以上。

内磁钢与导环采用黏结剂连接。为将内磁钢与介质隔离，内磁钢外表需覆以包套。包套有金属和塑料两种，金属包套采用焊接，塑料包套采用注塑。外磁钢与导环采用黏结剂连接。隔离套也称密封套，位于内、外磁钢之间，将内、外磁钢完全隔开，介质封闭在隔离套内。隔离套的厚度与工作压力和使用温度有关，太厚增加内、外磁钢的间隙尺寸，从而影响磁传动效率；太薄则影响强度。隔离套有金属和非金属两种，金属隔离套有涡流损失，非金属隔离套无涡流损失。

磁力传动由磁力耦合器来完成。磁力耦合器主要包括内磁钢、外磁钢及隔离套等零部件，是磁力泵的核心部件。磁力耦合器的结构、磁路设计及其各零部件的材料关系到磁力泵的可靠性、磁传动效率及寿命。磁力耦合器应在规定的环境条件下适应于户外启动和连续操作，不应出现脱耦和退磁现象。

当电动机带动外磁转子旋转时，磁场能穿透空气隙和非磁性物质，带动与叶轮相连的内磁转子作同步旋转，实现动力的无接触传递，将动密封转化为静密封。由于泵轴、内磁转子被泵体、隔离套完全封闭，从而彻底解决了"跑、冒、滴、漏"问题，消除了炼油化工行业易燃、易爆、有毒、有害介质通过泵密封泄漏的安全隐患，有力地保证了职工的身心健康和安全生产。

磁力泵常见故障问题分析：

① 磁力泵因气蚀而导致的问题：泵产生气蚀的原因主要有泵入口管阻大、输送介质气相较多、灌泵不充分、泵入口能头不够等。气蚀对泵的危害最大，发生气蚀时泵剧烈振动，平衡严重破坏，将导致泵轴承、转子或叶轮损坏。这是磁力泵故障发生的常见原因。

② 无介质或输送介质流量小：使转子主轴与稳定轴承干摩，烧碎轴承。磁力泵是由输送介质给滑动轴承提供润滑和冷却的，在没有开入口阀或出口阀的情况下，滑动轴承因无输送介质润滑和冷却而导致高温从而损坏。

③ 隔离套损坏：磁力泵的磁力联轴器是由泵所输送介质冷却的，如果介质中有硬质颗粒，很容易造成隔离套划伤或划穿，有时如果维护方法不当也有可能造成隔离套的损坏。

（十二）屏蔽泵

屏蔽泵和同属于无轴封结构泵的磁力泵一样。屏蔽泵由于没有转轴密封，如图6-37所示，可以做到绝对无泄漏，因而在化工装置中的使用已愈来愈普遍。

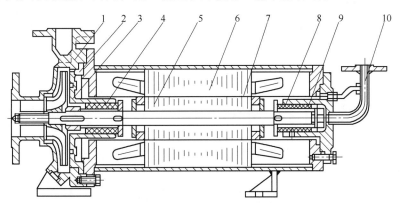

图6-37 屏蔽泵的结构示意图

1—泵体；2—叶轮；3—后端盖；4—前导轴承；5—转子；6—定子；7—屏蔽套；
8—后导轴承；9—后盖板；10—循环管

屏蔽泵的原理和结构特点：

普通离心泵的驱动是通过联轴器将泵的叶轮轴与电动轴相连接，使叶轮与电动机一起旋转而工作，而屏蔽泵是一种无密封泵，泵和驱动电动机都被密封在一个被泵送介质充满的压力容器内，此压力容器只有静密封，并由一个电线组来提供旋转磁场并驱动转子。这种结构取消了传统离心泵具有的旋转轴密封装置，故能做到完全无泄漏。

屏蔽泵把泵和电动机连在一起，电动机的转子和泵的叶轮固定在同一根轴上，利用屏蔽套将电动机的转子和定子隔开，转子在被输送的介质中运转，其动力通过定子磁场传给转子。

此外，屏蔽泵的制造并不复杂，其液力端可以按照离心泵通常采用的结构型式和有关的标准规范来设计、制造。

屏蔽泵的优点：

① 全封闭。结构上没有动密封，只有在泵的外壳处有静密封，因此可以做到完全无泄漏，特别适合输送易燃、易爆、贵重液体和有毒、腐蚀性及放射性液体。

② 安全性高。转子和定子各有一个屏蔽套使电动机转子和定子不与物料接触，即使屏蔽套破裂，也不会产生外泄漏的危险。

③ 结构紧凑、占地少。泵与电动机系一整体，拆装不需找正中心。对底座和基础要求低，且日常维修工作量少，维修费用低。

④ 运转平稳，噪声低，不需加润滑油。由于无滚动轴承和电动机风扇，故不需加润滑油，且噪声低。

⑤ 使用范围广。对高温、高压、低温、高熔点等各种工况均能满足要求。

屏蔽泵的缺点：

① 由于屏蔽泵采用滑动轴承，且用被输送的介质来润滑，故润滑性差的介质不宜采用屏蔽泵输送。一般地，适合于屏蔽泵介质的黏度为 0.1~20mPa·s。

② 屏蔽泵的效率通常低于单端面机械密封离心泵，而与双端面机械密封离心泵大致相当。

③ 长时间在小流量情况下运转，屏蔽泵效率较低，会导致发热、使液体蒸发，而造成泵干转，从而损坏滑动轴承。

屏蔽泵的型式及适用范围：

根据输送液体的温度、压力、黏度和有无颗粒等情况，屏蔽泵可分为以下几种：

① 基本型：输送介质温度不超过 120℃，扬程不超过 150m。其它各种类型的屏蔽泵都可以在基本型的基础上，经过变型和改进而得到。

② 逆循环型：在此型屏蔽泵中，对轴承润滑、冷却和对电动机冷却的液体流动方向与基本型正好相反。其主要特点是不易产生气蚀，特别适用于易气化液体的输送，如液化石油气、一氯甲烷等。

③ 高温型：一般输送介质温度最高 350℃，流量最高 300m^3/h，扬程最高 115m，适用于热介质油和热水等高温液体。

④ 高熔点型：泵和电动机带夹套，可大幅度提高电动机的耐热性。适用于高熔点液体，温度最高可达 250℃。夹套中可通入蒸汽或一定温度的液体，防止高熔点液体产生结晶。

⑤ 高压型：高压型屏蔽泵的外壳是一个高压容器，使泵能承受很高的系统压力。为了支承处于内部高压下的屏蔽套，可以将定子线圈用来承受压力。

⑥ 自吸型：吸入管内未充满液体时，泵通过自动抽气作用排液，适用于从地下容器中抽提液体。

⑦ 多级型：装有复数叶轮，适用于高扬程流体输送，最高扬程可达 400m。

⑧ 泥浆型：适用于输送混入大量泥浆的液体。

表 6-3 为磁力泵与机械密封泵、屏蔽泵比较。

表 6-3　磁力泵与机械密封泵、屏蔽泵比较

机械密封泵	屏蔽泵	磁力泵
①泄漏 ②复杂的机械密封及其配管 ③密封及轴承维修量高	①无泄漏 ②无需机械密封 ③返回制造厂维修—成本高、周期长 ④石墨轴承—易磨损 ⑤内部间隙小—不耐颗粒	①无泄漏 ②无需机械密封 ③现场维修简单 ④碳化硅轴承—寿命长 ⑤内部间隙大—耐颗粒

总之，采用屏蔽泵，完全无泄漏，有效地避免了环境污染和物料损失，只要选型正确，操作条件没有异常变化，在正常运行情况下，几乎没有什么维修工作量。屏蔽泵是输送易燃、易爆、腐蚀、贵重液体的理想用泵。

（十三）液环真空泵

液环真空泵是用来抽吸或压送气体和其它无腐蚀性、不溶于水、不含有固体颗粒的气体，以便在密闭容器中形成真空或压力，满足工艺流程要求。由于在工作过程中，该类泵对气体的输送是在等温状态下进行的，因此在压送或抽吸易燃易爆气体时，不易发生危险，同时对粉尘不敏感，吸入气体可以夹带液体或大量水蒸气等。液环真空泵广泛应用于机械、石油、化工、制药、陶瓷、制糖、印染、冶金及电子等行业。

如图 6-38 所示是单作用液环真空泵，其叶轮偏心地装于接近圆形的泵体内，当叶轮以一定的速度运转时，由于离心力的作用，将泵体内的液体向圆周方向甩开，形成一个紧贴泵体内壁的液环，在液环内表面与叶轮轮毂之间形成一个月牙形空间。叶轮从 A 点转到 B 点时，两个叶片与轮毂、液环内表面包围成的"气腔"逐渐增大，气体从被抽系统中吸入。当其由 C 点转到 A 点时，相应的"气腔"容积由大变小，使原先吸入的气体受到压缩，当压力达到外界的压力时，气体被排出。

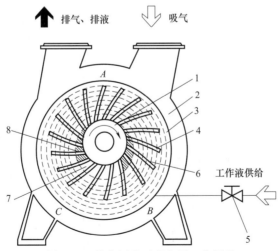

图 6-38　单作用液环真空泵工作原理
1—轮毂；2—泵体；3—液环；4—叶片；5—补液管路；6—吸气区域；7—过渡区域；8—压缩排气区域

液环真空泵在工作过程中，吸气口与被抽系统相连，对系统进行气体抽吸，形成真空。排气的过程中还会带出工作液，要连续不断地向真空泵提供工作液。单作用的液环真空泵，

叶轮每旋转一周，完成一个吸气和一个排气过程。

液环真空泵产品中，有多种不同的结构：

① 按吸、排气的零件结构划分，可分为锥体泵和平板泵。

② 按叶轮的级数划分，可分为单级泵和双级泵。其中锥体泵和平板泵都有单级叶轮和双级叶轮结构。

③ 按叶轮每旋转一周完成的吸、排气过程，可分为单作用和双作用真空泵。

液环真空泵的优点：

① 结构简单，制造精度要求不高，容易加工。

② 结构紧凑，泵的转速较高，一般可与电动机直连，无须减速装置。故用小的结构尺寸，可以获得大的排气量，占地面积也小。

③ 压缩气体基本上是等温的，即压缩气体过程温度变化很小。

④ 由于泵腔内没有金属摩擦表面，无须对泵内进行润滑，而且磨损很小。转动件和固定件之间的密封可直接由水封来完成。

⑤ 吸气均匀，工作平稳可靠，操作简单，维修方便。

液环真空泵的缺点：

① 效率低，一般在30%左右，较好的可达50%。

② 真空度低，这不仅是因为受到结构上的限制，更重要的是受工作液饱和蒸气压的限制。用水作工作液，极限压强只能达到2000~4000Pa。用油作工作液，可达130Pa。

二、典型化工用泵的特点和选用要求

化工生产工艺流程中的典型用泵有：进料泵、回流泵、塔底泵、循环泵、产品泵、注入泵、补给泵、冲洗泵、排污泵、燃料油泵、润滑油泵和封液泵等，其特点和选用要求见表6-4。

表6-4 典型化工用泵的特点和选用要求

泵名称	特 点	选 用 要 求
进料泵（包括原料泵和中间给料泵）	①流量稳定 ②一般扬程较高 ③有些原料黏度较大或含固体颗粒 ④泵入口温度一般为常温，但某些中间给料泵的入口温度也可大于100℃ ⑤工作时不能停车	①一般选用离心泵 ②扬程很高时，可考虑用容积式泵或高速泵 ③泵的备用率为100%
回流泵（包括塔顶、中段及塔底回流泵）	①流量变动范围大，扬程较低 ②泵入口温度不高，一般为30~60℃ ③工作可靠性要求高	①一般选用单级离心泵 ②泵的备用率为50%~100%
塔底泵	①流量变动范围大（一般用液位控制流量） ②流量较大 ③泵入口温度较高，一般大于100℃ ④液体一般处于气液两相态，$NPSH_a$ 小 ⑤工作可靠性要求高 ⑥工作条件苛刻，一般看污垢沉淀	①一般选用单级离心泵，流量大时，可选用双吸泵 ②选用低气蚀余量泵，并采用必要的灌注头 ③泵的备用率为100%
循环泵	①流量稳定，扬程较低 ②介质种类繁多	①选用单级离心泵 ②按介质选用泵的型号和材料 ③泵的备用率为50%~100%

续表

泵名称	特　点	选 用 要 求
产品泵	①流量较小 ②扬程较低 ③泵入口温度低（塔顶产品一般为常温，中间抽出和塔底产品温度稍高） ④某些产品泵间断操作	①宜选用单级离心泵 ②对纯度高或贵重产品，要求密封可靠，泵的备用率为100%；对一般产品，备用率为50%~100%；对间断操作的产品泵，一般不设备用泵
注入泵	①流量很小，计量要求严格 ②常温下工作 ③排压较高 ④注入介质为化学药品，往往有腐蚀性	①选用柱塞或隔膜计量泵 ②对有腐蚀性介质，泵的过流元件通常采用耐腐蚀材料
排污泵	①流量较小，扬程较低 ②污水中往往有腐蚀性介质和磨蚀性颗粒 ③连续输送时要求控制流量	①选用污水泵、渣浆泵 ②泵备用率100% ③常需采用耐腐蚀材料
燃料油泵	①流量较小，泵出口压力稳定（一般为1.0~1.2MPa） ②黏度较高 ③泵入口温度一般不高	①一般可选用转子泵或离心泵 ②由于黏度较高，一般需加温输送 ③泵的备用率为100%
润滑油泵和封液泵	①润滑油压力一般为0.1~0.2MPa ②机械密封封液压力一般比密封腔压力高0.05~0.15MPa	①一般均随主机配套供应 ②一般均为螺杆泵和齿轮泵，但离心压缩机组的集中供油往往使用离心泵

思考与练习

6-1　泵设备一般分为哪些类型？各自适用范围是什么？

6-2　离心泵的主要性能参数有哪些？

6-3　简述离心泵的气蚀现象、危害及常见防止气蚀的措施。

6-4　离心泵流量调节的方法有哪些？

6-5　启动离心泵前及停泵前应做哪些工作？

6-6　简述石油化工生产中还有哪些常用的泵，主要适用于哪些场合？

第七章

压 缩 机

本章学习指导

● 能力目标
  - 能够正确认识和理解常见离心压缩机的结构和工作原理。
● 知识点
  - 掌握离心压缩机的内部构件和工作原理；
  - 掌握其它类型压缩机的内部构件和工作原理；
  - 了解压缩机常见故障及处理方法；
  - 了解压缩机的操作规程，能够进行压缩机操作和简单故障的处理。

压缩机是用来提高气体压力和输送气体的机械，广泛用于各种工艺流程中；用来输送空气、各种工艺气体或混合气体，并提高其压力。如氮与氢合成氨、氢与二氧化碳合成甲醇、二氧化碳与氨合成尿素，乙烯生产、石油的加氢裂化、石油气和天然气的管道输送等。除此之外，压缩机还广泛应用于动力工程、制冷工程、食品工业等，所以压缩机在石油化工生产中是必不可少的大型核心设备和重要设备。本章主要介绍离心式压缩机和活塞式压缩机的结构特点、工作原理及主要性能参数，压缩机的型号及选用、操作及流量调节、常见故障排除方法及日常维护等。

第一节 压缩机的类型和主要性能参数

压缩机是用来压缩气体（包括空气），借以提高气体压力的机械。在我国某些领域亦称"压气机"，此外，也有场合称为"气泵"；当所压气体升压力小于 0.2MPa（表压）时称为风机。

一、压缩机的分类

压缩机的种类很多，按照其压缩气体的原理可分为容积式和速度式两大类；根据工作机构的运动特点又可分为往复式和回转式两种类型。

① 按作用原理和结构形式分类：容积式和速度式（透平式）。
容积式：回转式（包括螺杆式、滑片式、罗茨式）、往复式（包括活塞式、隔膜式）。
速度式：离心式、轴流式、喷射式、混流式。

② 按介质分类：空气压缩机、氮气压缩机、氧气压缩机、氢气压缩机等。
③ 按排气压力分类：低压（0.3～1.0MPa）
　　　　　　　　　中压（1.0～10MPa）
　　　　　　　　　高压（10～100MPa）
　　　　　　　　　超高压（>100MPa）
④ 按用途分类：动力用压缩机和气体输送用压缩机。

动力用压缩机：

a. 压缩气体驱动各种风动机械，如：气动扳手、风镐。

b. 控制仪表和自动化装置。

c. 交通方面：汽车门的开启。

d. 食品和医药工业中用高压气体搅拌浆液。

e. 纺织业中，如喷气织机。

气体输送用压缩机：

a. 管道输送。为了克服气体在管道中流动时，管道对气体产生的阻力，如天然气压气站。

b. 瓶装输送。缩小气体的体积，使有限的容积输送较多的气体。

c. 制冷和气体分离用压缩机，如氟利昂制冷、空气分离。

d. 石油、化工用压缩机。用于气体的输送、合成和聚合，如：氨的合成，催化裂化的富气压缩机等。

二、压缩机主要性能参数

1. 排气压力

排气压力指气体经压缩后，在排气接管处测得的压力（单位为 Pa）。排气压力也称背压力。压缩机排气压力是由排气管网所定，而不取决于压缩机本身；压缩机管网压力则又取决于压缩机在该压力下排入管网的气体量与管网中消耗气体量是否平衡，若供需两者平衡，则管网压力稳定，若供大于求，则管网压力升高，并在新的高压下重新平衡，若供小于求，则压力降低，压缩机在新的低压下再次获得平衡；压缩机铭牌上标出的排气压力为允许的最大压力，又称为额定压力。多级压缩机中，各级的排气压力称为级间压力。级间压力也会因前、后级供求不平衡而变化，并因此反映出机器运行是否正常。

2. 容积流量

容积流量指在额定排气压力与相应温度下，在压缩机排出口处测得的体积流量折算到进气口压力与温度条件下之值（单位为 m^3/min、m^3/h、L/min），容积流量可折算成质量流量（单位为 kg/h）。

压缩机的容积流量随进气口的气体压力、温度，以及排气压力的变化而变化，压缩机铭牌上的排气量为设定的进、排气条件下所测得的体积流量。化工计算中常涉及压缩机在标准状态下（760mmHg，273K）的气体流量，称此为供气量，或为标准状态下的排气量（单位为 Nm^3/h），压缩机容积流量也是一个变值。在容积式压缩机中，还应用"排量"（displacement volume）的概念，是指压缩机一转中气缸工作腔所形成的最大几何吸气容积（单位为 m^3、cm^3）。对一定的压缩机，排量是不变的，是真正反映机器大小的数值。

3. 排气温度

排气温度指压缩机末级排气口处测得的温度（单位为 K 或℃）；多级压缩机各级的排出

温度称为该级的排气温度。压缩机各级（包括末级）的排气温度，与润滑油、被压缩气体的性质等因素有关。

4. 功率

压缩机功率分为以下几种。

① 指示功率 P_i：直接用于压缩气体所消耗的功率（单位为 W、kW），由计算求取，容积式压缩机也可由气缸压力指示图（示功图）面积求得。

② 轴功率 P_{sh}：为压缩机主轴的输入功率。$P_{sh}=P_i+P_m$（P_m 为摩擦功率），一般压缩机铭牌上标的轴功率，是指在额定排气压力和转速下的功率。

5. 效率

压缩机效率主要指压缩机理论功耗与实际功耗之比，常用有等温效率和绝热效率。

① 等温指示效率：在等温压缩循环中，压缩机在单位时间内对气体所做的功称为"等温压缩循环指示功率"，等温压缩循环指示功率与同吸气压力、同吸气量下的实际压缩指示功率之比就称为等温指示效率。

② 绝热指示效率：在绝热压缩循环中，压缩机在单位时间内对气体所做的功称为"绝热压缩循环指示功率"，绝热压缩循环指示功率与同吸气压力、同吸气量下的实际压缩指示功率之比就称为绝热指示效率。

等温压缩循环功是压缩机压缩一定量的气体所必需的最小功，而绝热压缩循环功是压缩机压缩一定量的气体所应付出的最大功，可见绝热指示效率高于等温指示效率。

③ 比功率：为了能更直观地反映压缩机的经济性能，可用"比功率"的概念，将在一定的排气压力下，压缩机的轴功率与其排气量的比值定义为压缩机的"比功率"。它可以反映同类型压缩机在相同的吸、排气条件下，能量消耗的情况，是动力用空气压缩机的重要经济性能指标。

6. 压缩机的适用范围

图 7-1 所示为各种压缩机的常用流量与压力范围。在某些压力与流量范围内，如同时有几种类型的压缩机都能适用时，应根据压缩机的可靠性、寿命、一次性投资和运行费用（动力与维修等）等指标综合考虑后，再具体决定所选用压缩机的类型。

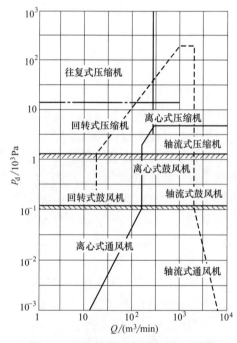

图 7-1 压缩机常用流量与压力范围

第二节 离心压缩机

一、离心压缩机的应用

离心压缩机是依靠叶轮对气体做功使气体的压力和速度增加，而后又在扩压器中将速度能转变为压力能，气体沿径向流过叶轮的压缩机。它是一种叶片旋转式压缩机（即透平式压缩机）。在离心式压缩机中，高速旋转的叶轮给予气体的离心力作用，以及在扩压通道中给予气体的扩压作用，使气体压力得到提高。

早期，由于这种压缩机只适于低、中压力，大流量的场合，而不为人们所注意。但近来，由于化学工业的发展，各种大型化工厂、炼油厂的建立，离心式压缩机就成为压缩和输送化工生产中各种气体的关键机器，而占有极其重要的地位。随着气体动力学研究的成就使离心压缩机的效率不断提高，又由于高压密封、小流量窄叶轮的加工，多油楔轴承等关键技术的研制成功，解决了离心压缩机向高压力、宽流量范围发展的一系列问题，使离心式压缩机的应用范围大为扩展，以致在很多场合可取代往复压缩机，而大大地扩大了应用范围。工业用高压离心压缩机的压力有 $(150\sim350)\times10^5$ Pa 的，海上油田注气用的离心压缩机压力有高达 700×10^5 Pa 的。作为高炉鼓风用的离心式鼓风机的流量有大至 $7000m^3/min$ 的，功率大的有 52900kW 的，转速一般在 10000r/min 以上。

有些化工基础原料，如丙烯、乙烯、丁二烯、苯等，可加工成塑料、纤维、橡胶等重要化工产品。在生产这种基础原料的石油化工厂中，离心式压缩机也占有重要地位，是关键设备之一。除此之外，其它如石油精炼、制冷等行业中，离心式压缩机也是极为关键的设备。

我国在 20 世纪 50 年代已能制造离心式压缩机，从 70 年代初开始又以石油化工厂、大型化肥厂为主，引进了一系列高性能的中、高压力的离心式压缩机，取得了丰富的使用经验，并在对引进技术进行消化、吸收的基础上大大增强了自己的研究、设计和制造能力。

二、离心压缩机的工作原理及分类

汽轮机（或电动机）带动压缩机主轴叶轮转动，在离心力作用下，气体被甩到工作轮后面的扩压器中去。而在工作轮中间形成稀薄地带，前面的气体从工作轮中间的进气部分进入叶轮，由于工作轮不断旋转，气体能连续不断地被甩出去，从而保持了气压机中气体的连续流动。气体因离心作用增加了压力，还可以很大的速度离开工作轮，气体经扩压器逐渐降低了速度，动能转变为静压能，进一步增加了压力。如果一个工作叶轮得到的压力还不够，可通过使多级叶轮串联起来工作的办法来达到对出口压力的要求。级间的串联通过弯通、回流器来实现。这就是离心式压缩机的工作原理。

气体在叶轮中提高压力的原因有两个：一是气体在叶轮叶片的作用下，跟着叶轮作高速的旋转，而气体由于受旋转所产生的离心力的作用使气体的压力升高，其次是叶轮是从里到外逐渐扩大的，气体在叶轮里扩压流动，使气体通过叶轮后压力得到提高。

离心压缩机的分类：

① 按轴的型式分：单轴多级式，一根轴上串联几个叶轮；双轴四级式，四个叶轮分别装在两个小齿轮的两端，旋转电动机通过大齿轮驱动小齿轮。

② 按气缸的型式分：水平剖分式和垂直剖分式。

③ 按级间冷却形式分类：机外冷却，每段压缩后气体输出机外进入冷却器；机内冷却，冷却器和机壳铸为一体。

④ 按压缩介质分类：空气压缩机、氮气压缩机、氧气压缩机等。

常用名词解释：

① 级：每一级叶轮和与之相应配合的固定元件（如扩压器等）构成一个基本的单元，叫一个级。

② 段：以中间冷却器隔开级的单元叫段。这样以冷却器的多少可以将压缩机分成很多段。一段可以包括很多级，也可仅有一个级。

③ 标态：0℃，1标准大气压。

④ 进气状态：一般指进口处气体当时的温度、压力。

⑤ 质量流量：1s 时间内流过气体的质量。

⑥ 容积流量：1s 时间内流过气体的体积。

⑦ 表压（G）：以当地大气为基准所计量的压强。

⑧ 绝压（A）：以完全真空为基准所计量的压强。

⑨ 真空度：与当地大气负差值。

⑩ 压比：出口压力与进口压力的比值。

三、离心压缩机的组成

离心压缩机输送的介质、压力和输气量的不同，而有许多种规格、型式和结构，但组成的基本元件大致是相同的，主要由转子、定子、润滑油系统、安全保护和其它辅助系统组成，如图 7-2 所示。

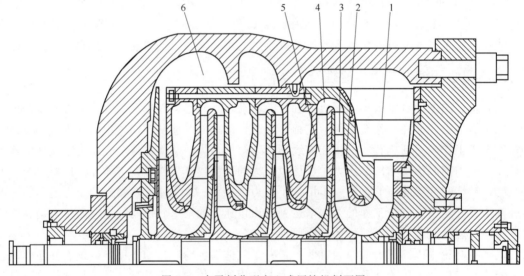

图 7-2 水平剖分型离心式压缩机剖面图
1—吸气室；2—叶轮；3—扩压器；4—弯道；5—回流器；6—排出室

1. 转子

转子是离心压缩机的关键部件，它高速旋转。转子是由叶轮、主轴、平衡盘、推力盘等部件组成，如图 7-3 所示。

叶轮也叫工作轮，是离心式压缩机的一个重要部件，气体在工作轮中流动，其压力、流速都增加，同时气体的温度也升高。叶轮是离心式压缩机对气体做功的唯一元件。

在结构上，叶轮典型的有三种型式：

① 闭式叶轮：由轮盘、轮盖、叶片三部分组成。

② 半开式叶轮：无轮盖，只有轮盘、叶片。

③ 双面进气式叶轮：两套轮盖、两套叶片，共用一个轮盘。

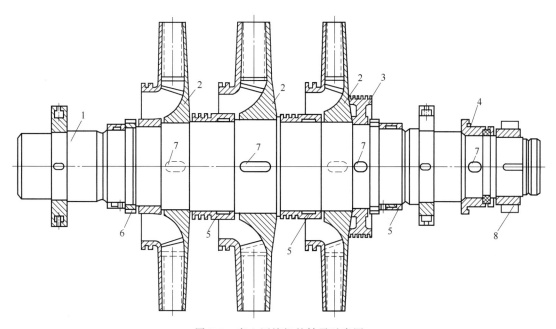

图 7-3 离心压缩机的转子示意图
1—主轴;2—叶轮;3—平衡鼓;4—推力盘;5—轴套;6—螺母;7—键;8—联轴器

叶轮的结构以叶片的弯曲形式来分:
① 前弯叶片式叶轮:叶片弯曲方向与叶轮的旋转方向相同。叶片出口角>90°。
② 后弯叶片式叶轮:叶片弯曲方向与叶轮的旋转方向相反,叶片出口角<90°。
③ 径向叶片式叶轮:叶片出口方向与叶轮的半径方向一致,叶片出口角=90°。

主轴的作用就是支撑安装其上的旋转零部件(叶轮、平衡鼓等)及传递扭矩。在设计轴确定尺寸时,不仅考虑轴的强度问题,而且要仔细计算轴的临界转速。所谓临界转速,就是轴的转速等于轴的固有频率时的转速。

在多级离心压缩机中,由于每级叶轮两侧的气体作用力不一致,就会使转子受到一个指向低压端的合力,这个合力,我们称为轴向力。轴向力对于压缩机的正常运转是不利的,它使转子向一端窜动,甚至使转子与机壳相碰,发生事故。因此应设法平衡它,平衡鼓就是利用它的两侧气体的压力差来平衡轴向力的零件。热套在主轴上,通常平衡鼓只平衡一部分轴向力,剩余的轴向力由止推轴承来承受。推力盘是固定在主轴上的止推轴承中的一部分,它的作用就是将转子剩余的轴向力通过油膜作用在止推轴承上,同时还确定了转子与固定元件的位置。

2. 定子

离心压缩机的定子是压缩机的固定元件,由扩压器、弯道、回流器、蜗壳及机壳等组成,如图 7-4 所示。

① 扩压器:扩压器的功能主要是使从叶轮出来的具有较大动能的气流减速,把气体的动能有效地转化为压力能。扩压器一般分为:无叶扩压器、叶片扩压器、直壁式扩压器。
② 弯道:其作用是使气流转弯进入回流器,气流在转弯时略有加速。
③ 回流器:其作用是使气流按所需方向均匀地进入下一级。
④ 蜗壳:其主要作用是把扩压器后面或叶轮后面的气体汇集起来,并把它们引出压缩

机,流向输送管道或气体冷却器,此外,在汇聚气体过程中,大多数情况下,由于蜗壳外径逐渐增大和流通面积的逐渐增大,也起到了一定的降速扩压作用。

⑤ 轴承。

径向轴承:用于支撑转子使其高速旋转。离心压缩机采用最早和最普遍的轴承是圆柱瓦轴承,后来逐渐采用椭圆瓦轴承、多油楔轴承和可倾瓦轴承。

圆柱瓦轴承由上下两半瓦组成,并用螺钉连接在一起,为保证上下瓦对正,中心设有销钉定位,轴瓦内孔浇铸巴氏合金(轴承合金),它具有质软、熔点低和耐热磨特性良好等特点,润滑油由下轴承垫块上的油孔进入轴

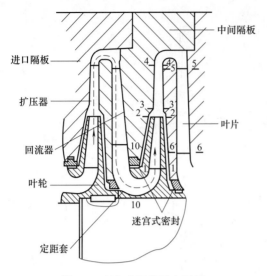

图 7-4　离心式压缩机中间级
1—叶轮进口截面;2—叶片叶道进口截面;3—叶轮出口截面;
4—扩压器进口截面;5—扩压器出口截面;6—回流器进口截面;
7—回流器出口截面(即级的出口截面)

瓦并由轴颈带入油楔,经由轴承的两端面进入轴承箱内。这种轴承在低速重载时轴颈处于较大的偏心距下工作,因而工作是稳定的,但在高速轻载下处于非常小的偏心距下工作,对于高速轻载转子很不稳定,圆柱瓦轴承很少采用。

椭圆瓦轴承的轴瓦内表面呈椭圆形,上下半瓦用螺钉连接在一起,轴瓦内表面浇铸巴氏合金,轴颈在旋转中形成上下两部分油膜,这两部分油膜压力产生的合力与外载荷平衡。这种轴承与圆柱瓦轴承相比稳定性好,可减小运转中轴的上下晃动,其次由于侧隙较大,沿轴向流出的油量大,散热好,轴承温度低,但这种轴承的承载能力比圆柱瓦轴承低,由于产生上下两部分油膜,功率消耗大,椭圆瓦轴承在垂直方向的抗振特性好,水平方向的抗振性能较差。

多油叶轴承也称多油楔轴承,是由多块轴瓦组成,轴瓦的布置可以是对称的,也可以是非对称的,瓦块数一般为3~5块,油叶要比椭圆形轴承多,每个油叶相对于轴承中心处于较大的偏心距下工作,轴颈受多方油叶的作用,故抑制振动特性优于椭圆瓦轴承。

图 7-5 所示为可倾瓦轴承结构示意图,该轴承由多块可倾瓦块所组成,瓦块等距离沿轴颈圆周布置,瓦块背面呈弧面或球面,有的线接触,有的点接触,相当于一个支点,瓦块在轴承内可以自由摆动(5°~10°)以形成最佳油膜。这种轴承在运行中,每个瓦块都按旋转轴颈产生的液力自行调整本身的位置,每一瓦块都建立了一个最佳的油楔,由于这种轴承可倾瓦块可以自由摆动,与轴颈同步位移,在工况变化时总能形成稳定的油膜,抗振特性好,可增加转子的稳定性,故广泛用于高速轻载压缩机中。

止推轴承:作用是承受剩余的轴向力。离心压缩机在运行过程中,由于叶轮两侧存在压差,高压端与低压端也存在着压差,因此会产生轴向力,一般平衡鼓可以平衡掉70%的轴向力,而剩下30%的轴向力由止推轴承来承担,止推轴承是离心压缩机的关键部件,它的安全运行对机组的运行具有十分重要的影响。常见的推力轴承有米切尔式轴承和金斯伯雷式轴承,它们的共同点是活动多块式,在止推块下有一个支点,这个支点一般都偏离止推块

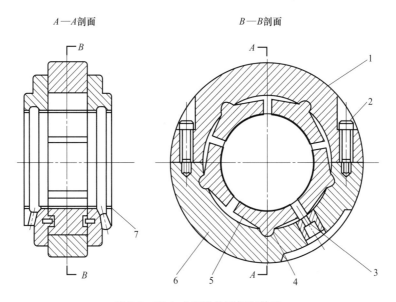

图 7-5 离心式压缩机可倾瓦轴承
1—上轴承套；2—连接螺钉；3—进油孔；4—支撑脊；5—可倾瓦块；6—下轴承套；7—挡油圈

（瓦块）的中心，止推块可以绕支点摆动，根据载荷和转速的变化形成有利的油膜。

米切尔式轴承是由推力盘、止推瓦块和基环等组成，如图 7-6 所示。止推瓦块直接与基环接触，两者之间有一个支点，一般偏离止推瓦块的中心，止推瓦块可以绕这一支点摆动，当止推瓦块受力时，可以自动调节止推瓦块的位置形成油楔，承受轴向力，在推力盘两侧布置主止推瓦块和副止推瓦块，一般为 6~12 块，正常情况下转子的轴向力通过推力盘再经过

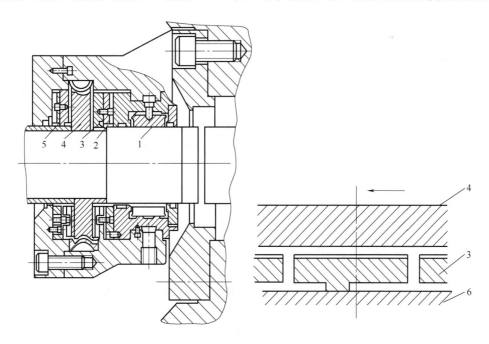

图 7-6 米切尔式轴承结构示意图
1—径向轴承瓦块；2—定距套；3,5—止推瓦块；4—推力盘；6—基环

油膜传递给主止推瓦块,然后通过基环传递给轴承座,在启动或甩负荷时可能出现反向轴向推力,此推力将由副止推瓦块来承受。

金斯伯雷式止推轴承的结构如图 7-7 所示,它是由止推瓦块、上水准瓦块(上摇块)、下水准瓦块(下摇块)和基块所组成,它们之间用球面支点接触,保证止准瓦块和水准瓦块可以自由摆动,使载荷分布均匀,当止推盘随轴发生倾斜时,止推瓦块可通过上、下水准瓦块的作用自动找平,使所有止推瓦块保持在与推力盘均匀接触的同一平面上,这样可以保证所有的止推瓦块均匀承受轴向推力,避免引起局部磨损,润滑油从轴承座与外壳之间进入,经过基环背面的油槽,并通过基环与轴颈之间的空隙进入推力盘与止推瓦块之间,推力盘转动时由于离心力的作用,油被甩出,从轴承座的上方排油口排出。

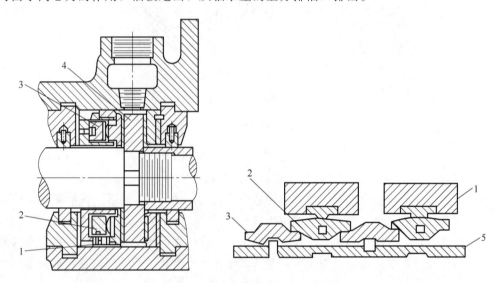

图 7-7　金斯伯雷式轴承结构示意图
1—止推瓦块;2—上水准瓦块;3—下水准瓦块;4—推力盘;5—基块

这种止推轴承的特点是载荷分布均匀,调节灵活,能补偿转子不对中的偏斜,但轴向尺寸较长,结构复杂。

3. 润滑油系统

为了保证压缩机组的安全运行,离心压缩机组需要配备完善的润滑油系统。用以向压缩机组的轴承、齿轮、增速机、电动机轴承供油,使机组动件与静件在相对运行过程中实现液体(油膜)与固体的摩擦,并带走产生的热量以及微小的金属粒子。因此,维护和调试好压缩机组的润滑油系统就显得非常重要。一般润滑油的作用有润滑减摩、冷却降温、清洁、密封、防锈蚀和减震缓冲。润滑油的性能指标一般有黏度、运动黏度、黏度指数、密度、倾点、闪点、抗氧化安定性和总碱值。

(1)润滑油系统组成

整个润滑油系统由以下主要机件组成:油箱、泵前过滤器、油泵、油冷却器、油过滤器、油气分离器、排烟风机、高位油箱、阀门及连接管路,如图 7-8 所示,一般组装在油箱的上面及周围,构成一集中式的供油系统。由操作员通过仪、电控制系统完成作业。

主路线:油箱油→泵前过滤器→油泵加压→油冷却器→油过滤器→调压阀→各润滑点→油箱

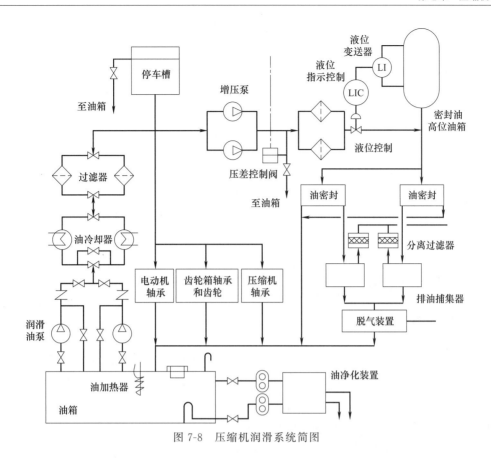

图 7-8　压缩机润滑系统简图

辅路线：油过滤器→高位油箱→窥镜→油箱
　　　　高位油箱→各润滑点→油箱

（2）其它部件

油箱：用钢板焊成的储存润滑油的箱体。设有液位计、低液位报警开关、就地温度计、电加热器以及充油口、排油阀等。

泵前过滤器：防止机械杂质进入油泵磨损部件。

油泵（介绍两种情况）：

① 润滑油系统装有两台相同流量和压力的油泵，均用电动机拖动，一个是主油泵，另一个是辅助油泵。正常工作时，只需一个油泵运行，就能满足整个油系统的需要。运行中的主油泵在工作中必须保证连续运转，辅助油泵是靠"当前油压值低于设定的油压值"自动运行的。

② 润滑油系统装有两台油泵，一台由小电动机拖动，另一台靠大电动机（压缩机配套的主电动机）拖动。因大电动机拖动的油泵一般装在电动机主轴的一端，我们习惯称之为"轴头泵"。正常工作时，靠"轴头泵"运行来满足整个油系统的需要，压缩机启动前和停车后靠小电动机拖动的油泵供油。

油冷却器：在一定范围内用来降低和调节油温。

油过滤器：一般设置两个，一个使用、一个备用。可以定期倒换，但是在机组开车前应作实验，确定是否会造成油压降低，防止运行中造成停车。

自力调压阀：用来控制总油管的压力，以保证润滑系统油压的稳定。

油气分离器、排烟风机：油气分离器装在油箱盖上，把润滑系统产生的油雾中的油气分开，分离出的油回到油箱，烟气排至大气中。一般油气分离器的排出口连接排烟风机。

高位油箱：用于停电停泵造成事故停车时的供油，以保证机组惰转过程中各润滑点的供油，确保安全。正常运转时油泵向高位油箱供油，油满后经上部溢流管回油箱，这样始终保持高位油箱充满油。

油管路：上油油管的材质为不锈钢。油管路上设有压力和温度表，以及通过相关仪控系统，必要时发出报警，启动辅助油泵和联锁停车。

(3) 机组启动前润滑油系统等的相关调试联锁试验

离心压缩机组在安装、检修结束后，正式启动前，应对润滑油系统进行全面、认真的调试工作，为离心压缩机组在运行周期内运行正常打下坚实的基础。调试工作主要包括油泵试运转，仪电控系统的完善，油泵互投试验，油压联锁报警、停车的相关试验，高位油箱的静、动态试验。

① 油泵试运转：启动油泵之前应严格按照油泵启动前的准备工作进行，特别需要注意的是，需要先通入密封气，并按要求调整密封气的压力至正常范围。为保证油泵的安全供油，应分别轮换启动两台油泵。

启动油泵后，应进行相关的检查：

a. 检查油泵运行中的振动、声音是否正常，以便及时处理泵体以及安装、调试存在的问题。例如：基础螺钉松动、泵体与电动机对中不好、泵体本身调压阀开度不合适引起的振动过高、噪声过大等。

b. 检查电动机的电流是否过载，检验电动机的配置是否合适。

对油温、油压进行调整：

a. 调整油温可以通过控制油冷却器的水量和开、停电加热器来达到设计要求的参数，需要注意的是，启动电加热器时应启动油泵，防止加热器周围油温传热不良而皂化，破坏油的质量。氧透系统正常运行中也可以依靠自力式调温阀自动完成对油温的调节。

b. 调整机组总供油压可以通过油路系统设置的手动回流阀、低压安全阀、自力式调压阀以及泵体本身带有的调压阀进行调节和控制。例如：氧透系统正常运行中是依靠自力式调压阀自动完成对油压的调节；空透系统配置的是螺杆式油泵，泵体本身就带有调压阀，可以通过调整该阀对出油泵的油压进行调整。

c. 压缩机组各润滑点的供油压力，可以通过分别设置在润滑油系统各供油管道上的节流阀进行调节。在机组启动前，应通过节流阀将各润滑点油压调整到说明书要求的"设定运行压力+60kPa"。但是需要注意的是，在机组启动后应根据机组正常运行中的实际油压再做最终调整。

② 仪电控系统的完善：随着制氧机各系统稳定性的不断提高，对离心式压缩机自动控制系统也提出了更高的要求。鉴于润滑油系统的重要性，要求其仪、电控制必须设计严密、安全可靠、满足工艺要求。

在压缩机组正式启动前，应参照机组说明书对润滑油系统油泵互投、联锁控制等相关参数进行认真的核对和检查，避免因参数设定错误而导致事故。

③ 油泵互投试验：油泵互投是在机组正常运行，运行油泵故障或断油时，备用油泵能够及时投运的仪电联锁控制。油泵互投的安全、可靠将直接关系到机组的安全性，可以避免因机组断油而导致烧瓦等事故的发生。因此，在机组启动前，必须对润滑油系统的油泵互投

进行系统、全面的试验，确保机组正常运行时的安全性。

④ 油压联锁报警、停车的相关试验：油压联锁报警、停车的相关试验目的是通过模拟压缩机正常运行时，油压降低后，微机可以立刻发出声光报警和信息提示；备用油泵联锁启动后，油压是否能够马上稳定并上升到正常值，避免机组停运；一旦油泵互投没有及时启动，机组是否能够及时停运，以达到保护机组的作用。

⑤ 高位油箱的静、动态试验：高位油箱的设置，是为了保证因断油导致压缩机停车后，机组惰转时转子与轴承的润滑，防止烧坏轴瓦。高位油箱的安装一般高于压缩机组转轴中心线 6~9m 的位置，在回油管线上设置透明窥镜，便于检查高位油箱工作是否正常。

在压缩机组初次安装或年度检修后，应对高位油箱供油情况作相应的"静态"与"动态"实验，原则上高位油箱供油的时间应大于压缩机惰转时间 3 倍以上。

（4）润滑油系统的操作

油泵的操作、倒泵的操作；油过滤器的倒换；加油。

（5）润滑系统的维护

① 油箱检查：

油位：保证各机组运行中，主油箱油位在 2/3 以上。对于氮压机，因主电动机轴承依靠轴承油箱内无压油润滑，应注意电动机油箱油位偏低时及时补加。

油质：根据规定，1 个月化验一次油质。

② 油泵检查：无异常声响，测量振动速度应<2.8mm/s。

③ 油冷却器检查：油温可以在规定范围内调节，油冷却器工作正常，无跑、冒、渗、漏，并在年度检修时对油冷却器进行清洗。

④ 油过滤器检查：油过滤器阻力<0.15MPa，并在年度检修时清洗或更换油过滤器滤芯。

⑤ 注意季节、昼夜温差对润滑油温的变化，要缓慢调整，以免对压缩机组振动造成大的影响。

⑥ 注意润滑油路系统的跑、冒、滴、漏对运行参数的影响。

总之，在压缩机组的辅助装置中，润滑油系统发挥着不可忽视的重要作用。作为操作、维护压缩机组的相关人员，应该在机组检修后，对润滑油系统进行全面、认真的调试工作；在机组正常运行时，认真点检、加强维护、按照规程操作。

4. 密封系统

离心式压缩机的密封按部位可以分为轮盖密封、平衡盘密封、级间密封和（前、后）轴封，密封的形式通常采用梳齿式、迷宫密封，机械密封，浮环密封和干气密封等。

轮盖密封和级间密封处的泄漏均属于内漏，严重的内漏会使压缩机的能量损失增加，级效率及压缩机效率下降，排气量减少。不过两者的影响机理有所不同：轮盖密封的泄漏是压缩过的气体重新回到叶轮，再进行第二次压缩，从而使级的总耗功增加。级间密封的泄漏为级间窜气，使低压级的压比增加，高压级的压比减小。平衡盘密封的泄漏虽然对压缩机的性能影响不大，但对离心式压缩机的安全运行关系极大，如图 7-9 所示。

迷宫密封又叫曲径式密封。常见的有直通形、曲折形、阶梯形、蜂窝形四种。直通形一般应用于低压，密封效果较差；曲折形应用最广泛，品种繁多，密封效果也较直通形好；阶梯形多用于平衡盘、压缩机轮盖及某些受轴向尺寸限制的场合；蜂窝形密封效果最佳，但制作工艺相对较复杂，成本较高，因结构原因对材料强度要求也较高。迷宫密封是由很多梳齿

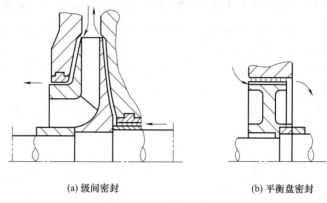

(a) 级间密封　　　　　(b) 平衡盘密封

图 7-9　级和平衡盘的密封

与很多轴套交替的凸头和凹槽组成的狭窄而曲折的汽道，漏汽每经过一个轴封梳齿压力就会降低，流动方向不断改变。在扩容室中产生涡流速度不断减弱，这样连续向后通过很多梳齿后压力降至大气压，流过轴封的蒸汽量与轴封间隙的大小和轴封梳齿的数目多少有关。轴封梳齿愈多，轴封间隙越小，漏汽量越小。

① 适宜于高转速，转速较高的情况下比低速下的密封效果反而好。

② 属于非接触密封，无须润滑，宜用于高温、高压场合，允许热膨胀，功耗少。

③ 维修简单，如果制造、装配、运行方式合理，则使用周期长。

④ 对材料要求不高，制造成本低。在无温度和防腐等特殊要求的情况下，一般可采用铝材、青铜或碳钢制成。工业汽轮机的高压端汽温＜500℃时，可用 1Cr18Ni9Ti；压缩机的气体有腐蚀作用时，可采用不锈钢箔片。

在 20 世纪 90 年代末，干气密封技术走向成熟以前，浮环密封和高压密封油组成的轴封系统因其可靠性、稳定性而在合成气机组中得到普遍应用，图 7-10 为一合成气压缩机高压缸浮环密封结构原理图。

密封液体从进油孔进入以后通过浮环和轴之间的间隙，沿轴向左右两端移动，密封液体

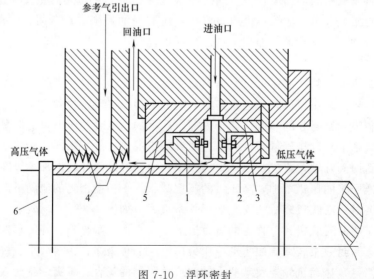

图 7-10　浮环密封

1—内浮环；2—外浮环；3—固定环；4—迷宫密封；5—轴套；6—轴

的压力应严格控制在比被密封气相介质高 0.05MPa 左右，浮环在轴上转动时被油膜浮起，为了防止浮环随轴转动，环中装有销钉，流经高压端的密封液体通过高压浮环、挡油环及甩油环，由回油孔排至油气分离器，因密封液体与高压气体间的压差很小，因此向高压端的流油量很少，这部分液体和内泄漏的液体一起排出，必须经过液气分离处理后才能继续使用，大部分的密封液体都通过三个低压浮环流出密封体经回油管排至回油箱，这部分液体没有与压缩气体接触，因此是干净的，可以直接继续使用。

干气密封在结构上与普通机械密封基本相同。其重要区别在于，干气密封其中的一个密封环上面加工有均匀分布的浅槽。运转时进入浅槽中的气体受到压缩，在密封环之间形成局部的高压区，使密封面开启，从而能在非接触状态下运行实现密封，如图 7-11 所示。

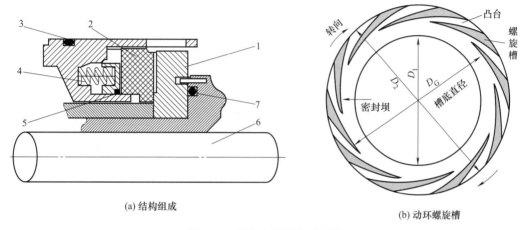

图 7-11 干气密封结构示意图
1—动环；2—静环；3,5,7—O 形密封环；4—弹簧；6—旋转轴

干气密封属于非接触式密封，基本上不受 pV 值的限制。它不需要密封润滑油，其所需的气体控制系统比油膜密封（机械或浮环密封）的油系统要简单得多。与普通的油膜密封相比，它更适合作为高速高压下的大型离心压缩机的轴封。干气密封尤其适合易燃、易爆或有毒的工艺介质气体压缩机组。根据气体介质压力及泄漏要求等的不同，干气密封轴封结构可分为单端面、双端面、串联或者串联带中间梳齿等多种不同型式；根据动环对旋转方向的作用原理，可分为单向和双向两种。

图 7-12 为一串联带中间梳齿的干气密封结构，目前的大多数离心压缩机组多半采用这种结构：机组正常运行时，进入一级密封腔室的主密封气由压缩机出口，气体经过滤并减压后提供。该股气体压力要高于工艺气压力，因此产生向压缩机内部密封齿的流动达到对工艺气的密封；同时，主密封气也会有部分经一级干气密封动、静环密封空间泄漏，进入一级放空腔室，部分以略高于大气的压力排放并燃烧掉，还有部分会进入二级密封腔室，这里通常会注入氮气作为二级密封气，经二级干气密封动、静环密封空间泄漏的气体也会排放并燃烧掉；最后，在靠近外端轴承的部分会注入分离气，使泄漏工艺气和轴承润滑油产生完全隔离。

干气密封优点：没有了密封油系统及用于驱动密封油系统运转的附加功率负荷；大大减少了计划外维修费用和生产停车；避免了工艺气体被油污染的可能性；密封气体泄漏量小；维护费用低，经济实用性好；密封驱动功率消耗小；密封寿命长，运行可靠。

缓冲气的作用：为防止由于污染引起的对干气密封造成严重损坏，污染指气体带入的液态、冷凝、沉积或颗粒物，或来自轴承的润滑油。

总之，干气密封是一种新型的无接触轴封，由它来密封旋转机器中的气体或液体介质，与其它密封相比，干气密封具有很多优点。因此在压缩机应用领域，干气密封正逐渐替代浮环密封、迷宫密封和油润滑机械密封。干气密封使用的可靠性和经济性已经被许多工程应用实例所证实。

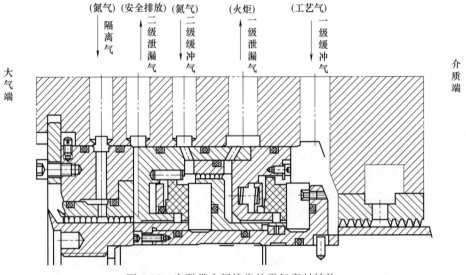

图 7-12　串联带中间梳齿的干气密封结构

5. 安全保护

为了保证压缩机的安全稳定运行，必须设置一个完整的安全保护系统。轴系仪表是大型旋转机械设备，如主风机、气压机、空压机等用来连续测量其位移、振动。由传感器、同轴电缆、前置放大器和监测仪表组成。

(1) 温度保护系统

观察、控制压缩机各缸、各段间的气体温度、冷却系统温度、润滑系统油温、主电动机定子温度以及各轴承温度，当达到一定的规定值就发出声光讯号报警和联锁停机。

(2) 压力保护系统

观察、控制压缩机各缸、各段间的气体压力、冷却系统压力、润滑系统油压，当达到一定的规定值就发出声光讯号报警和联锁停机。

(3) 流量保护系统

观察、控制压缩机冷却系统水流量，当达到一定的规定值就发出声光讯号报警。

(4) 机械保护系统

① 轴位移：轴位移保护离心式压缩机产生轴向位移，首先是由于有轴向力的存在。而轴向力的产生过程如下：在气体通过工作轮后，提高了压力，使工作轮前后承受着不同的气体压力。如果所有叶轮同向安装，则总轴向力相当可观。

从机组设计、制造、安装方面，为了平衡压缩机的轴向力，通常采取以下措施：设置平衡盘；设置止推轴承；采用双进气叶轮；叶轮背靠背安装。

但是在运行中由于平衡盘等密封件的磨损、间隙的增大、轴向力的增加、推力轴承的负荷加大，或润滑油量的不足、油温的变化等原因，使推力瓦块很快磨损，转子发生窜动，静、动件发生摩擦、碰撞，损坏机器。为此压缩机必须设置轴向位移保护系统，监视转子的轴向位置的变化，当转子的轴向位移达到一定规定值时就能发出声光讯号报警和联锁停机。

常见的轴向位移保护器的类型及工作原理如下：

电磁式：当转子发生轴向窜动时，间隙变动而引起磁组变化，两侧铁芯磁极绕组产生不同的电势，经继电器传给指示仪表。

电触式：转子窜动时，触动电触点，即发出报警或停车信号。

电涡流式：由传感器、交换器和指示器三部分组成。传感器是一个电感应线圈，由于高频信号的激励，产生一高频交变磁场，轴表面相应产生交变磁场相交链的电涡流磁场。由于间隙的变化，引起阻抗的变化，导致输出电压的变化。由变换器完成轴向位移与电压间的转换，通过指示器发出讯号。

② 轴振动：离心压缩机是高速运转的设备，运行中产生振动是不可避免的。但是振动值超出规定范围时的危害很大。对设备来说，引起机组静、动件之间摩擦、磨损、疲劳断裂和紧固件的松脱，间接和直接发生事故。对操作人员来说，振动噪声和事故都会危害健康。故此，压缩机必须设置机械振动保护系统，当振动达到一定规定值时，就能发出声光讯号报警和联锁停机。

目前，大型机组普遍应用了在线的微机处理技术，可以通过测量的数据进行采集、存储、处理、绘图、分析和诊断，为压缩机的运行维护、科学检修、专业管理提供依据。

③ 防喘振保护系统：离心压缩机是一种高速旋转的叶片式机械，它的特性是在一定的转速下运行，随着输气量的改变，排气压力、功率消耗和效率也会相应发生变化，当压缩机在某个转速下运行，压缩机的流量减少到一定程度时，会出现气体旋转脱离进而发生喘振现象，如图7-13所示，对于离心式压缩机有着很严重的危害。

发生喘振时具体危害有压缩机性能恶化，工艺参数大幅波动；对轴承产生冲击；机组静、动件碰撞，机器破坏；密封破坏，尤其是氧气压缩机，严重时大量气体外逸，引起爆炸恶性事故。为此，设置防喘振保护系统十分必要。目前大型压缩机组都设有手动和自动控制系统，即可自动和手动打开回流阀或放空阀，如图7-14所示，确保压缩机不发生喘振现象。具体各套机组防喘振保护系统的原理还会在以后章节说明。

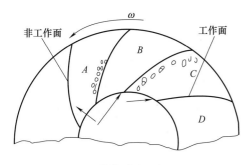

图7-13 旋转脱离现象示意图

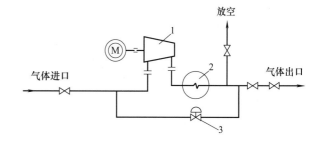

图7-14 防喘振系统简图
1—压缩机；2—气体冷却器；3—防喘振控制阀

6. 其它辅助系统

（1）离心压缩机传动系统

此系统一般通过齿轮增速箱来拖动，对于齿轮的材质要求相当高，一般采用优质合金钢，并经渗碳处理，以提高硬度，同时要求提高加工精度。在出厂前，并经严格的静、动平衡实验。平衡包括静平衡、动平衡两种。

静平衡：检查转子重心是否通过旋转轴中心。如果二者重合，它能在任意位置保持平衡；不重合，它会产生旋转，只有在某一位置时才能静止不动。通过静平衡实验，找出不平衡质量，可以在其对称部位刮掉相应的质量，以保持静平衡。

动平衡：经过静平衡试验的转子，在旋转时仍可能产生不平衡。因为每个零件的不平衡质量不是在一个平面内。当转子旋转时，它们会产生一个力矩，使轴线发生挠曲，从而产生振动，因此，转子还需要做动平衡试验。动平衡试验就是在动平衡机上使转子高速旋转，检查其不平衡情况，并设法消除其不平衡力矩的影响。

(2) 离心压缩机的冷却系统

冷却的方式主要有风冷、水冷。冷却主要包括主电动机、压缩后的气体和润滑油。

冷却主电动机：主要为了防止电动机过度温升、烧损。通常采用的冷却方式有风冷、水冷。有的大型电动机兼而有之。

冷却压缩后的气体：主要为了降低各级压缩后气体的温度，减少功率消耗。通常设置水冷却器。在一台机组上设有多个冷却器，有的一级一个，有的两级一个，这样根据冷却器的多少，又可以把压缩机分成几个段。冷却器内介质流动情况一般是管程走气，壳程走水，保证冷却效果的同时可以减少噪声。

冷却润滑油：压缩机的油站设有油冷却器，可降低油温和在一定范围内调节油温。

(3) 机前进口过滤器

压缩机如果直接吸入固体杂质，颗粒直径大于 $100\mu m$ 的在重力作用下会自然降落，小于 $0.1\mu m$ 的不致引起危害，故净除的对象是 $0.1\sim 100\mu m$ 的尘粒。显然，粒度越小越难清除。空气过滤器捕集的对象主要是 $0.1\sim 10\mu m$ 的尘粒。同时氧透机组又为了防止因摩擦导致着火、爆炸重大事故发生，故此设置机前过滤器。

四、离心压缩机常见故障现象和处理

表 7-1 离心压缩机常见故障现象、产生原因和处理方法

故障现象	产生原因	处理方法
异常振动和噪声	机器转子具有不平衡量	转子做平衡实验
	轴承损坏	更换轴承
	叶片上聚结灰尘或其它沉积物	消除积尘
	汽机暖机不足	充分暖机
	透平或压缩机轴承发生漏流	检查调整，必要时对轴瓦进行修正；提高供油温度；增加轴承负荷
	转子与静态部件接触	检查各部间隙，消除摩擦
	调速器不稳	检查调速系统，进行适当调整
	紧固螺栓变松	拧紧螺栓，检查原因
	转子变弯	测量弯度并加以校正
轴承超温	润滑不好	检查油系统压力情况
	转子振动大	见"异常振动和噪声"
	供油温度高	见"供油温度高"

续表

故障现象	产生原因	处理方法
轴承超温	油质不佳	更换润滑油,检查原因
	轴衬瓦可能有磨损或断裂	更换
	轴承间隙过小	调整
	定位不准	校正
	空气进入供油管线	在冷却器、过滤器中排除
供油温度高	润滑油变质	清洗润滑油系统,更换润滑油
	油冷却器管束表面结垢	清洗油冷却器
	油冷却器冷却水量不足	开大水量
油压降低	空气进入油泵吸入段	切换油泵
	油系统漏油	堵漏
	油过滤器堵	切换过滤器,清洗
	油压调节阀调整不当	重新调整油压调节阀
	油系统安全阀内漏或压力低	检修安全阀
	油泵间隙过大	检查油泵
	压力表失灵	更换压力表
	油质变坏,黏度下降	更换润滑油
	油量不足	补充润滑油
机器转速不稳	调速器调整不当	重新调整
	蒸汽调节阀失灵	检查并维修
	控制油压力过低	调整调节阀
	空气进入控制油系统	排除空气
	压缩机负荷变化大	稳定工况
	蒸汽压力、温度波动大	联系调度稳定蒸汽
真空度下降	凝汽器冷却效果不好	检查调节冷却水量
	抽空器工作失常	检查蒸汽压力和流量
	负荷变动过大	稳定工况
	系统不严密,漏气量大	检查堵漏

第三节 活塞压缩机

一、活塞压缩机的分类

活塞式压缩机分类的方法很多,名称也各不相同,通常有如下几种分类方法:

1. 按压缩机的气缸位置(气缸中心线)分

① 卧式压缩机:气缸均为横卧的(气缸中心线成水平方向)。
② 立式压缩机:气缸均为竖立布置的(直立压缩机)。
③ 角式压缩机:气缸布置成 L 型、V 型、W 型和星型等不同角度的,如图 7-15 所示。

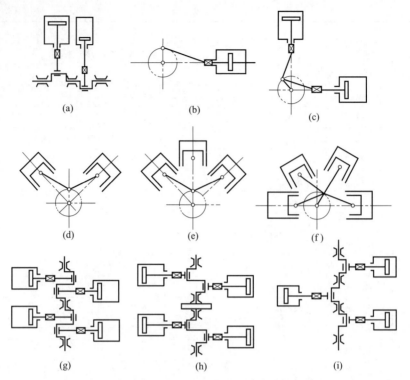

图 7-15 气缸中心线相对地平面不同位置的各种配置

2. 按压缩机气缸段数（级数）分

① 单段压缩机（单级）：气体在气缸内进行一次压缩。

② 双段压缩机（两级）：气体在气缸内进行两次压缩。

③ 多段压缩机（多级）：气体在气缸内进行多次压缩。

3. 按气缸的排列方法分

① 串联式压缩机：几个气缸依次排列于同一根轴上的多段压缩机，又称单列压缩机。

② 并列式压缩机：几个气缸平行排列于数根轴上的多级压缩机，又称双列压缩机或多列压缩机。

③ 复式压缩机：由串联和并联式共同组成多段压缩机。

④ 对称平衡式压缩机：气缸横卧排列在曲轴轴颈互成 180°的曲轴两侧，布置成 H 型，其惯性力基本能平衡（大型压缩机都朝这个方向发展）。

4. 按活塞的压缩动作分

① 单作用压缩机：气体只在活塞的一侧进行压缩，又称单动压缩机。

② 双作用压缩机：气体在活塞的两侧均能进行压缩，又称复动或多动压缩机。

③ 多缸单作用压缩机：利用活塞的一面进行压缩，而有多个气缸的压缩机。

④ 多缸双作用压缩机：利用活塞的两面进行压缩，而有多个气缸的压缩机，如图 7-16 所示。

5. 按压缩机的排气终压力分

① 低压压缩机：排气终了压力在 3~10 表压。

② 中压压缩机：排气终了压力在 10~100 表压。

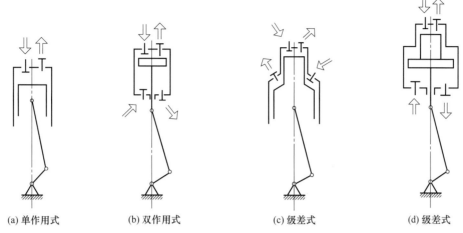

(a) 单作用式　　(b) 双作用式　　(c) 级差式　　(d) 级差式

图 7-16　活塞往复一次气缸中实现的气体压缩循环

③ 高压压缩机：排气终了压力在 100～1000 表压。
④ 超高压压缩机：排气终了压力在 1000 表压以上。

6. 按压缩机排气量的大小分

① 微型压缩机：输气量在 $1m^3/min$ 以下。
② 小型压缩机：输气量在 $1～10m^3/min$。
③ 中型压缩机：输气量在 $10～100m^3/min$。
④ 大型压缩机：输气量在 $100m^3/min$ 以上。

7. 按压缩机的转速分

① 低转速压缩机：在 200r/min 以下。
② 中转速压缩机：在 200～450r/min。
③ 高转速压缩机：在 450～1000r/min。

8. 按传动种类分

① 电动压缩机：以电动机为动力者。
② 气动压缩机：以蒸汽机为动力者。
③ 以内燃机为动力的压缩机。
④ 以汽轮机为动力的压缩机。

9. 按冷却方式分

① 水冷式压缩机：利用冷却水的循环流动而导走压缩过程中的热量。
② 风冷式压缩机：利用自身风力通过散热片而导走压缩过程中的热量。

10. 按动力机与压缩机之传动方法分

① 装置刚体联轴器直接传动压缩机或称紧贴接合压缩机。
② 装置挠性联轴器直接传动压缩机。
③ 减速齿轮传动压缩机。
④ 皮带（平皮带或 V 带）传动压缩机。
⑤ 无曲轴-连杆机构的自由活塞式压缩机。

此外，压缩机还有固定式和移动式之分，及有十字头和无十字头之分。

二、活塞压缩机的结构和工作原理

当活塞式压缩机的曲轴旋转时，通过连杆的传动，活塞便做往复运动，由气缸内壁、气缸盖和活塞顶面所构成的工作容积则会发生周期性变化。活塞式压缩机的活塞从气缸盖处开始运动时，气缸内的工作容积逐渐增大，这时，气体即沿着进气管，推开进气阀而进入气缸，直到工作容积变到最大时为止，进气阀关闭；活塞式压缩机的活塞反向运动时，气缸内工作容积缩小，气体压力升高，当气缸内压力达到并略高于排气压力时，排气阀打开，气体排出气缸，直到活塞运动到极限位置为止，排气阀关闭。当活塞式压缩机的活塞再次反向运动时，上述过程重复出现。总之，活塞式压缩机的曲轴旋转一周，活塞往复一次，气缸内相继实现进气、压缩、排气的过程，即完成一个工作循环，结构如图 7-17 所示。

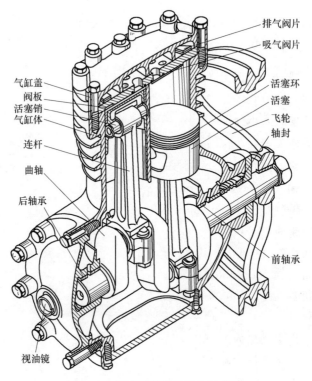

图 7-17 活塞压缩机的结构示意图

往复式压缩机由机身、中体、气缸、缸套、曲轴、连杆、十字头、十字头滑道、十字头销、活塞杆、刮油环、填料、活塞、活塞环、缸盖、气阀等组成。

1. 机身与中体

机身、中体统称为机体，它包括机身、中体、机座、曲轴箱、中间接筒、端接筒等部件，如图 7-18 所示。作用：一是作为传动机构的定位和导向部分。二是压缩机承受作用力的部分。压缩机中的作用力基本上分为两大类：内力和外力。内力是气体压力，作用在活塞和气缸盖上。内力的传递，一方面是通过活塞、曲柄连杆机构传递到主轴承和滑道上，另一方面通过缸体传递到机体上，并在主轴承和滑道上保持平衡。外力是运动部件的质量惯性力，外力的传递是由传动部件经过机体上的主轴承、滑道传递到机体外部。三是作为气缸的承座并连接某些辅助部件。

图 7-18 活塞压缩机的中体

一般采用高强度灰铸铁（HT20-40）铸成一个整体。机身与中体（滑道）有整体式和分体式。整体式保证了机身与中体的几何精度要求，同时也提高了机器的刚性和强度，加大了机器的承载能力，机器运转安全、平稳性有了可靠的保证。分体式，两者之间用凸台定位并用法兰连接，靠机械加工精度来保证主轴与滑道的垂直度，但由于加工水平所限，以及机械零件在包装运输过程中可能产生的磨损变形，所以尚须进行滑道和主轴垂直度的测量和调整。

2. 曲轴

曲轴是往复式压缩机的主要部件之一，传递着压缩机的全部功率，如图 7-19 所示。其主要作用是将电动机的旋转运动通过连杆改变为活塞的往复直线运动。曲轴在运动时，承受拉、压、剪切、弯曲和扭转的交变复合负载，工作条件恶劣，要求具有足够的强度和刚度，主轴颈与曲轴销应有足够的耐磨性，故曲轴一般采用 40、45 或 50 优质碳素钢锻造。

曲轴有两种基本形式，即曲柄轴和曲拐轴。曲柄轴结构，连同电动机轴一起，一般只有两个主轴承，对于支撑偏斜较不敏感，便于曲轴安装。曲柄轴连杆结构比较简单，便于安装，但机器比较笨重，基础庞大，只能用于卧式，一般用于微型压缩机或超高压压缩机。曲拐轴压缩机可以实现对称平衡式、角式、立式等结构形式，使压缩机结构紧凑，重量轻；另外采用曲拐轴的压缩机，在气缸列数设置方面几乎不受限制，便于满足流程要求。

图 7-19 活塞压缩机的曲轴

压缩机曲轴通常都设计成整体式，在个别情形也可把曲轴分成若干部分分别制造，然后用热压配合、法兰、键销等永久或可拆卸的连接方式组装成一体，构成组合式曲轴。现在大型压缩机曲轴采用无油孔设计（采用反向注油方式），避免了由于加工油孔所产生的应力集中现象（曲轴断裂均发生在油孔处），杜绝了曲轴断裂的发生。曲轴与电动机的连接采用刚性直连，曲轴的法兰与电动机轴的法兰是通过连接螺栓连接。

3. 连杆

连杆是曲轴与活塞间的连接件，它将曲轴的回转运动转化为活塞的往复运动，并把动力传递给活塞对气体做功。连杆包括连杆体、连杆小头衬套、连杆大头轴瓦和连杆螺栓，如图7-20所示。

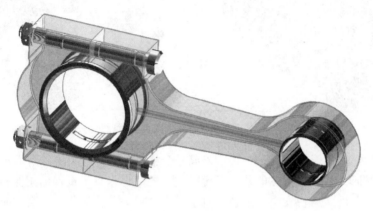

图7-20 活塞压缩机的连杆

连杆体在工作时承受拉、压交变载荷，故一般用优质碳素钢（如35、40、45钢）锻造或用球墨铸铁（如QT40-10）铸造，杆身多采用工字形截面且中间钻一长孔作为油道，连杆与大头瓦盖用螺栓进行连接。小头衬套一般采用铝合金、铜合金或钢浇注巴氏合金等制造。

4. 十字头

十字头是连接活塞与连杆的零件，它具有导向作用，如图7-21所示。

图7-21 活塞压缩机的十字头

十字头按十字头体与滑履的连接方式分为整体式和分开式两种。对于小型压缩机的十字头一般做成整体的，对于大中型压缩机则常采用分开式结构。整体式的十字头磨损后，十字头与活塞杆的不同轴度增大，不能调整，而分开式则恰恰相反。

十字头与连杆的连接分为闭式和开式两种。开式结构连杆小头处于十字头体外，这种连杆的重量较大，只有少数立式或V型压缩机采用这种结构。闭式十字头连杆与十字头采用十字头销连接，应用比较广泛。十字头按与活塞杆的连接形式分为螺纹连接、法兰连接、联轴器连接、楔连接四种。

活塞杆与十字头连接靠液压紧固工具实现（非螺纹连接），由于无螺纹，避免了加工螺纹产生的应力集中现象，保证了活塞杆与十字头连接的可靠性，同时也杜绝了活塞杆断裂事故的发生。

5. 气缸部件

气缸是活塞式压缩机中组成压缩容积的主要部分，一般采用铸铁、铸钢或锻钢制造，有的气缸为了避免气缸工作表面的磨损，采用缸套，一般采用优质的材料制成。

6. 气阀

气阀是压缩机的重要部件之一。它的正常工作才能保证压缩机实现吸气、压缩、排气、膨胀四个工作过程,如图 7-22 所示。气阀性能的好坏,直接影响到压缩机的制冷量和功率消耗。阀片的寿命更是关系到压缩机连续运转期限的重要因素。

7. 活塞部件

活塞部件是活塞、活塞杆、活塞环等的总称,如图 7-23 所示。活塞组在连杆的带动下,在气缸内作往复运动,在气阀部件的配合下完成吸入、压缩和输送气体的作用。

图 7-22 气阀

图 7-23 活塞压缩机的活塞部件

活塞的基本结构形式有:筒形、盘形、级差式、组合式、柱塞等。

① 筒形活塞一般用于小型无十字头压缩机,通过活塞销与连杆连接。

② 盘式活塞用于低、中压气缸,为减轻重量,一般铸成空心的,两个端面之间用加强筋连接,增加刚性。

③ 级差式活塞用在串联两个以上压缩级的级差式气缸中,可以由两个盘式、组合式活塞连接组成,连接方式有平面移动连接、双球型关节连接等。

④ 隔距环组合型活塞,因为在高压气缸中,活塞环的径向厚度 t 与它的直径 D 的比值比一般情况下取得大,因此在装配活塞环的时候容易发生活塞环断裂,因此将活塞制造成有隔距环的组合型活塞,隔距环的两个断面都要经过研磨。

⑤ 柱塞,当活塞直径很小时,采用活塞环密封在制造上有困难,制造成不带活塞环的柱塞结构。密封,一种是采用柱塞与气缸之间的细小间隙和柱塞上环槽所造成的曲折密封,另一种靠填料密封。活塞杆与活塞的连接通常采用圆柱凸肩连接和锥面连接。

8. 填料函部件

填料函部件作用是防止气缸内被压缩的气体从活塞杆方向泄漏至缸外,是活塞压缩机的主要易损件之一,其结构如图 7-24 所示。

对其基本要求是密封性能良好并耐用。它是由多组密封填料组成的密封组合件,它的密封功能是借助气缸内外压差力使用填料产生自紧以及自身的结构特点得到。同时必须保证良好的润滑与冷却,特别是在活塞杆直径>100mm 时。为了改善填料、活塞杆的工作条件,提高使用寿命,填料需进行良好的冷却,以带走密封圈和活塞杆的摩擦以及气体压缩散发出

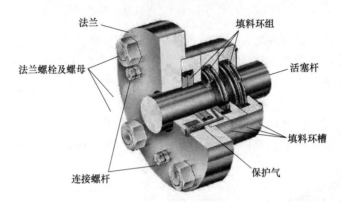

图 7-24 活塞压缩机的填料函部件

的热量。常用的冷却方法是在填料盒上开设水道，冷却水在其中环形流动。

9. 活塞压缩机的特点

（1）优点

① 活塞压缩机的适用压力范围广，不论流量大小，均能达到所需压力。

② 活塞压缩机的热效率高，单位耗电量少。

③ 适应性强，即排气范围较广，且不受压力高低的影响，能适应较广阔的压力范围和制冷量要求。

④ 活塞压缩机的可维修性强。

⑤ 活塞压缩机对材料要求低，多用普通钢铁材料，加工较容易，造价也较低廉。

⑥ 活塞压缩机技术上较为成熟，生产使用上积累了丰富的经验。

⑦ 活塞压缩机的装置系统比较简单。

（2）缺点

① 转速不高，机器大而重。

② 结构复杂，易损件多，维修量大。

③ 排气不连续，造成气流脉动。

④ 运转时有较大的震动。

在化工和石油部门的生产中，原料、半成品和成品大多是液体，而将原料制成半成品和成品，需要经过复杂的工艺过程，泵在这些过程中起到了输送液体和提供化学反应的压力、流量的作用。

三、活塞压缩机的日常维护及故障处理

1. 日常维护

① 加强计划检修率，保证压缩机按照规定周期进行检修。

② 保证润滑系统的正常运行，做到定期对润滑油进行检验，定期清理过滤网，保证每个注油器完好、注油量达到要求。

③ 每次巡检对压缩机的螺栓要进行检查，杜绝有松动的情况。

④ 每天巡检要用听棒听各段声音是否正常，观察各段压力指标，油压指标是否在正常范围内，是否有波动。

⑤ 加强在线监测，提高监测手段。

2. 故障处理

(1) 排气量不足

进气过滤器的故障：积垢堵塞，使排气量减少；吸气管太长，管径太小，致使吸气阻力增大影响了气量，要定期清洗滤清器。

压缩机转速降低使排气量降低：空气压缩机使用不当，因空气压缩机的排气量是按一定的海拔高度、吸气温度、湿度设计的，当把它使用在超过上述标准的高原上时，吸气压力降低等，排气量必然降低。

气缸、活塞、活塞环磨损严重、超差，使有关间隙增大，泄漏量增大，影响到了排气量。属于正常磨损时，需及时更换易损件，如活塞环等。

填料函不严产生漏气使气量降低。其原因首先是填料函本身制造时不合要求；其次可能是由于在安装时，活塞杆与填料函中心对中不好，产生磨损、拉伤等造成漏气；一般在填料函处加注润滑油，它起润滑、密封、冷却作用。

压缩机吸、排气阀的故障对排气量的影响：阀座与阀片间掉入金属碎片或其它杂物，关闭不严，形成漏气。这不仅影响排气量，而且还影响级间压力和温度的变化；阀座与阀片接触不严形成漏气而影响了排气量，一个是制造质量问题，如阀片翘曲等，第二是由于阀座与阀片磨损严重而形成漏气。

气阀弹簧力与气体力匹配不好。弹力过强则使阀片开启迟缓，弹力太弱则阀片关闭不及时，这些不仅影响了气量，而且会影响到功率的增加，以及气阀阀片、弹簧的寿命。同时，也会影响到气体压力和温度的变化。

压紧气阀的压紧力不当。压紧力小，则要漏气，当然太紧也不行，会使阀罩变形、损坏。气阀有了故障，阀盖必然发热，同时压力也不正常。

(2) 排气温度不正常

排气温度不正常是指其高于设计值。从理论上讲，影响排气温度增高的因素有进气温度、压力比以及压缩指数。实际情况影响到吸气温度高的因素如：中间冷却效率低，或者中冷器内水垢结多影响到换热，则后面级的吸气温度必然要高，排气温度也会高。气阀漏气，活塞环漏气，不仅影响到排气温度升高，而且也会使级间压力变化，只要压力比高于正常值就会使排气温度升高。此外，水冷式机器，缺水或水量不足均会使排气温度升高。

(3) 压力不正常以及排气压力降低

压缩机排出的气量在额定压力下不能满足使用者的流量要求，则排气压力必然要降低，所以排气压力降低是现象，其实质是排气量不能满足使用者的要求。此时，只好另换一台排气压力相同而排气量大的机器。影响级间压力不正常的主要原因是气阀漏气或活塞环磨损后漏气，故应从这些方面去找原因和采取措施。

(4) 不正常的响声

压缩机若某些件发生故障时，将会发出异常响声，一般来讲，操作人员是可以判别出异常响声的。活塞与缸盖间隙过小，直接撞击；活塞杆与活塞连接螺母松动或脱扣，活塞端面丝堵损坏，活塞向上窜动碰撞气缸盖，气缸中掉入金属碎片以及气缸中积聚水分等均可在气缸内发出敲击声。曲轴箱内曲轴瓦螺栓、螺母、连杆螺栓、十字头螺栓松动、脱扣、折断等，轴径磨损严重、间隙增大，十字头销与衬套配合间隙过大或磨损严重等均可在曲轴箱内发出撞击声。排气阀片折断，阀弹簧松软或损坏，负荷调节器调得不当等均可在阀腔内发出敲击声。由此去找故障和采取措施。

（5）过热故障

在曲轴和轴承、十字头与滑板、填料与活塞杆等摩擦处，温度超过规定的数值称为过热。过热所带来的后果：一是加快摩擦副间的磨损，二是过热量不断积聚直至烧毁摩擦面从而造成机器重大的事故。造成轴承过热的原因主要有：轴承与轴颈贴合不均匀或接触面积过小；轴承偏斜，曲轴弯曲、扭；润滑油黏度太小，油路堵塞，油泵有故障造成断油等；安装时没有找平，没有找好间隙，主轴与电动机轴没有找正，两轴有倾斜等。

（6）主轴瓦拉伤

原因是多方面的，实际生产应用表明，其主要原因如下：

① 设计过小或轴瓦刮研不好，配合接触不良。

② 油路部分堵塞，供油不足。

③ 润滑油进水。

④ 油温过高，润滑油黏度降低。

⑤ 机油滤清不良，有尘或其它异物。

（7）曲轴箱响的原因分析

连杆螺栓断裂，其原因有装配时连杆拧得太紧，承受过大的预紧力，预制时，产生偏斜，连杆螺钉承受不均匀的载荷；轴承瓦（大头瓦）在轴承中晃动或大头瓦与曲柄销间隙过大，因而连杆螺钉承受过大的冲击载荷；供油不足，使连杆轴承发热，或活塞有卡死现象，或超负荷运转时，连杆承受过大的应力；材质不符合要求，在较大的交变载荷冲击下，连杆螺钉因疲劳而断裂。连杆螺母、轴承盖螺钉、十字头螺母松动将引起响声。主轴承、连杆大头、小头瓦、十字头滑道等间隙过大，发出不正常声音。曲轴与联轴器配合松动。十字头滑板与滑道间隙过大，或滑板松动；十字头销过紧或断油引起发热、烧坏。

思考与练习

7-1 离心式压缩机由哪些主要零件组成？

7-2 什么是离心式压缩机的喘振？如何防止喘振的发生？

7-3 离心式压缩机排气量的调节方法有哪些？

7-4 活塞式压缩机由哪些主要零件组成？

7-5 活塞式压缩机的主要性能参数有哪些？

7-6 活塞式压缩机排气量的调节方法有哪些？

7-7 为什么要对压缩机进行润滑和冷却？

7-8 活塞式压缩机的润滑和冷却方式有哪些？

第八章

换 热 设 备

本章学习指导

● **能力目标**
  • 能比较熟练地应用有关标准规范，根据工艺要求及换热设备特点，正确选择、使用和维护换热设备。

● **知识点**
  • 了解换热设备的类型及在化工生产中的应用；
  • 掌握管壳式换热器的结构特点；
  • 了解换热设备的维护及清洗。

换热设备是目前化工生产中应用最广泛的典型工艺设备之一；在炼油、化工生产中，绝大多数的工艺过程都有加热、冷却、汽化和冷凝等，这些过程均涉及热量的传递过程。而热量的传递过程就需要通过换热设备来完成，这些使传热过程得以实现的设备称为换热设备。换热设备广泛使用在化工、炼油、食品、轻工、能源、制药、机械及其它许多工业部门。本章主要介绍换热设备的应用与分类，重点学习管壳式换热器的类型、结构、特点及相关标准；简单介绍其它类型换热器及换热设备的使用与维护等。

第一节 换热设备的应用与分类

一、换热设备的应用

在化工生产中，一般都包含有化学反应过程。为了使化学反应顺利进行，适宜的反应温度是非常重要的外部条件。即使在一些采用物理方法处理的生产过程中，提高或降低物料的温度，也有利于获得更好的处理效果（如传质过程等）。因此，在工艺流程中常常需要将低温流体加热或将高温流体冷却，将液体汽化成气体或将气体冷凝成液体，这些过程都与热量传递密切相关，都可通过换热设备来实现。换热设备是一种实现不同温度的物料之间热量传递的设备，应用的领域非常广泛。在化工厂中，换热设备的投资约占总投资的 $10\%\sim20\%$；在炼油厂中，约占总投资的 $35\%\sim40\%$。近年来随着节能技术的发展，换热设备在工业余热的回收和热能的综合利用方面带来了显著的经济效益。

二、换热设备的分类及特点

在化工生产中，由于用途、工作条件和物料特性的不同，出现了各种不同形式和结构的换热设备。换热设备有不同的分类方法。

1. 按换热设备作用原理分类

（1）直接接触式换热器

冷热流体通过直接混合进行热量交换的设备称为直接接触式换热器，或混合式换热器，如冷却塔、冷却冷凝器、在传质的同时进行传热的塔设备等。它的优点是结构简单，传热效率高，但只适用于允许两流体混合的场合，如图 8-1 所示。

（2）蓄热式换热器

蓄热式换热器是利用冷热两种流体交替通过换热器内的同一通道内的蓄热材料而进行热量传递，如图 8-2 所示。当热流体通过时，把热量传给换热器内的蓄热体（如固体填料、多孔格子砖等），待冷流体通过时，将积蓄的热量带走。由于冷、热流体交替通过同一通道，不可避免地会有两种流体的少量混合。因此，不能用于两流体不允许混合的场合。

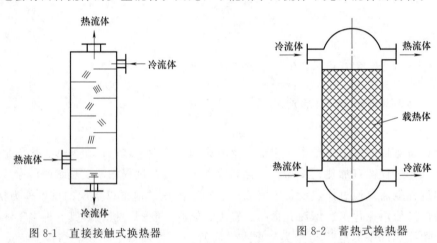

图 8-1　直接接触式换热器　　　　图 8-2　蓄热式换热器

（3）间壁式换热器

间壁式换热器内的冷流体和热流体被固定壁面隔开，通过固体壁面（传热面）进行热量传递。间壁式换热器的特点是能将冷、热两种流体截然分开，适应了生产的要求，故应用最为广泛。

2. 按换热器的用途分类

① 预热器：用于流体的预热，以提高整套工艺装置的效率。

② 加热器：用于把流体加热到所需温度，被加热流体在加热过程中不发生相变。

③ 过热器：用于加热饱和蒸汽，使其达到过热状态。

④ 蒸发器：用于加热液体，使之蒸发汽化。

⑤ 再沸器：为蒸馏过程的专用设备，用于加热已被冷凝的液体，使之再受热汽化。

⑥ 冷却器：用于冷却流体，使之达到所需要的温度。

⑦ 冷凝器：用于冷却凝结性饱和蒸汽，使之放出潜热而凝结液化。

3. 按换热器传热面形状和结构分类

① 管式换热器：管式换热器通过管子壁面进行传热，按换热管的结构形式可分为管壳

式换热器、套管式换热器、蛇管式换热器等几种。

② 板面式换热器：板面式换热器通过板面进行传热，按传热板的结构形式可分为平板式换热器、螺旋板式换热器、板翅式换热器、板壳式换热器等。

③ 特殊形式换热器：此类换热器是指根据工艺特殊要求而设计的具有特殊结构的换热器。如回转式换热器、热管换热器、回流式换热器等。

由于管式换热器具有结构坚固、操作弹性大和使用材料范围广等优点，尤其在高温、高压和大型换热设备中占有相当优势。但这类换热器在换热效率、设备结构的紧凑性和金属消耗量等方面均不如其它新型的换热设备，如板面式、板翅式换热器。故在实际生产中，要根据具体情况选择合适的换热器。

三、换热设备选型

换热设备有多种多样的形式，每种结构形式的换热设备都有其本身的结构特点和工作特性。有些结构形式，在某种情况下使用状况良好，但是，在另外的情况下，却不太合适，或就根本不能使用。只有熟悉和掌握这些特点，并根据生产工艺的具体情况，才能进行合理的选型和正确的设计。

换热器选型时需要考虑的因素很多，主要包括流体的性质、压力、温度、压降及其可允许范围，对清洗、维修的要求；材料价格及制造成本，动力消耗费；现场安装和检修的方便程度；壁面工作温度；使用寿命和可靠性等。

要使一台换热器完全满足上述全部条件几乎是不可能的。一般情况下，在满足生产工艺条件的前提下，仅考虑一个或几个相对重要的影响因素就可以进行选型了。其基本的选择标准为：

① 所选换热器必须满足工艺过程要求，流体经过换热器换热以后必须能够以要求的参数进入下个工艺流程；

② 换热器本身必须能够在所要求的工程实际环境下正常工作，换热器需要能够抗工程环境和介质的腐蚀，并且具有合理的抗结垢性能；

③ 换热器应容易维护，这就要求换热器容易清理，对于容易腐蚀、振动等破坏的元件应易于更换，换热器应满足工程实际场地的要求；

④ 换热器经济性要好，选用时应综合考虑换热器的安装费用、维护费用等，应使换热器综合费用低；

⑤ 选用换热器时要根据场地的限制考虑换热器的直径、长度、重量和换热管结构等。

流体的种类、热导率、黏度等物理性质，以及腐蚀性、热敏性等化学性质，对换热器选型有很大的影响。例如冷却湿氯气时，湿氯气的强腐蚀性决定了设备必须选用聚四氟乙烯等耐腐蚀材料，限制了可能采用的结构范围。对于处理热敏性流体的换热器，要求能有效地控制加热过程中的温度和停留时间。对于易结垢的流体，应选用易清洗的换热器。

换热介质的压力、温度等参数对选型也有影响。如在高温和高压条件下操作的大型换热器，需要承受高温、高压，可选用管壳式换热器。若操作温度和压力都不高，处理的量又不大，处理的物料具有腐蚀性，可选用板面式换热器。因为板面式换热器具有传热效率高、结构紧凑和金属材料消耗低等优点。

在换热器选型时，还应考虑材料的价格、制造成本、动力消耗费和使用寿命等因素，力求使换热器在整个使用寿命内最经济地运行。

第二节 管壳式换热器

管壳式换热器虽然在传热效率、结构紧凑性、金属消耗量等方面不及板面式换热器等其它新型换热装置，但是它具有结构坚固、操作弹性大、处理量大、材料范围广、适应性强等自身独特的优点，因而它能够在各种换热器的竞相发展中得以继续存在，目前仍然是化工生产中换热设备的主要形式，特别是在高温、高压和大型换热器中占有绝对优势。

一、管壳式换热器的主要结构类型及特点

管壳式换热器由管束、管板、壳体、各种接管等主要部件组成。根据其结构特点，可分为固定管板式、浮头式、U形管式、填料函式等四种形式。

1. 固定管板式换热器

固定管板式换热器的管束两端通过焊接或胀接固定在管板上，同时，管板与壳体焊接，如图8-3所示。它的优点是结构简单，在同一内径的壳体中布管数多，管程清洗容易，造价较低，堵管和更换管子方便。但壳程清洗困难，且管程和壳程介质温差较大时，温差应力也大，故常需设置温差补偿装置。固定管板式换热器适用于壳程介质清洁、两流体温差较小的场合。

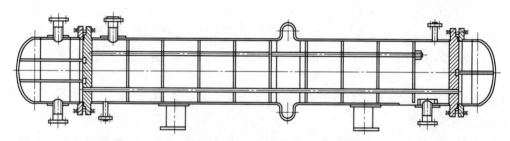

图8-3 固定管板式换热器

2. 浮头式换热器

浮头式换热器一端管板与法兰用螺栓固定，另一端可在壳体内自由移动（称为浮头），见图8-4。浮头式换热器由浮头管板、钩圈和浮头端盖所组成。此结构的优点是管束可以抽出，便于管子内外清洗，管束伸长不受约束，不会产生温差应力。缺点是结构较复杂，造价较高，若浮头密封失效，将导致两种介质的混合，且不易觉察。浮头式换热器适用于两流体

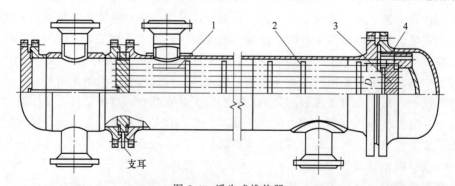

图8-4 浮头式换热器
1—防冲板；2—挡板；3—浮头管板；4—钩圈

温差较大且容易结垢需经常清洗的场合。

3. U形管式换热器

U形管式换热器内只有一块管板,管束弯成U形,管子两端都固定在一块管板上,如图8-5所示。其优点是管束可以抽出清洗,操作时不会产生温差应力。缺点是由于受弯管曲率半径的影响,布管较少,管板利用率低,壳程流体易形成短路,管内难以清洗,拆修更换管子困难。U形管换热器适用于两流体温差大,特别是管内流体清洁的高温、高压、介质腐蚀性强的场合。

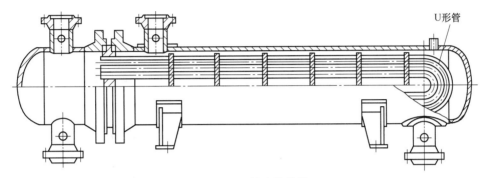

图8-5 U形管式换热器

4. 填料函式换热器

填料函式换热器如图8-6所示。两管板中一块与法兰通过螺栓固定连接,另一块类似于浮头,与壳体间隙处通过填料密封,可作一定量的移动。此结构的特点是结构较简单,加工、制造、检修、清洗较方便,但填料密封处易产生泄漏。填料函式换热器适用于压力和温度都不高、非易燃、难挥发的介质传热。

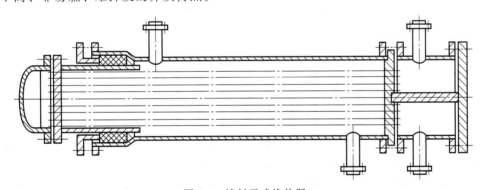

图8-6 填料函式换热器

二、管壳式换热器的主要部件

流体流经换热管内的通道及与其相贯通部分称为管程,流体流经换热管外的通道及与其相贯通部分称为壳程。

(一) 管程结构

1. 换热管

(1) 换热管结构

换热管形式除光管外,还可采用各种各样的强化传热管,提高总传热系数,达到强化传热的目的,如翅片管、螺旋槽管、螺纹管等。当管内外两侧给热系数相差较大时,翅片管的翅片应布置在给热系数低的一侧。

(2) 换热管尺寸

一般用外径与壁厚来表示,常用的有 $\phi 19mm \times 2mm$、$\phi 25mm \times 2.5mm$、$\phi 38mm \times 2.5mm$ 的无缝钢管以及 $\phi 25mm \times 2mm$、$\phi 38mm \times 2.5mm$ 的不锈钢管。标准管长有 1.5m、2.0m、3.0m、4.5m、6.0m、9.0m 等。采用小管径,可增大单位体积的传热面积,使传热系数提高,结构紧凑,金属消耗少。但流体阻力增加、不便清洗、容易堵塞。一般情况下,小管径用于较清洁的流体,而大管径适合用于流体黏度大或污浊易结垢的场合。

(3) 换热管的材料

换热管材料应根据工艺条件和介质腐蚀性来选择。常用的金属材料包括碳素钢、低合金钢、不锈钢和铜、铝、钛等有色金属及其合金;非金属材料包括石墨、陶瓷、聚四氟乙烯等。

(4) 换热管的排列形式

换热管在管板上主要以正三角形、转角正三角形、正方形及转角正方形等四种形式排列,如图 8-7 所示。其中正三角形可以在同样的管板面积上排列最多的管数,故用得最为普遍,但管外不易清洗。而正方形排列最便于管外清洗,多用在壳程流体不洁净的情况下。换热管之间的中心距一般不小于管外径的 1.25 倍。

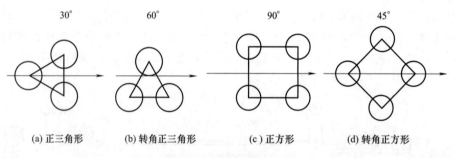

图 8-7 换热管排列形式

2. 管板

管板是管壳式换热器最重要的零部件之一,用来排布换热管,将管程和壳程的流体分隔开来,避免冷、热流体混合,并同时受管程、壳程压力和温度的作用。

在选择管板材料时,除力学性能外,还应考虑管程和壳程流体的腐蚀性,以及管板和换热管之间的电位差对腐蚀的影响。当流体无腐蚀性或有轻微腐蚀性时,管板一般采用压力容器用碳素钢或低合金钢板或锻件制造。

管板的结构形式与换热器类型及壳体的连接方式有关。固定管板式换热器的管板与壳体连接一般采用不可拆结构,管板焊在壳体上,其结构形式分为管板兼作法兰和不兼作法兰两种,如图 8-8 (a)、(b) 所示。

固定管板式换热器由于管板厚度大,而壳体较薄,且管板与壳体材料又往往不相同,为了保证焊接质量和必要的连接强度,应根据操作压力、温度和介质对材料的腐蚀情况确定不同的焊接形式。对于不兼作法兰的管板,其受力情况优于兼作法兰的管板,它不受法兰附加力矩的影响。

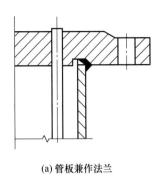
(a) 管板兼作法兰

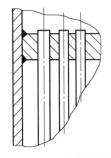
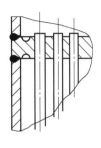
(b) 管板不兼作法兰

图 8-8　固定管板结构

对于需将管束抽出来清洗的浮头式、U形管式和填料函式换热器，三者的固定管板一般不兼作法兰，不受法兰力矩的作用，与壳体则采用可拆式连接，常见结构如图 8-9（a）、（b）所示。

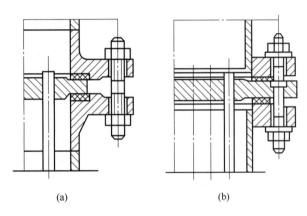

(a)　　　　　　　　　　(b)

图 8-9　管板与壳体可拆结构

3. 管子在管板上的连接

换热管与管板连接是管壳式换热器设计、制造最关键的技术之一，是换热器事故率最多的部位。所以换热管与管板连接质量的好坏，直接影响换热器的使用寿命。管子在管板上的连接方式有强度胀接、强度焊接、胀焊结合几种方式。

（1）强度胀接

强度胀接是指保证换热管与管板连接密封性能和抗拉脱强度的胀接。采用的方法有机械胀管法和液压胀管法。

具体过程是，将换热管穿入管板板孔内，再将胀管器插入管内，一般按顺时针方向旋转胀管器，利用胀管器的滚柱将管子扩大，使管端产生塑性变形，管板孔的变形仍保持在弹性范围内，当取出胀管器后管板恢复弹性收缩，使管子与管板间产生一定的挤压力而紧密地贴合在一起，从而达到管子与管板连接的目的，如图 8-10 所示。

这种连接结构随着温度的升高，管子或管板材料会产生高温蠕变，使接头处应力松弛或逐渐消失而使连接处引起泄漏，造成连接失效。故对胀接结构的使用温度和压力都有一定的限制。使用温度不超过 300℃，压力不得超过 4MPa。

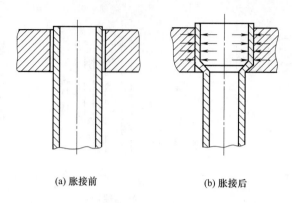

(a) 胀接前　　　(b) 胀接后

图 8-10　强度胀接

（2）强度焊接

强度焊接是指保证换热管与管板连接密封性和抗拉脱强度的焊接。其特点是适应范围广，连接结构可靠，管板的加工要求低，生产过程简单，生产效率高。管子与管板选材要求简化，管端也不需退火，在压力不高的情况下，可使用较薄的管板。

由于是金属焊接，在冷却收缩时，焊接处容易产生裂纹，容易在接头处产生应力腐蚀。尤其是在高温高压下，连接处反复受到热冲击，并在介质腐蚀和介质压力联合作用下，连接容易失效。故不适应于有较大振动和容易产生间隙腐蚀的场合。

（3）胀焊结合

采用强度胀接虽然管子与管板孔贴合较好，但在压力与温度有变化时，抗疲劳性能差，连接处易产生松动；而采用强度焊接时，虽然强度和密封性能好，但管子与管板孔壁处有环形缝隙，易产生间隙腐蚀。故工程上常采用胀焊结合的方法来改善连接处的状况。按目的不同，胀焊结合有强度胀加密封焊、强度焊加密封胀、强度胀加强度焊等几种方式。按顺序不同，又有先胀后焊与先焊后胀之分。但一般采用先焊后胀，以免先胀时残留的润滑油影响后焊的焊接质量。

4. 管箱

壳体直径较大的换热器大多采用管箱结构。管箱是位于换热器两端的重要部件。它的作用是接纳由进口管来的流体，并分配到各换热管内，或是汇集由换热管流出的流体，将其送入排出管输出。常用的管箱结构如图 8-11 所示。

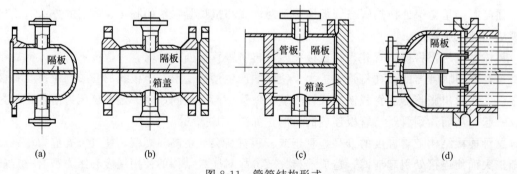

(a)　　　(b)　　　(c)　　　(d)

图 8-11　管箱结构形式

管箱的结构与换热器是否需要清洗和是否需要分程等因素有关。图 8-11（a）所示管箱，是双程带流体进出口管的结构。在检查及清洗管内时，需拆下连接管道，故只适应管内走清洁流体的情况。图 8-11（b）为在管箱上装箱盖，检查与清洗管内时，只需拆下箱盖即可，但材料消耗较多。图 8-11（c）是将管箱与管板焊成一体，在管板密封处不会产生泄漏，但管箱不能单独拆卸，检查与清洗不便，已较少采用。图 8-11（d）为一种多程隔板的安置形式。

（二）壳程结构

1. 壳体

壳体一般是一个圆筒，在壳壁上焊有接管，供壳程流体进入和排出之用。为防止进口流体直接冲击管束而造成管子的侵蚀和振动，在壳程进口接管处常装有防冲挡板，或称缓冲板。当壳体法兰采用高颈法兰或壳程进出口接管直径较大或采用活动管板时，壳程进出口接管距管板较远，流体停滞区过大，靠近两端管板的传热面积利用率很低。为克服这一缺点，可采用导流筒结构。导流筒除可减小流体停滞区，改善两端流体的分布，增加换热管的有效换热长度，提高传热效率外，还起防冲挡板的作用，保护管束免受冲击。

2. 折流板

在换热器中设置折流板是为了提高壳程流体的流速，增加流体流动的湍动程度，控制壳程流体的流动方向与管束垂直，以增大传热系数。在卧式换热器中，折流板还起着支撑管束的作用。常用的折流板有弓形与圆盘-圆环形两种。

弓形折流板有单弓形、双弓形和三弓形三种形式，多弓形适应壳体直径较大的换热器，其安装位置可以是水平、垂直或旋转一定角度，如图 8-12 所示。

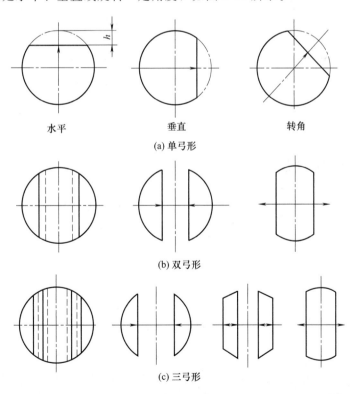

图 8-12 弓形板结构形式

弓形折流板的缺口高度应使流体通过缺口时与横向流过管束时的流速大致相等，一般情况下，取缺口高度为 0.25 倍壳体内径。折流板一般在壳体轴线方向按等距离布置。最小间距不小于 0.2 倍壳体内径，且不小于 50mm；最大间距应不大于壳体内径。管束两端的折流板应尽量靠近壳体的进、出口接管。折流板上管孔与换热管之间的间隙及折流板与壳体内壁的间隙要符合要求。间隙过大，会因短路现象严重而影响传热效果，且易引起振动，间隙过小会使安装、拆卸困难。

圆盘-圆环形折流板由于结构比较复杂，不便于清洗，一般用于压力较高和物料清洁的场合，其结构如图 8-13 所示。

 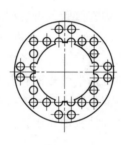

图 8-13　圆盘-圆环形折流板

3. 挡板

当选用浮头式、U 形管式或填料函式换热器时，在管束与壳体内壁之间有较大环形空隙，形成短路现象而影响传热效果。对此，可增设旁路挡板，以迫使壳程流体垂直通过管束进行换热。旁路挡板数量可取 2~4 对，一般为 2 对。挡板可用钢板或扁钢制作，材质一般与折流板相同。挡板常采用嵌入折流板的方式安装。先在折流板上铣出凹槽，将条状旁路挡板嵌入折流板，并点焊固定。旁路挡板结构如图 8-14 所示。

在 U 形管换热器中，U 形管束中心部分有较大的间隙，流体在此处走短路而影响传热效率。对此，可采取在 U 形管束中间通道处设置中间挡板的办法解决。中间挡板数一般不超过 4 块。中间挡板可与折流板点焊固定，如图 8-15 所示。

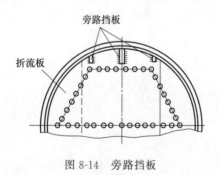 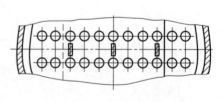

图 8-14　旁路挡板　　　　　图 8-15　中间挡板

三、管壳式换热器标准简介

1. 标准体系

为了适应生产发展的需要，中国对使用较多的换热器实行了标准化。可选用的标准有 NB/T 47045—2015《钎焊板式热交换器》、NB/T 47048—2015《螺旋板式热交换器》、

HG/T 3187—2012《矩形块孔式石墨换热器》、GB/T 29466—2012《板式热交换器机组》、GB/T 151—2014《热交换器》和 GB/T 28712—2012《热交换器型式与基本参数》等。其中 GB/T 151—2014《热交换器》是中国颁布的第一部非直接受火钢制管壳式换热器的国家标准，适用的换热器型式有固定管板式、浮头式、U 形管式和填料函式。换热器的设计、制造、检验和验收都必须遵循该规定。

2. 管壳式换热器型号表示方法

在管壳式换热器中，增加换热管数量可增加换热器面积，但当流量一定时，介质在管束中的流速随着换热管的增加而下降，结果反而使流体的对流系数降低，故增加换热管不一定达到所需的换热要求。故可将管束分成若干程数，使流体依次流过各程换热管，以增加流体流速，提高对流系数。

流体介质自换热管内沿换热管长度方向往返的次数即管程数，一般为偶数，主要有 1、2、4、6、8、10、12 等。流体介质在壳程内沿壳体轴向往返的次数，一般为单壳程，最多双壳程。

管壳式换热器的管束分为 I 级和 II 级。I 级的管束采用较高级冷拔换热管，适用于无相变传热和易产生振动的场合；II 级的管束采用普通级冷拔换热管，适用于重沸、冷凝传热和无振动的一般场合。

管壳式换热器的型号按如下方式表示：

$$\times\times\times \quad DN\text{-}p_t/p_s\text{-}A\text{-}LN/d\text{-}N_t/N_s \quad \text{I（或 II）}$$

符号说明：×××，第一个字母表示前端管箱形式，第二个字母表示壳体形式，第三个字母表示后端结构形式，见表 8-1；DN 为公称直径，mm，对于釜式重沸器用分数表示，分子为管箱内径，分母为圆筒内直径；p_t/p_s 为管程与壳程压力之比，两者压力相等时只写 p_t，MPa；A 为公称换热面积，m^2；LN 为公称长度，m，d 为换热管外径，mm；N_t/N_s 为管程数与壳程数之比，单壳程数只写 N_t。

换热器类型标记示例：

(1) 固定管板式换热器

封头管箱，公称直径 700mm，管程设计压力为 2.5MPa，壳程设计压力为 1.6MPa，公称换热面积为 $200m^2$，较高级冷拔换热管，外径 25mm、管长 9m，4 管程单壳程的固定管板式换热器，标记为

$$\text{BEM 700-2.5/1.6-200-9/25-4 I}$$

(2) 浮头式换热器

平盖管箱，公称直径 500mm，管程和壳程设计压力均为 1.6MPa，公称换热面积为 $54m^2$，较高级冷拔换热管，外径 25mm、管长 6m，4 管程单壳程的浮头式换热器，标记为

$$\text{AES 500-1.6-54-6/25-4 I}$$

(3) U 形管式换热器

封头管箱，公称直径 500mm，管程设计压力 4MPa，壳程设计压力 1.6MPa，公称换热面积 $75m^2$，较高级冷拔换热管外径 19mm、管长 6m，2 管程单壳程的 U 形管式换热器，其型号为

$$\text{BIU 500-4.0/1.6-75-6/19-2 I}$$

表 8-1 管壳式换热器主要部件代号

前端管箱形式		壳体形式		后端结构形式	
A	平盖管箱	E	单程壳体	L	与A相似的固定管板结构
B	封头管箱	F	具有纵向隔板的双程壳体	M	与B相似的固定管板结构
		G	分流	N	与C相似的固定管板结构
C	用于可拆管束与管板制成一体的管箱	H	双分流	P	填料函式浮头
		I	U形管式换热器	S	钩圈式浮头
		J	无隔板分流(或冷凝器壳体)	T	可抽式浮头
N	与管板制成一体的固定管板管箱	K	釜式重沸器	U	U形管束
D	特殊高压管箱	O	外导流	W	带套环填料函式浮头

第三节　其它类型换热器

一、板面式换热器

这类换热器都是通过板面进行传热。板面式换热器按传热板面的结构形式可分为螺旋板式换热器、板式换热器、板翅式换热器、板壳式换热器。

板面式换热器的传热性能要比管式换热器优越，由于其结构上的特点，使流体能在较低的速度下就达到湍流状态，从而强化了传热。板面式换热器采用板材制作，在大规模组织生产时，可降低设备成本，但其耐压性能比管式换热器差。

（一）螺旋板式换热器

如图 8-16 所示，螺旋板式换热器是由两张平行钢板卷制成的具有两个螺旋通道的螺旋体构成，并在其上安有端盖（或封板）和接管。两种介质分别在两个螺旋通道内作逆向流动，一种介质由一个螺旋通道的中心部分流向周边，而另一种介质则由另一个螺旋通道的周边进入，流向中心再排出，这样就形成完全逆流的操作，见图 8-17。螺旋通道的间距靠焊在钢板上的定距柱来保证。

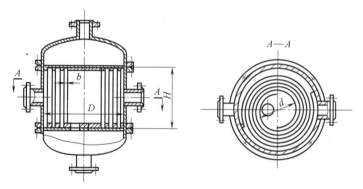

图 8-16　螺旋板式换热器结构

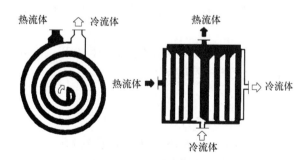

图 8-17　螺旋板式换热器介质流动方向

螺旋通道中的流体由于惯性离心力的作用和定距柱的干扰，在较低雷诺数下即达到湍流，并且允许选用较高的流速，故螺旋板式换热器的传热系数大。同时，螺旋板式换热器的结构比较紧凑，单位体积内的传热面积约为管壳式换热器的 2～3 倍；制造简单，材料利用率高；流体单通道螺旋流动，有自冲刷作用，不易结垢；可呈全逆流流动，故可在较小的温差下操作。但螺旋板式换热器的操作温度和压力不宜太高,目前最高操作压力为2MPa,温度在400℃以下;若介质发生泄漏,维修很困难。

螺旋板式换热器应用于液-液、气-液流体换热场合中,对黏度流体的加热或冷却、含有固体颗粒的悬浮液的换热,尤为适合。

(二) 板(片)式换热器

板式换热器是由一组长方形的薄金属传热板片和密封垫片以及压紧装置所组成。两相邻板片的边缘衬有垫片,压紧后板间形成密封的流体通道,且可用垫片的厚度调节通道的大小。每块板的四个角上,各开一个圆孔,其中有两个圆孔和板面上的流道相通,另两个圆孔则不相通。它们的位置在相邻板上是错开的,以分别形成两流体的通道。冷热流体交替地在板片两侧流动,通过金属板片进行换热,其流动方式如图8-18所示。

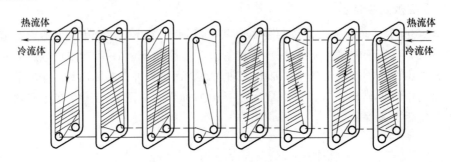

图 8-18 板式换热器的流体路径

板片表面通常压制成为波纹形,以增加板的刚度、增大流体的湍流程度、提高传热效率。两相邻板片的边缘用垫片夹紧,以防止流体泄漏,起到密封作用,同时也使板与板之间形成一定间距,构成板片间流体的通道。

板式换热器由于板片间流通的当量直径小,板形波纹使截面变化复杂,流体的扰动作用激化,在较低流速下即可达到湍流,具有较高的传热效率。同时,板式换热器还具有的优点是结构紧凑,单位体积设备所提供的换热面积大;组装灵活,可根据需要增减板片数量以调节传热面积;拆装容易,清洗和维修方便。其缺点是密封周边太长,不易密封,渗漏的可能性大;流道狭窄,易堵塞,处理量小;流动阻力大,承压能力低;受密封垫片材料耐温性能的限制,使用温度不宜过高。

板式换热器可用于处理从水到高黏度的液体的加热、冷却、冷凝、蒸发等过程,适用于经常需要清洗、工作环境要求十分紧凑等场合。

(三) 板翅式换热器

这种换热器的基本结构是在两块平行金属板(隔板)之间放置一种波纹状的金属导热翅片,在其两侧边缘以封条密封而组成单元体,对各个单元体进行不同的组合和适当的排列,并用钎焊焊牢组成的板束,把若干板束按需要组装在一起,便构成逆流、错流、错逆流等不同的流型,冷、热两种流体分别流过间隔排列的冷流层和热流层进行热量传递,如图8-19所示。

翅片是板翅式换热器的核心元件,称为二次表面,其常用形式有平直翅片、波形翅片及锯齿形翅片等。一般翅片传热面占总传热面的75%~85%,翅片与隔板间通过钎焊连接,大部分热量由翅片经隔板传出,小部分热量直接通过隔板传出。不同几何形状的翅片使流体

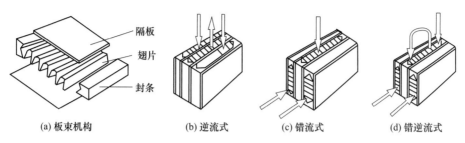

图 8-19 板翅式换热器

在流道中形成强烈的湍流,使热阻边界层不断破坏,从而有效地降低热阻,提高传热效率。另外,由于翅片焊于隔板之间,起到骨架和支承作用,使薄板单元件结构有较高的强度和承压能力。

板翅式换热器是一种传热效率较高的换热设备,其传热系数比管壳式换热器大 3~10 倍。板翅式换热器结构紧凑,单位体积内的传热面积一般都能达到 $2500\sim4370\text{m}^2/\text{m}^3$,几乎是管壳式换热器的十几倍到几十倍;由于翅片一般用铝合金制造,质量轻,在相同条件下换热器的重量只有管壳式换热器的 10%~65%;适应性广,可用作气-气、气-液和液-液的热交换,亦可用作冷凝和蒸发,同时适用于多种不同的流体在同一设备中操作,特别适用于低温或超低温的场合。其主要缺点是结构复杂,造价高,流道小,易堵塞,不易清洗,难以检修等。

二、废热锅炉

废热锅炉或余热锅炉是用以回收生产中余热产生蒸汽的换热设备。废热锅炉形式及种类繁多,但其主要设备为废热锅炉主体和汽包,也可在主体中增设蒸汽过热器、水预热器和空气预热器等。

目前,在化工生产过程中,废热锅炉不仅用来回收余热,而且是工艺流程中不可缺少的设备。如在乙烯裂解装置中,采用急冷废热锅炉使裂解炉出来的高温裂解气在 0.05s 的时间内由 800℃左右冷却到 400℃左右,以减少高温裂解气二次反应,其不仅回收余热,产生高压蒸汽,而且保证了工艺气必须急冷的工艺要求。

另外,在部分化工生产过程中,废热锅炉还用于环境治理。如炼焦厂采用湿法熄焦时,由于冷水喷洒在炽热焦炭上产生了大量的 CO_2 气体,给环境造成了严重的污染。采用干法熄焦即用惰性气体对热焦煤进行灭火冷却,再利用废热锅炉回收惰性气体的热量,这样既利用了余热,又可消除大气污染。目前,废热锅炉在乙烯、化肥等石油化工和化学工业过程中已得到广泛的应用,并获得较大的经济收益。随着化工技术的发展和生产设备的大型化,工厂的余热量越来越多,工艺条件也愈加恶劣,故对废热锅炉的设计制造要求也更高。为此世界各国对废热锅炉进行了大量的研究开发工作,使这一技术有较大的发展,其归纳如下。

① 大型化:随着现代工业的大型化,废热锅炉也趋于大型化,从而减少了设备台数,节省了投资,操作维护方便,运行可靠性得以提高。

② 高参数(高温高压):目前废热锅炉尽可能产生高压蒸汽,并将高压蒸汽逐级降压使用,使能源得到充分利用。

③ 自动化:由于工艺过程的波动,会使废热锅炉工艺气侧的操作条件发生变化,引起

废热锅炉中的波动（如蒸气压、结垢等），导致下游设备操作条件的改变，影响产品质量或正常生产。因此，大型废热锅炉自动化程度要求较高。

④ 应用强化传热技术：根据工艺气的特殊要求近几年已将强化传热技术应用于废热锅炉上，收到了很好的应用效果。

⑤ 外加热载体废热锅炉 对于高温固体、液体或高温粒状物料的热回收，可采用先加热载体介质（惰性气体），然后用废热锅炉回收加热载体介质热量的方式来实现。

1. 废热锅炉的分类

① 按使用范围分类：有合成氨废热锅炉、乙烯废热锅炉、甲醛废热锅炉等。

② 按工艺气体分类：有转化气废热锅炉、裂解气废热锅炉、合成气废热锅炉等。

③ 按蒸汽压力分类：有低压废热锅炉（$0.1\text{MPa} \leqslant p < 1.6\text{MPa}$）、中压废热锅炉（$1.6\text{MPa} \leqslant p < 10\text{MPa}$）和高压废热锅炉（$p \geqslant 10\text{MPa}$）。

④ 按汽水循环方式分类：有自然循环废热锅炉、强制循环废热锅炉及直流式废热锅炉等。

⑤ 按管内流动的介质分类：有火管式废热锅炉和水管式废热锅炉。

⑥ 按管束安放方式分类：有立式废热锅炉、卧式废热锅炉和倾斜式废热锅炉。

⑦ 按换热管型式分类：有列管式、盘管式、U形管式、套管式等。

⑧ 按结构特点分类：可分为管壳式废热锅炉（如图 8-20 所示）和烟道式废热锅炉（如图 8-21 所示）。

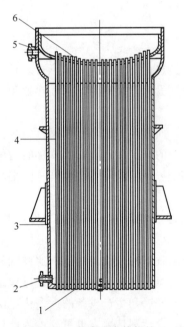

图 8-20 管壳式废热锅炉
1—平管板；2—入水口；3—壳体；
3—换热管；5—出水口；6—蝶形管板

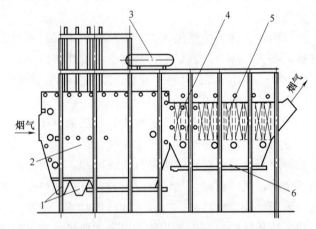

图 8-21 烟道式废热锅炉
1—辐射排渣室；2—辐射室侧护板；3—汽包；
4—对流区凝渣管组；5—对流区蒸发管组；6—排渣室

2. 废热锅炉选用原则

(1) 按工艺气体的条件选型

① 温度：由于高温气流使管壳间的温差应力增大，因此多采用挠性结构的废热锅炉，

如螺旋盘管式、浮头式等，也可采用能降低管壳间温差应力的其它结构，如薄管板、双套管式等，近几年有采用施加制造预应力的结构，如乙烯裂解装置的套管式。

② 压力：水汽侧压力较高时，可选用水管废热锅炉，其结构分为螺旋盘管式、套管式、U形管式、插入式、浮头式、烟道式等。工艺气体压力较高时，可选用火管式废热锅炉，其结构分为列管式、盘管式、U形管式等。

③ 对于含尘及易结垢气体：要求气体的通道平直并高进低出，故多选用立式和倾斜式废热锅炉。当采用卧式列管式废热锅炉时，一般进口高于出口，废热锅炉的中心线与水平线的夹角为$4°\sim50°$。

④ 对于黏结性气体：应采用直管的废热锅炉，整个流道应平直无阻碍，如列管式、套管式等。对于烧炉后的高温气流，其所含粉尘在高温时为熔融状，当冲刷管子时形成的积灰坚硬且量大，多用振打办法，故应采用带振打装置的烟道式废热锅炉。

⑤ 对于不稳定气体：因会造成受热面的不稳定热膨胀，因此选用受热面可自由伸缩的炉型或交变力很小的挠性结构废热锅炉，对于流量和温度波动大的烟气，应采用强制循环水管式废热锅炉，以保证水循环的可靠性。

⑥ 对于反应性气体：由于工艺气体在高温下时间过长将发生二次反应，形成的副产物影响产量或降低传热效果。要抑制二次反应，应急冷高温气体，故多数采用列管式、套管式及带有强化传热技术的炉型。

(2) 按使用现场条件选型

现场条件包括：现场场地、安装维护、使用寿命、操作周期、安全平稳性等。如现场地方较小，应选占地面积小的立式废热锅炉；在有些工艺中操作周期是影响产量的主要因素，应选长周期的设备。如乙烯裂解中的单套管废热锅炉，虽然其一次投资较高，但其清焦周期较长，故是较理想的炉型之一。安装维护方便与否也是选型的因素之一，如在合成氨转化系统中，由于卧式火管式废热锅炉结构简单、汽包安装高度低等，有利于安装和检修，因此较其它炉型有明显的优势。

总之，上述各项要求要同时满足是很难的，但应满足起决定性作用的要求，然后兼顾一般，最终选出一种合理的结构形式。

三、套管式换热器

套管式换热器的结构如图8-22所示，它是以同心套管中的内管作为传热元件的换热器。由两种不同直径的管子套在一起组成同心套管，每一段套管称为"一程"，内管（传热管）用U形肘管连接，外管用短管依次连接成排，固定于支架上[图8-22 (a)]。热量通过内管管壁由一种流体传递给另一种流体。通常，热流体（A流体）由上部引入，而冷流体（B流体）则由下部引入。套管中外管的两端与内管用焊接或法兰连接。内管与U形肘管多用法兰连接，便于传热管的清洗和增减。每程传热管的有效长度取$4\sim7m$。

套管式换热器结构简单，传热面积增减自如，因为它由标准构件组合而成，安装时无需另外加工；传热效能高，它是一种纯逆流型换热器，同时还可以选取合适的截面尺寸，以提高流体速度，增大两侧流体的给热系数，因此它的传热效果好，特别适合于高压、小流量、低给热系数流体的换热。

套管式换热器占地面积大；单位传热面积金属耗量多，约为管壳式换热器的5倍；管接头多，易泄漏；流阻大，所以一般用于换热量不大的场合。

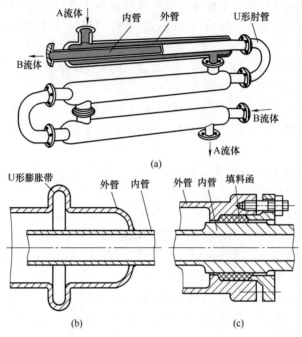

图 8-22　套管式换热器

四、热管换热器

热管是一种具有极高导热性能的传热元件，它通过在全封闭真空管内工质的蒸发与凝结来传递热量，具有极高的导热性、良好的等温性、冷热两侧的传热面积可任意改变、可远距离传热、可控制温度等一系列优点。由热管组成的换热器具有传热效率高、结构紧凑、流体压降小等优点。由于其特殊的传热特性可控制管壁温度，避免露点腐蚀。目前已广泛应用于冶金、化工、炼油、锅炉、陶瓷、交通、轻纺、机械等行业中进行余热回收以及综合利用工艺过程中的热能，已取得了显著的经济效益。

1. 工作原理

热管内蒸发段工质受热后将沸腾或蒸发，吸收外部热源热量，产生汽化潜热，由液体变为蒸汽，产生的蒸汽在管内一定压差的作用下，流到冷凝段，蒸汽遇冷壁面及外部冷源，凝结成液体，同时放出汽化潜热，并通过管壁传给外部冷源，冷凝液靠重力（或吸液芯）作用回流到蒸发段再次蒸发。如此往复，实现对外部冷热两种介质的热量传递与交换，如图 8-23 所示。

2. 热管类型

① 热管换热器按形式分，有整体式热管换热器、分离式热管换热器、回转式热管换热器和蜗壳式热管换热器等。

a. 整体式热管换热器。

整体式热管换热器是一种最常见的热管换热器，这种换热器由一支支热管元件组成，两换热流体分别位于换热器的上、下部分。中间由管板分隔，热管悬挂在管板上，该处可采用静密封或焊接结构，视设计需要而定。采用活动的静密封结构，方便热管的维修、清洗；焊接结构密封可靠，两边流体没有泄漏的隐患。

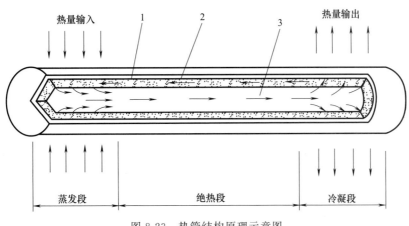

图 8-23 热管结构原理示意图
1—壳体；2—吸液芯；3—蒸汽

整体式热管换热器一般用于气体与气体的热交换。为克服气体间换热的换热系数不高的问题，热管两端的外壁传热面积利用翅片作适度扩展，这样处理，不仅强化了管外传热，也有效地减少了换热器的体积和重量，节约了金属耗材，可以得到一个高性价比的换热器。

一些小型的气-液式换热器、气-汽式热管换热器和余热锅炉等也往往制作成整体式。而对于换热量大、结构庞大、液体或蒸汽的压力也较高的热管换热器，考虑到壳体和管板的强度问题，往往不宜采用整体式。条件允许的情况下，可以设计成一个个小的换热器单元，然后把它们串联、组合起来。

b. 分离式热管换热器。

分离式热管换热器是换热器中的一种独特的结构形式，这种换热器布置灵活，变化随意。它可以实现远距离热量交换；可以实现一种流体和几种流体同时换热；可以完全隔绝两种或多种换热流体。分离式热管的加热段和冷凝段分别置于两个独立的换热流体通道中，热管内部的工作液体在加热段吸热蒸发后通过蒸汽上升管输送热量到冷凝段，放热冷凝后通过冷凝液下降管回流到加热段。

冷凝液回流依赖重力的作用。分离式热管换热器的加热蒸发段与放热冷凝段之间的距离取决于两者间的高度差，同时也与蒸汽沿管路流动的压力损失有关。理论上，加热蒸发段与放热冷凝段的高度差越大，蒸汽上升管径越大，两者间的距离就可以越远，以确保热管正常进行工作循环。

蒸汽上升管和冷凝液下降管需要实施严格的绝热保温，以避免沿途不必要的热量损失。

分离式热管的每个传热单元的内部容积比单支热管要大得多。水为工质的管内液体介质在工作时的温度和蒸汽压力较高，在管排以及上升管、下降管的焊接节点很多的情况下，强度问题需要设计人员引起足够的重视。在内部空间容积和承压达到一定数值时，管束必须按照压力容器的相关规范设计、制造和检验。

在充分利用分离式热管换热器所具有的优点时，还要注意克服它的一些缺点。例如，现场制作连接管路比较复杂，工作液体的充装、换热管束真空度的形成都比较困难，连接管路沿途的保温绝热、热胀冷缩等设计也不容忽视。

② 按功能分，热管换热器可分为：气-气式、气-汽式、气-液式、液-液式、液-气式。

③ 常见的还有热管废热锅炉（或称为热管蒸汽发生器）。

热管废热锅炉是一种实用性很强、结构可靠且热效率较高的蒸汽发生设备。热管废热锅炉的形式主要有两种：整体式和分体式。

3. 主要特点

热管换热器的结构有别于其它形式的换热器。热管换热器具有一些显著特点：传热效率高，结构紧凑，换热流体阻力损失小，外形变化灵活，环境适应性强。

① 热管换热器可以通过换热器的中隔板使冷热流体完全分开，在运行过程中单根热管因为磨损、腐蚀、超温等原因发生破坏时基本不影响换热器运行。热管换热器用于易燃、易爆、腐蚀性强的流体换热场合具有很高的可靠性。

② 热管换热器的冷、热流体完全分开流动，可以比较容易地实现冷、热流体的逆流换热。冷热流体均在管外流动，由于管外流动的换热系数远高于管内流动的换热系数，用于品位较低的热能回收场合非常经济。

③ 对于含尘量较高的流体，热管换热器可以通过结构的变化、扩展受热面等形式解决换热器的磨损和堵灰问题。

④ 热管换热器用于带有腐蚀性的烟气余热回收时，可以通过调整蒸发段、冷凝段的传热面积来调整热管管壁温度，使热管尽可能避开最大的腐蚀区域。

第四节 换热设备日常维护与故障处理

在炼油、化工生产中，换热器使用一段时间后，会在换热管及壳体等过流部位积垢和形成锈蚀物，这样既降低了传热效率，又使管子流通截面减小而流阻增大，甚至造成堵塞。介质腐蚀也会使管束、壳体及其它零件受损。另外，设备长期运转振动和受热不均匀，使管子胀接口及其它连接处也会发生泄漏。这些都会影响换热器的正常工作，甚至迫使装置停工，因此对换热器必须加强日常维护，定期进行检查、检修，以保证生产的正常进行。

一、换热设备的日常维护

1. 管壳式换热器的维护和保养

① 保持设备外部整洁，保温层和油漆完好。

② 保持压力表、温度计、安全阀和液位计等仪表和附件的齐全、灵敏和准确。

③ 发现阀门和法兰连接处渗漏时，应及时处理。

④ 开停换热器时，不要将阀门开得太猛，否则容易造成管子和壳体受到冲击，以及局部骤然胀缩，产生热应力，使局部焊缝开裂或管子连接口松弛。

⑤ 尽可能减少换热器的开停次数、停止使用时间，应将换热器内的液体清洗放净，防止冻裂和腐蚀。

⑥ 对装置系统蒸汽吹扫时，应尽可能避免对有涂层的换热设备进行吹扫，工艺上确实避免不了，应严格控制吹扫温度（进换热设备）不大于200℃，以免造成涂层破坏。

⑦ 装置开停工过程中，换热器应缓慢升温和降温，避免造成压差过大和热冲击，同时应遵循停工时"先热后冷"即先退热介质，再退冷介质；开工时"先冷后热"，即先进冷介质，后进热介质。

⑧ 应经常对管、壳程介质的温度及压降进行检查，分析换热器的泄漏和结垢情况。在压降增大和传热系数降低超过一定数值时，应根据介质和换热器的结构，选择有效的方法进

行清洗。

⑨ 定期检查换热器有无渗漏、外壳有无变形以及有无振动，若有应及时处理。

⑩ 定期排放不凝性废气和冷凝液，定期进行清洗。

管壳式换热器的故障 50% 以上是由于管子引起的，当管子出现渗漏时，就必须更换管子，但有时更换管子的工作是比较麻烦的，当只有个别管子损坏时，可用管堵将管子两端堵死，管堵材料的硬度不能高于管子的硬度，堵死的管子的数量不能超过换热器该管程总管数的 10%。

表 8-2 为管壳式换热器的常见故障与处理方法。

表 8-2　管壳式换热器的常见故障与处理方法

故障现象	故 障 原 因	处 理 方 法
出口压力波动大	①工艺原因 ②管壁穿孔 ③管与管板连接处发生泄漏	①调整工艺条件 ②堵管或补焊 ③视情况采取消漏措施
换热效率低	①管壁结垢或油污吸附 ②管壁腐蚀渗漏 ③管口胀管处或焊接处松动或腐蚀渗漏	①清理管壁 ②查漏补焊或堵管 ③胀管补焊、堵管或更换
换热器管束异常振动	介质流动激振	在壳程进、出口管处设计防冲板、导流筒或液体分配器
封头（浮头）与壳体连接处泄漏	①密封垫片老化、断裂 ②紧固螺栓松动	①更换密封垫片 ②对称交叉均匀地紧固螺栓

2. 板式换热器的维护和保养

① 保持设备整洁、油漆完好，紧固螺栓的螺纹部分应涂防锈油并加外罩，防止生锈和黏结灰尘。

② 应定时检查设备静封闭的外漏情况，通过压力表或温度表监测流体进出口的压力、温度情况。

③ 定期清理和切换过滤器，预防换热器堵塞。

④ 组装板式换热器时，螺栓的拧紧要对称进行，松紧适宜。

⑤ 对于备用设备，若长期不使用时，应将拧紧螺栓放松到规定范围，以确保垫片及换热器板片的使用寿命，使用时按要求拧紧。

由于板式换热器的密封周边较长，板片又较薄，在使用过程中可能会出现渗漏现象。渗漏现象可分为内漏和外漏两种情况。

板式换热器的外漏是指换热设备内的介质向外部空间的渗漏，引起这种渗漏的主要原因是垫片老化、被腐蚀或板片变形。当发生这种渗漏时，应及时在渗漏部位做上记号，打开设备以更换垫片或板片。

板式换热器的内漏是指换热设备内的两种介质由于某种原因造成高压侧介质向低压侧渗漏，引起这种渗漏的主要原因是板片穿孔、出现裂纹和被腐蚀。发现这种渗漏的方法是要经常对低压侧的介质进行化验，从其组分的变化中加以判断。这种渗漏的停机检查方法是：拆开板式换热器，清除表面上的污垢，擦干后将换热器重新组装起来。在一侧进行压力为 0.2～0.3MPa 的水压试验，观察另一侧板片的出水位置并做好标记，打开后检查未试压侧的板片，其中湿的板片则是损坏的。凡检查出来的废板片和垫片都要进行更换，重新组装后使用。

二、换热设备的压力试验

压力试验是保证管壳式换热器安全运行的重要措施，同时是换热器检修的重要内容。

1. 试压要求

① 压力试验必须用两个量程相同并经校验合格的压力表，压力表量程为试验压力的 1.5～2 倍，精度为 1.6 级；压力表应装在设备的最高处和最低处，试验压力以最高处的压力表读数为准。换热器试验压力依据设备铭牌标识和原设备设计最高工作压力的 1.25 倍。

② 液压试验介质为清洁水，水温不低于 5℃；不锈钢换热管试压时，应限制水中氯离子含量不超过 25mg/L，防止腐蚀。

③ 试压过程中不得对受压元件进行任何修理。

④ 试压时各部位的紧固螺栓必须装配齐全。

⑤ 试压时如有异常响声、压力下降、油漆剥落或加压装置发生故障等不正常现象时，应立即停止试验，并查明原因。

2. 试压步骤

下面以浮头式换热器为例来说明，有三次试压过程。

① 第一次壳程试压：拆除管箱、外头盖，两端安装试压法兰，对壳程加压，检查壳体、换热管与管板连接部位。

② 第二次管程试压：拆下试压法兰，安装管箱和浮头盖，对管程加压，检查管箱和浮头有关部位。

③ 第三次壳程试压：安装外头盖，对壳程加压，检查壳体、外头盖及有关部位。试验时容器顶部设一排气口，充液时将换热器内的空气排净，从底部上水。试压时应保持换热器表面干燥。缓慢加压，达到规定试验压力后稳压 30min，然后将压力降至设计压力，至少保持 30min，检查有无损坏，目测有无变形、泄漏及微量渗透，如有问题，解决后重新试验。液压试验完毕后，将液体排尽，并用压缩空气将内部吹干。最后将设备所有管口封闭。

三、换热设备的清洗

炼油、化工生产装置的换热设备经长时间运转后，由于介质的腐蚀、冲蚀、积垢、结焦等原因，使管子内外表面都有不同程度的结垢，甚至堵塞，所以必须定期对换热器进行清洗。常用的清洗方法有水洗、化学清洗和机械清洗。对清洗方法的选定应根据换热器的形式、污垢的类型等情况而定。

对一般轻微堵塞和结垢，可用风吹和简单工具穿通即可达到较好的效果。但对严重的结垢和堵塞，一般都是由于水质中含有大量的钙、镁离子，在通过管束时水在管子表面蒸发，钙和镁的沉淀物沉积在管壁上形成坚硬的垢层，严重时会将管束中的一程或局部堵死，用一般的方法难以奏效，则必须用化学或机械等清洗方法。

化学清洗是利用清洗剂与垢层起化学反应的方法来除去积垢，适用于形状较为复杂的构件的清洗，如 U 形管的清洗、管子之间的清洗。这种清洗方法的缺点是对金属有轻微的腐蚀损伤作用。机械清洗最简单的是用刮刀、旋转式钢丝刷除去坚硬的垢层、结焦或其它沉积物。另外，还可以用高压水清洗。

1. 化学清洗（酸洗法）

酸洗法常用盐酸配置酸洗溶液，由于酸能腐蚀钢铁基体，因此在酸洗过程中须加入一定数量的缓蚀剂，以抑制对金属的腐蚀。

酸洗法具体操作方法有两种。其一为浸泡法，将酸洗溶液缓慢注入设备，直至灌满，这种方法的优点是操作简单、耗能少，但效果差，时间长；其二为强制循环法，依靠酸泵使酸洗溶液通过换热器并不断循环，这种方法的优点是清洗效果好，时间相对较短，缺点是需要酸泵，较复杂。

进行酸洗时，要注意的是：对酸洗溶液的成分和酸洗的时间必须控制好，原则上要求既要保证清洗效果又尽量减少对设备的腐蚀；在配置酸洗溶液和酸洗的过程中，要注意安全，须防止酸液溅入眼中。

2. 机械清洗法

对管壳式换热器管内的清洗，通常用钢丝刷，具体做法是用一根圆棒或圆管，一端焊上与换热管内径相同的圆形钢丝刷，清洗时，一边旋转一边推进。注意，对不锈钢管不能用钢丝刷而要用尼龙刷，对板式换热器也只能用竹板或尼龙刷，切勿用刮刀和钢丝刷。

3. 高压水清洗

利用高压水泵输出的高压水，通过压力调节阀后再经过高压软管通至手提式喷射枪，用喷出的高压水流清理污垢。这种方法既能冲刷机械清洗不能到达的地方，又避免了化学清洗带来的腐蚀。高压水清洗法多用于结焦严重的管束的清洗。

思考与练习 ◀◀◀

8-1 换热设备有哪些类型？各适应什么场合？
8-2 管式换热器主要有哪几种？各有何特点？
8-3 板面式换热器主要有哪几种？各有何特点？
8-4 固定管板式换热器有哪些主要零部件？
8-5 U 形管式换热器有何特点？适应哪些场合？
8-6 浮头式换热器有何特点？适应哪些场合？
8-7 换热管在管板上有哪几种连接方式？各有哪些特点？
8-8 折流板的作用是什么？有哪些常见形式？
8-9 换热器为什么采用多管程？分程的作用是什么？
8-10 如何强化换热器中的传热过程？
8-11 我国制定了哪些换热器的标准？其标准代号是什么？
8-12 换热器有哪些常见故障？产生的原因是什么？应采取什么措施？
8-13 换热器有哪些常见的清洗方法？各适用于什么场合？

第九章

传质设备

本章学习指导

● **能力目标**
- 能够分析解决塔设备的常见机械故障。

● **知识点**
- 了解传质设备的类型及工化工生产中的应用和要求;
- 掌握板式塔和填料塔的结构特点;
- 了解传质设备的使用及维护。

传质设备也是化工生产中广泛应用的典型工艺设备之一;在炼油、化工、轻工及医药等工业生产中,气、液或液、液两相直接接触进行传质传热的过程是很多的,如精馏、吸收、萃取等,这些过程都是在传质设备内完成的。由于过程中介质相互间主要发生的是质量的传递,所以也将实现这些过程的设备叫传质设备,从外形上看这些设备大都是竖直安装的圆筒形容器,高径比较大,形状如"塔",故习惯上称其为塔设备。本章主要介绍塔设备的分类、结构、特点及使用与维护等内容。

第一节 传质设备的应用与分类

一、塔设备基本要求

塔设备通过其内部构件使气(汽)-液相和液-液相之间充分接触,进行质量传递和热量传递。通过塔设备可以进行的单元操作通常有:精馏、吸收、解吸、萃取等,也可用来进行介质的冷却、气体的净制与干燥及增湿等。塔设备操作性能的优劣,对整个装置的产品产量、质量、成本、能耗、"三废"处理及环境保护等均有重大影响。因此,随着石油、化工生产的迅速发展,塔设备的合理构造与设计越来越受到关注和重视。

化工生产对塔设备提出的要求如下:

① 工艺性能好:塔设备结构要使气、液两相尽可能充分接触,具有较大的接触面积和分离空间,以获得较高的传质效率。

② 生产能力大:在满足工艺要求的前提下,要使塔截面上单位时间内物料的处理量大。

③ 操作稳定性好：当气液负荷产生波动时，仍能维持稳定、连续操作，且操作弹性好。

④ 能量消耗小：要使流体通过塔设备时产生的阻力小、压降小，热量损失少，以降低塔设备的操作费用。

⑤ 结构合理：塔设备内部结构既要满足生产的工艺要求，又要结构简单，便于制造、检修和日常维护。

⑥ 选材要合理：塔设备材料要根据介质特性和操作条件进行选择，既要满足使用要求，又要节省材料，减少设备投资费用。

⑦ 安全可靠：在操作条件下，塔设备各受力构件均应具有足够的强度、刚度和稳定性，以确保生产的安全运行。

上述各项指标的重要性因不同设备而异，要同时满足所有要求很困难。因此，要根据传质种类、介质的物化性质和操作条件的具体情况具体分析，抓住主要矛盾，合理确定塔设备的类型和内部构件的结构形式，以满足不同的生产要求。

二、塔设备总体结构

目前，塔设备的种类很多，为了便于比较和选型，必须对塔设备进行分类。如按操作压力将塔设备分为加压塔、常压塔及减压塔；按单元操作将塔设备分为精馏塔、吸收塔、解吸塔、萃取塔、反应塔、干燥塔等；在工程上，按塔的内部结构将其分为填料塔和板式塔两大类。

因为目前工业上应用最广泛的还是填料塔及板式塔，所以本章将主要讨论这两类塔设备。板式塔是一种逐级（板）接触的气液传质设备。塔内以塔板作为基本构件，气体自塔底向上以鼓泡或喷射的形式穿过塔板上的液层，使气液相密切接触而进行传质与传热，两相的组分浓度呈阶梯式变化，图 9-1 为板式塔的总体结构。

填料塔属于微分接触型的气液传质设备。塔内以填料作为气液接触和传质的基本构件。液体在填料表面呈膜状自上而下流动，气体呈连续相自下而上与液体作逆流流动，并进行气液两相间的传质和传热。两相的组分浓度或温度沿塔高呈连续变化，图 9-2 为填料塔的总体结构。

由图 9-1 及图 9-2 可见，无论是填料塔还是板式塔，除了各种内件之外，均由塔体、支座、人孔或手孔、除沫器、接管、吊柱及扶梯、操作平台等组成。

① 塔体：塔体即塔设备的外壳，常见的塔体由等直径、等厚度的圆筒及上下封头组成。对于大型塔设备，为了节省材料也有采用不等直径、不等厚度的塔体。塔设备通常安装在室外，因而塔体除了承受一定的操作压力（内压或外压）、温度外，还要考虑风载、地震载荷、偏心载荷。此外还要满足在试压、运输及吊装时的强度、刚度及稳定性要求。

② 支座：塔体支座是塔体与基础的连接结构。因为塔设备较高、重量较大，为保证其足够的强度及刚度，通常采用裙式支座。

③ 人孔及手孔：为安装、检修、检查等需要，往往在塔体上设置人孔或手孔。不同的塔设备，人孔或手孔的结构及位置等要求不同。

④ 接管：用于连接工艺管线，使塔设备与其它相关设备相连接。按其用途可分为进液管、出液管、回流管、进气出气管、侧线抽出管、取样管、仪表接管、液位计接管等。

⑤ 除沫器：用于捕集夹带在气流中的液滴。除沫器工作性能的好坏对除沫效率、分离效果都具有较大的影响。

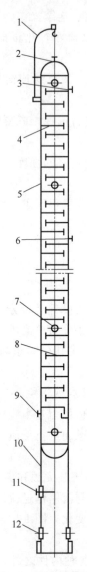
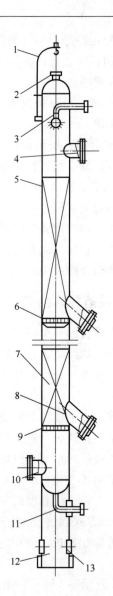

图 9-1　板式塔结构

1—吊柱；2—气体出口；3—回流液入口；4—精馏段塔盘；5—壳体；6—料液进口；7—人孔；8—提馏段塔盘；9—气体入口；10—裙座；11—釜液出口；12—检查孔

图 9-2　填料塔结构

1—吊柱；2—气体出口；3—喷淋装置；4—人孔；5—壳体；6—液体再分布器；7—填料；8—卸料孔；9—支承装置；10—气体入口；11—液体出口；12—裙座；13—检查孔

⑥ 吊柱：安装于塔顶，主要用于安装、检修时吊运塔内件。

三、塔设备选用原则

填料塔和板式塔均可用于蒸馏、吸收等气-液传质过程，但在两者之间进行比较及合理选择时，必须考虑多方面因素，如与被处理物料性质、操作条件和塔的加工、维修等方面有关的因素等。选型时很难提出绝对的选择标准，而只能提出一般的参考意见。

在进行填料塔和板式塔的选型时，下列情况可考虑优先选用填料塔：

① 在分离程度要求高的情况下，因某些新型填料具有很高的传质效率，故可采用新型填料以降低塔的高度；

② 对于热敏性物料的蒸馏分离，因新型填料的持液量较小，压降小，故可优先选择真空操作下的填料塔；

③ 具有腐蚀性的物料，可选用填料塔，因为填料塔可采用非金属材料，如陶瓷、塑料等；

④ 容易发泡的物料，宜选用填料塔，因为在填料塔内，气相主要不以气泡形式通过液相，可减少发泡的危险，此外，填料还可以使泡沫破碎。

下列情况下，可优先选用板式塔：

① 塔内液体滞液量较大，要求塔的操作负荷变化范围较宽，对进料浓度变化要求不敏感，要求操作易于稳定；

② 液相负荷较小，因为这种情况下，填料塔会由于填料表面湿润不充分而降低其分离效率；

③ 含固体颗粒、容易结垢、有结晶的物料，因为板式塔可选用液流通道较大，堵塞的危险较小；

④ 在操作过程中伴随有放热或需要加热的物料，需要在塔内设置内部换热组件，如加热盘管，需要多个进料口或多个侧线出料口，这是因为一方面板式塔的结构上容易实现，此外，塔板上有较多的滞液量，以便与加热或冷却管进行有效的传热。

实践证明，在较高压力下操作的蒸馏塔仍多采用板式塔，因为在压力较高时，塔内气液比过小，以及由于气相返混剧烈等原因，填料塔的分离效果往往不佳。

第二节 板 式 塔

一、塔板结构及主要特征

板式塔是一类用于气-液或液-液系统的分级接触传质设备，由圆筒形塔体和按一定间距水平装置在塔内的若干塔板组成。板式塔广泛应用于化工单元操作中的精馏和吸收过程，有些类型也用于萃取，还可作为反应器用于气-液系统，液体在重力作用下，自上而下依次流过各层塔板，至塔底排出；气体在压力差推动下，自下而上依次穿过各层塔板，至塔顶排出。每块塔板上保持着一定深度的液层，气体通过塔板分散到液层中去，进行相际接触传质。

塔盘又称塔板，是板式塔中气液两相接触传质的部位，决定塔的操作性能。塔板在结构方面要求有一定的刚度以维持水平而不变形；塔板与塔壁之间应有一定的密封性以避免气、液短路；塔板应便于制造、安装、维修并且要求成本低。

根据塔板结构的不同，板式塔可分为泡罩塔、浮阀塔、筛板塔、舌形塔、穿流板塔等形式。

1. 泡罩塔

泡罩塔是最早应用于工业生产的典型板式塔。泡罩塔盘由塔板、泡罩、升气管、降液管、溢流堰等组成。生产中使用的泡罩形式有多种，泡罩塔的气液接触元件是泡罩，泡罩有圆形和条形两大类，但应用最广泛的是圆形泡罩，圆形泡罩的直径有 $\phi 80mm$、$\phi 100mm$ 和 $\phi 150mm$ 三种。其中前两种为矩形齿缝，如图 9-3（a）并带有帽缘，$\phi 150mm$ 的圆形泡罩为敞开式齿缝，如图 9-3（b）所示。泡罩在塔盘上通常采用等边三角形排列，中心距一般为泡罩直径的 1.25～1.5 倍。两泡罩外缘的距离应保持 25～75mm，以保持良好的鼓泡效果。

泡罩塔盘上的气-液接触状况如图 9-4 所示。气体由泡罩塔下部进入塔体，经过塔盘上的升气管，流经升气管与泡罩之间的环形通道而进入液层，然后从泡罩边缘的齿缝流出，搅动液体，形成液体层上部的泡沫区，再进入上一层升气管。液体则由上层降液管出口流入塔板，横向流经布满泡罩的区域，漫过溢流堰进入降液管，再流入下层塔板。

泡罩塔操作的要点是使气、液量维持稳定。若气量过小而液量过大，气体不能以连续的方式通过液层，只有当气体积蓄、压力升高后，才能冲破液层通过齿缝溢出。气体冲出后，压力下降，只有等待气体压力再次升高，才能重新冲破液层溢出，形成脉冲方式，并可能产生漏液现象；若气量过大而液量过小，则难以形成液封，液体可能从泡罩的升气管流入下层塔板，使塔板效率下降。气量过大还可能形成雾沫夹带和液泛现象。

泡罩塔的优点是：相对于其它塔型操作稳定性较好，易于控制，负荷有变化时仍有较好的弹性，介质适应范围广。缺点是生产能力较低，流体流经塔盘时阻力与压降大，且结构较复杂，造价较高，制造加工有较大难度。

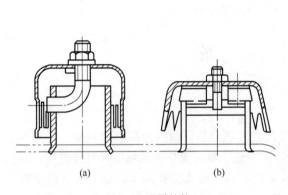

图 9-3　泡罩结构

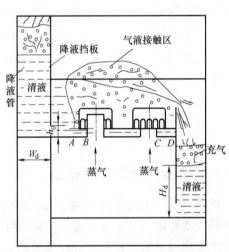

图 9-4　泡罩塔盘上的气-液接触状况

2. 筛板塔

筛板塔也是应用历史较久的塔型之一。筛板塔的塔盘为一钻有许多孔的圆形平板。筛板分为筛孔区、无孔区、溢流堰、降液管区等几个部分。气液接触情况与泡罩塔类似。液体从上层塔盘的降液管流下，横向流过塔盘，越过溢流堰经溢流管流入下一层塔盘，塔盘上依靠溢流堰的高度保持其液层高度。蒸气自下而上穿过筛孔时，被分散成气泡，在穿越塔盘上液层时，进行气液两相间的传热与传质。筛板塔的结构及气-液接触状况见图 9-5。

筛孔直径一般为 $\phi 3\sim 8$mm，通常按正三角形布置，孔间距与孔径的比值为 3～4。随着研究的深入，近年来，发展了大孔径（$\phi 3\sim 8$mm）和导向筛板等多种形式。

筛板塔与泡罩塔相比，生产能力提高 20%～40%，塔板效率高 10%～15%，压力降小于 30%～50%，且结构简单，造价较低，制造、加工、维修方便，故在许多场合都取代了泡罩塔。筛板塔的缺点是操作弹性不如泡罩塔，当负荷有变动时，操作稳定性差。当介质黏性较大或含杂质较多时，筛孔易堵塞。

3. 穿流板塔

穿流板塔是一种典型的气液逆流式塔,这种塔的塔盘上无降液管,但开有栅缝或筛孔作为气相上升和液相下降的通道。在操作时,蒸气由栅缝或筛孔上升,液体在塔盘上被上升的气体阻挠,形成泡沫。两相在泡沫中进行传热与传质。与气相密切接触后的液体又不断从栅缝或筛孔流下,气液两相同时在栅缝或筛孔中形成上下穿流,因此又称为穿流式栅板或筛板塔。穿流式栅板及支承情况如图 9-6 所示。

穿流板塔结构简单,制造、加工、维修简便,塔截面利用率高,生产能力大,塔盘开孔率大,压降小。但塔板效率较低,操作弹性较小。

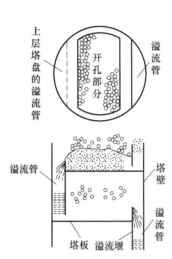

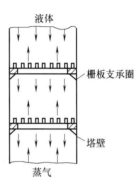

图 9-5 筛板塔结构及气液接触状况　　　图 9-6 穿流式栅板

4. 浮阀塔

浮阀塔是 20 世纪 50 年代前后开发和应用的,并在石油、化工等工业部门代替了传统使用的泡罩塔,成为当今应用最广泛的塔型之一,并因具有优异的综合性能,在设计和选用塔型时常是被首选的板式塔。

浮阀塔塔盘结构的特点是在塔板上开设有阀孔,阀孔里装有可上下浮动的浮阀(阀片)。浮阀可分为盘状浮阀与条状浮阀两大类,如图 9-7 所示。目前应用最多的是 F_1 形浮阀。

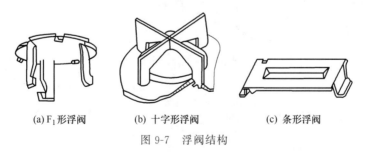

(a) F_1 形浮阀　　(b) 十字形浮阀　　(c) 条形浮阀

图 9-7 浮阀结构

浮阀塔操作时气、液两相的流程与泡罩塔相似,蒸气从阀孔上升,顶开阀片,穿过环形缝隙,然后以水平方向吹入液层,形成泡沫。浮阀能随气速的增减在相当宽的气速范围内自由升降,以保持稳定地操作。

实践证明，浮阀塔具有以下优点：生产能力大，比泡罩塔提高 20%～40%；操作弹性大，在较宽的气相负荷范围内，塔板效率变化较小，其操作弹性较筛板塔有较大的改善；塔板效率较高，因为它的气液接触状态较好，且气体沿水平方向吹入液层，雾沫夹带较小；塔板结构及安装较泡罩简单，重量较轻，制造费用低，仅为泡罩塔的 60%～80%。

浮阀塔的缺点为：在气速较低时，仍有塔板漏液，故低气速时板效率有所下降；浮阀阀片有卡死和吹脱的可能，这会导致操作运转及检修的困难；塔板压力降较大，妨碍了它在高气相负荷及真空塔中的应用。

5. 斜喷型塔

一般情况下，塔盘上气流垂直向上喷射（如筛板塔），这样往往造成较大的雾沫夹带，如果使气流在塔盘上沿水平方向或倾斜方向喷射，则可以减轻夹带，同时通过调节倾斜角度还可改变液流方向，减小液面梯度和液体返混。

① 舌形塔是应用较早的一种斜喷型塔，气体通道为在塔盘上冲出的以一定方式排列的舌片。舌片开启一定的角度，舌孔方向与液流方向一致，如图 9-8（a）所示。因此，气相喷出时可推动液体，使液面梯度减小，液层减薄，处理能力增大，并使压降减小。舌形塔结构简单，安装检修方便，但这种塔的负荷弹性较小，塔板效率较低，因而使用受到一定限制。

舌孔有两种，即三面切口及拱形切口，如图 9-8（b）、（c）所示。通常采用三面形切口的舌孔，舌片的开启度一般为 20°，如图 9-8（d）所示。

② 浮动舌形塔是 20 世纪 60 年代研制的一种定向喷射型塔板。它的处理能力大，压降小，舌片可以浮动。因此，塔盘的雾沫夹带及漏液均较小，操作弹性显著增加，板效率也较高，但其舌片容易损坏。

浮动舌片的结构见图 9-9，其一端可以浮动，最大张角约 20°。舌片厚度一般 1.5mm，质量约为 20g。

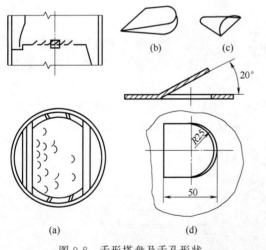

图 9-8 舌形塔盘及舌孔形状

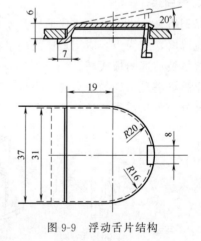

图 9-9 浮动舌片结构

二、塔板型式的选用

塔盘结构在一定程度上决定了它在操作时的流体力学状态及传质性能，如它的生产能力、塔的效率、在保持较高效率下塔的操作弹性、气体通过塔盘时的压降、造价、操作维护是否方便等。虽然满足所有这些要求是困难的，但用这些基本性能进行评价，在相互比较的基础上进行选用是必要的。

表 9-1 给出了常用板式塔的性能比较。可以看出，浮阀塔在蒸气负荷、操作弹性、效率方面与泡罩塔相比都具有明显的优势，因而目前获得了广泛的应用。筛板塔的压降小、造价低、生产能力大，除操作弹性较小外，其余均接近于浮阀塔，故应用也较广。栅板塔操作范围比较窄，板效率随负荷的变化较大，应用受到一定限制。

表 9-1 板式塔性能的比较

塔型	与泡罩塔相比的相对气相负荷	效率	操作弹性	85%最大负荷时的单板压降/mm 水柱	与泡罩塔相比的相对价格	可靠性
泡罩塔	1.0	良	超	45～80	1.0	优
浮阀塔	1.3	优	超	45～60	0.7	良
筛板塔	1.3	优	良	30～50	0.7	优
舌形塔	1.35	良	超	40～70	0.7	良
栅板塔	2.0	良	中	25～40	0.5	中

三、板式塔内件结构

板式塔内溢流装置包括降液管、受液盘、溢流堰等部件。降液管是液体自上层塔板流至下层塔板的通道，也是气（汽）体与液体分离的部位。为此，降液管中必须有足够的空间，让液体有所需的停留时间。此外，为保证气液两相在塔板上形成足够的相际传质表面，塔板上须保持一定深度的液层，故在塔板流体的出口端设置溢流堰。塔板上液层高度在很大程度上由堰高决定。

对于无溢流塔板，塔板上不设降液管，仅是均匀开设筛孔或缝隙的圆形筛板。气液两相同时通过孔道逆流，处理量大，压降小。但塔板效率较低，操作弹性较差，故应用不广。

1. 降液管

降液管有圆形与弓形两大类（见图 9-10）。常用的是弓形降液管。弓形降液管由平板和弓形板焊制而成，并焊接固定在塔盘上。当液体负荷较小或塔径较小时可采用圆形降液管。圆形降液管有带溢流堰和兼作溢流堰两种结构。

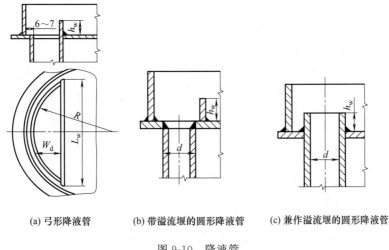

(a) 弓形降液管　　(b) 带溢流堰的圆形降液管　　(c) 兼作溢流堰的圆形降液管

图 9-10 降液管

2. 受液盘

为了保证降液管出口处的液封，在塔盘上一般都设置有受液盘。受液盘的结构形式对塔的侧线取出、降液管的液封、液体流出塔盘的均匀性都有影响。受液盘有平形和凹形两种。

平形受液盘有可拆和焊接两种结构，图 9-11（a）为一种可拆式平形受液盘。平形受液盘因可避免形成死角而适应易聚合的物料。当液体通过降液管与受液盘时，如果压降过大或采用倾斜式降液管，则应采用凹形受液盘，见图 9-11（b）。凹形受液盘的深度一般大于 50mm，而小于塔板间距的 1/3。

在塔或塔段的最底层，塔盘降液管末端应设液封盘，以保证降液管出口处的液封。用于弓形降液管的液封盘如图 9-12（a）所示。用于圆形降液管的液封盘如图 9-11（b）所示。液封盘上开设有泪孔，以供停工时排液。

3. 溢流堰

溢流堰根据它在塔盘上的位置，可分为进口堰及出口堰。当塔盘采用平形受液盘时，为保证降液管的液封，使液体均匀流入下层塔盘，并减少液流在水平方向的冲击，故在液流进入端设置进口堰。而出口堰的作用是保持塔盘上液层的高度，并使流体均匀分布。出口堰的高度由物料的性能、塔型、液体流量及塔板压力降等因素确定。

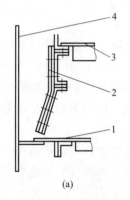

(a)

1—受液盘；2—降液管；3—塔盘板；4—塔壁

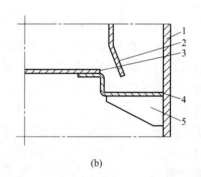

(b)

1—塔壁；2—降液板；3—塔盘板；4—受液盘；5—筋板

图 9-11 受液盘结构

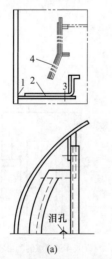

(a)

1—支承圈；2—液封盘；3—泪孔；4—降液板

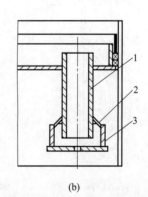

(b)

1—圆形降液管；2—筋板；3—液封盘

图 9-12 液封盘结构

四、塔板的组装

塔盘按其塔径的大小及塔盘的结构特点可分为整块式塔盘及分块式塔盘。当塔径在 700～800mm 以下时，采用整块式塔盘；塔径在 800～900mm 以上时，宜采用分块式塔盘。

1. 整块式塔盘

整块式塔盘根据组装方式不同可分为定距管式及重叠式两类。采用整块式塔盘时，塔体由若干个塔节组成，每个塔节中装有一定数量的塔盘，塔节之间采用法兰连接。

（1）定距管式塔盘

用定距管和拉杆将同一塔节内的几块塔盘支承并固定在塔节内的支座上，定距管起支承塔盘和保持塔盘间距的作用。塔盘与塔体之间的间隙以软填料密封并用压圈压紧，如图 9-13 所示。

对于定距管式塔盘，其塔节高度随塔径而定，一般情况下，塔节高度随塔径的增大而增加，通常，当塔径为 300～500mm 时，塔节高度一般取 800～1000mm；当塔径为 600～700mm 时，塔节高度取 1200～1500mm。为了安装的方便起见，每个塔节中的塔盘数以 5～6 块为宜。

（2）重叠式塔盘

在每一塔节的下部焊有一组支座，底层塔盘支承在支座上，然后依次装入上一层塔盘，塔盘间距由其下方的支柱保证，并可用三只调节螺钉来调节塔盘的水平度。塔盘与塔壁之间的间隙，同样采用软填料密封，然后用压圈压紧，其结构详见图 9-14。

2. 分块式塔盘

当塔体直径大于 800～900mm 时，为了便于塔盘的安装、检修、清洗，而将塔板分成数块，通过人孔送入塔内，装到焊在塔体内壁的支持圈或支持板上，这种结构称为分块式塔盘。此时，塔体不需要分成塔节，而是焊制成开设有人孔的整体圆筒。根据塔径大小，分块式塔盘可分为单流塔盘和双流塔盘两种，见图 9-15。当塔径为 800～2400mm 时，一般采用单流塔盘；当塔径大于 2400mm 时，采用双流塔盘。

塔板的分块，应结构简单、装拆方便，有足够刚性，并便于制造、安装、检修。一般大多采用自身梁式塔板，有时也采用槽式塔板。

为进行塔内清洗和维修，使人能进入各层塔板，在塔板接近中央处设置一块通道板。各层塔板上的通道板最好开在同一垂直位置上，以利于采光和拆卸。

分块式塔盘之间及通道板与塔板之间的连接，通常采用上、下均可拆的连接结构，如图 9-16 所示。检修需拆开时，可从上方或下方松开螺母，将椭圆垫旋转到虚线所示的位置，塔盘板 I 即可移开。

塔板与支持圈（或支持板）一般用可拆的卡子连接。连接结构由卡子、卡板、螺柱、螺母、椭圆垫板及支持圈组成。支持圈焊在塔壁或降液板上。

为了使得塔板上液层厚度一致、气体分布均匀，传质效果良好，不仅塔板在安装时要保证规定的水平度，而且在工作时也不能因承受液体重量而产生过大的变形。因此，塔盘应有良好的支承条件。对于直径较小的塔，塔板跨度也较小，而且自身梁式塔板本身有较大的刚度，所以通常采用焊在塔壁上的支持圈来支承即可。对于直径较大的塔，为了避免塔板跨度过大而引起刚度不足，通常在采用支持圈支承的同时，还采用支承梁结构。分块塔板一端支承在支持圈上，另一端支承在支承梁上。

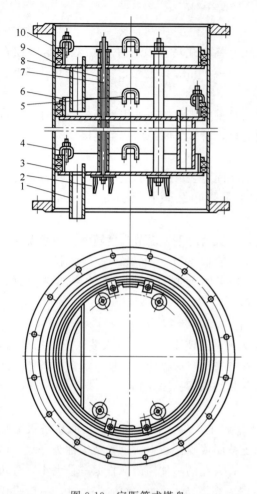

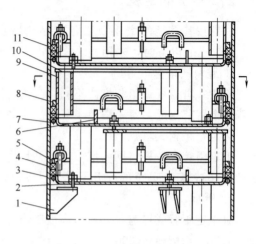

图 9-13　定距管式塔盘

1—降液管；2—支座；3—密封填料；4—压紧装置；
5—吊耳；6—塔盘圈；7—拉杆；8—定距管；
9—塔盘板；10—压圈

图 9-14　重叠式塔盘

1—支座；2—调节螺钉；3—圆钢圈；4—密封填料；
5—塔盘圈；6—溢流堰；7—塔盘板；8—压圈；
9—支柱；10—支承板；11—压紧装置

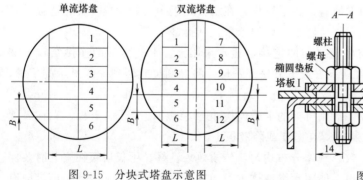

图 9-15　分块式塔盘示意图

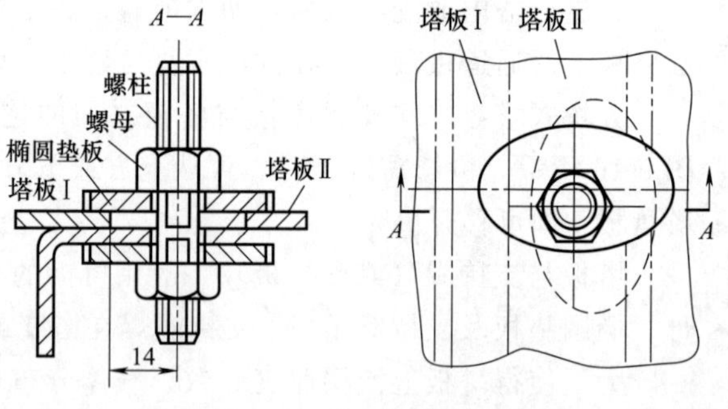

图 9-16　上下可拆结构

五、板式塔附属装置

1. 除沫器

在塔内操作气速较大时，会出现塔顶雾沫夹带，这不但造成物料的流失，也使塔的效率降低,同时还可能造成环境的污染。为了避免这种情况,常在塔顶设置除沫装置,从而减少液体的夹带损失,确保气体的纯度,保证后续设备的正常操作。

常用的除沫装置有丝网除沫器、折流板除沫器、旋流板除沫器等。

(1) 丝网除沫器

丝网除沫器具有比表面积大、重量轻、空隙率大、效率高、压降小和使用方便等特点,从而得到广泛应用。丝网除沫器适用于洁净的气体,不宜用于液滴中含有易黏结物的场合,以免堵塞网孔。丝网除沫器由丝网、格栅、支承结构等构成。丝网可由金属和非金属材料制造。常用的金属丝网材料有奥氏体不锈钢、镍、铜、铝、钛、银、钼等有色金属及其合金;常用的非金属材料有聚乙烯、聚丙烯、聚氯乙烯、聚四氟乙烯、涤纶等。丝网材料的选择要由介质的物性和工艺操作条件确定。

丝网除沫器已有系列产品。当选用的除沫器直径较小且与出口管径相近时,可采用图9-17 的结构。

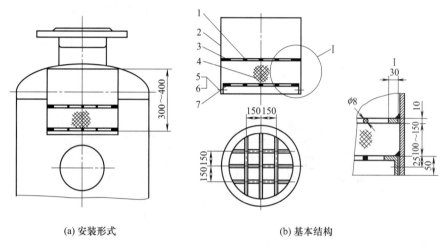

(a) 安装形式　　(b) 基本结构

图 9-17　小型丝网除沫器

1—格栅;2—筒体;3—扁钢圈;9—丝网;5—螺栓;6—螺母;7—角钢圈

(2) 折流板除沫器

折流板除沫器如图 9-18 所示。折流板由 50mm×50mm×3mm 的角钢制成。夹带液体的气体通过角钢通道时,由于碰撞及惯性作用而达到截留及惯性分离。分离下来的液体由导液管与进料一起进入分布器。这种除沫装置结构简单,不易堵塞,但金属消耗量大,造价较高。

(3) 旋流板除沫器

旋流板除沫器如图 9-19 所示。它由固定的叶片组成如风车状。夹带液滴的气体通过叶片时产生旋转和离心运动。在离心力的作用下将液滴甩至塔壁,从而实现气-液分离。除沫效率可达 95%。

2. 进出口管装置

液体进料管可直接引入加料板。为使液体均匀通过塔板,减少进料波动带来的影响,通常在加料板上设进口堰,结构如图 9-20 所示。

气体进料管一般做成 45°的切口,以使气体分布较均匀,见图 9-21 (a)。当塔径较大或对气体分布均匀要求高时,可采用较复杂的图 9-21 (b) 所示结构。

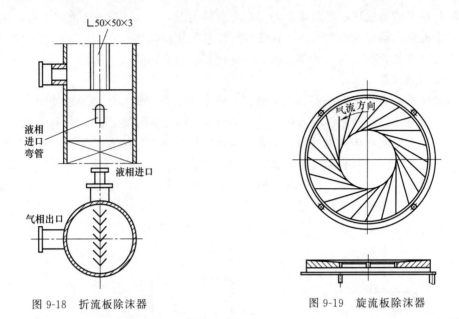

图 9-18 折流板除沫器　　　　图 9-19 旋流板除沫器

对液体出料接管，可直接从塔底引出裙座外。

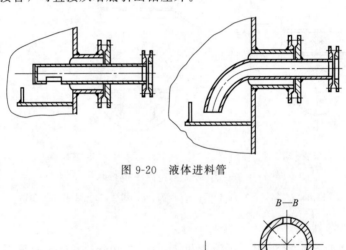

图 9-20 液体进料管

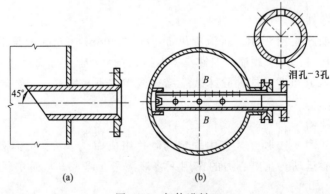

图 9-21 气体进料口

3. 人孔与手孔

分块式塔盘的塔体一般都开设有人孔。人孔是人员进出塔器和传送内件的通道。当采用整块式塔盘时，由于塔径过小，人员难以进入塔内，塔体上可开设手孔，以便于装拆、检修塔体内件。

人孔处的上下层塔板间距要大于正常板间距，一般不得小于 600mm。人孔和手孔的布置要与降液管位置错开，以方便人员出入。所有人孔最好开设在塔体同一经线上，以便于施工作业。人孔设置的个数，既要考虑内件装拆、检修的方便，又要考虑塔体高度的增加，且人孔设置过多，会使制造时塔体的弯曲度难以达到要求。一般当塔板数为 10～20 块或塔高在 5～10m 时，应设置一个人孔。除此之外，在气、液进出口等需经常维修清理的部位，以及塔顶和塔釜处，应各设置一个人孔。

在塔体上宜采用垂直吊盖人孔。若垂直吊盖妨碍人员操作或塔体有保温层时，可采用回转盖人孔。

人孔和手孔都有标准件，可根据设计压力、设计温度、介质特性以及安装环境等因素选用。

第三节　填　料　塔

填料塔是一种以连续方式进行气、液传质的设备，其特点是结构简单、压力降小、填料种类多、具有良好的耐腐蚀性能，特别是在处理容易产生泡沫的物料和真空操作时，有其独特的优越性。过去由于填料本体特别是内件的不够完善，使得填料塔局限于处理腐蚀性介质或不宜安装塔板的小直径塔。近年来，由于填料结构的改进，新型高效填料的开发，以及对填料流体力学、传质机理的深入研究，使填料塔技术得到了迅速发展，填料塔已被推广到所有大型气、液传质操作中。在某些场合，甚至取代了传统的板式塔。

填料塔主要由塔体、填料、喷淋装置、液体分布器、填料支承结构、支座等组成。填料在填料塔操作中起着重要作用。液体润湿填料表面便增大了气液接触面积，填料层的多孔性不仅促使气流均匀分布，而且促进了气相的湍动。

一、填料分类与要求

填料是填料塔的核心内件，它为气-液两相接触进行传质和换热提供了表面，与塔的其它内件共同决定了填料塔的性能。填料必须具备较大的比表面积，有较高的空隙率、良好的润湿性、良好的耐腐蚀性及一定的机械强度。因此，设计填料塔时，首先要适当地选择填料。要做到这一点，必须了解不同填料的性能。填料一般可以分为散装填料及规整填料两大类。

1. 散装填料

散装填料是指安装以乱堆为主的填料，也可以整砌。这种填料是具有一定外形结构的颗粒体，故又称颗粒填料。根据其形状，这种填料可分为环形、鞍形及环鞍形。每一种填料按其尺寸、材质的不同又有不同的规格。

（1）拉西环填料

拉西环是高度与外径相等的圆柱体，详见图 9-22（a）。可由陶瓷、金属、塑料等制成。拉西环的规格以外径为特征尺寸，大尺寸的拉西环（100mm 以上）一般采用整砌方式装填，小尺寸的拉西环（75mm 以下）多采用乱堆方式填充。因为乱堆的填料间容易产生架桥，使相邻填料外表面间形成线接触，填料层内形成积液、液体的偏流、沟流、股流等。此外，由于填料层内滞液量大，气体通过填料层绕填料壁面流动时折返的路程较长，因此阻力较大，通量较小。但由于这种填料具有较长的使用历史，结构简单，价格便宜，所以在相当一段时间内应用比较广泛。

(2) 鲍尔环填料

鲍尔环填料是针对拉西环的一些缺点经改进而得到的,是高度与直径相等的开孔环形填料,在其侧面开有两层长方形的孔窗,每层有 5 个窗孔,每个孔的舌叶弯向环心,上下两层孔窗的位置交错。孔的面积占环壁总面积的 35% 左右。鲍尔环一般用金属或塑料制成。图 9-22(b)为金属鲍尔环的结构。实践表明,同样尺寸与材质的鲍尔环与拉西环相比,其相对效率要高出 30% 左右,在相同的压降下,鲍尔环的处理能力比拉西环增加 50% 以上,而在相同的处理能力下,鲍尔环填料的压降仅为拉西环的一半。

(3) 阶梯环填料

阶梯环是 20 世纪 70 年代初期,由英国传质公司开发所研制的一种新型短升孔环形填料。其结构类似于鲍尔环,但其高度减小一半,且填料的一端扩为喇叭形翻边,这样不仅增加了填料环的强度,而且使填料在堆积时相互的接触由线接触为主变成为以点接触为主,从而不仅增加了填料颗粒的空隙,减少了气体通过填料层的阻力,而且改善了液体的分布,促进了液膜的更新,提高了传质效率。因此,阶梯环填料的性能较鲍尔环填料又有了进一步的提高。目前,阶梯环填料可由金属、陶瓷和塑料等材料制造而成,详见图 9-22(c)。

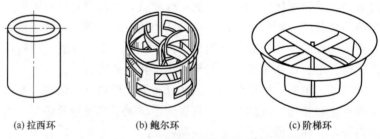

(a) 拉西环　　　　(b) 鲍尔环　　　　(c) 阶梯环

图 9-22　环形填料结构示意图

(4) 弧鞍形填料

弧鞍形填料结构类似马鞍形状,如图 9-23(a)所示,通常由陶瓷制成。这种填料层中主要为弧形的液体通道,填料层内的空隙率较环形填料连续,气体向上主要沿弧形通道流动,从而改善气-液流动状况。这种填料虽然与拉西环比较性能有一定程度的改善,但由于相邻填料容易产生套叠和架空的现象,使一部分填料表面不能被湿润,即不能成为有效的传质表面,目前基本被矩鞍形填料所取代。

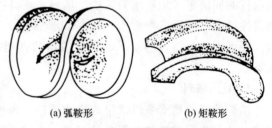

(a) 弧鞍形　　　(b) 矩鞍形

图 9-23　鞍形填料结构示意图

(5) 矩鞍形填料

矩鞍形填料是一种敞开式的填料,它是在弧鞍形填料的基础上发展起来的,其外形如图 9-23(b)所示。它是将弧鞍填料的两端由圆弧改为矩形,克服了弧鞍填料容易相互叠合的缺点。这种填料因为在床层中相互重叠的部分较少,空隙率较大,填料表面利用率高,所以与拉西环相比压降低,传质效率提高,与尺寸相同的拉西环相比效率约提高 40% 以上。生产实践证明,这种填料不易被固体悬浮颗粒所堵塞,装填时破碎量较少,因而被广泛推广使用。矩鞍形填料可用瓷质材料、塑料制成。

(6) 金属环矩鞍填料

金属环矩鞍填料（Intalox）是 1978 年由美国 Norton 公司首先开发出来的，不久国产金属环矩鞍填料即用于生产。这种填料将开孔环形填料和矩鞍填料的特点相结合，既有类似于开孔环形填料的圆环、环壁开孔和内伸的舌片，又有类似于矩鞍填料的圆弧形通道，如图 9-24 所示。这种填料是用薄金属板冲制而成的整体环鞍结构，两侧的翻边增加了填料的强度和刚度。因为这种填料是一种开敞的结构，所以流体的通量大、压降低、滞留量小，也有利于液体在填料表面的分布及液体表面的更新，从而提高传质性能，与金属鲍尔环相比，这种填料的通量提高 15%～30%，压降降低 40%～70%，效率提高 10% 左右。因而金属环矩鞍填料获得了广泛的应用，特别在乙烯、苯乙烯等减压蒸馏中效果更为突出。

除上述几种较典型的散装填料外，近年来不断有构型独特的新型填料开发出来，如共轭环填料、海尔环填料、纳特环填料等。

2. 规整填料

在乱堆的散装填料塔内，气液两相的流动路线往往是随机的，加之填料装填时难以做到各处均一，因而容易产生沟流等不良情况，从而降低塔的效率。

规整填料是一种在塔内按均匀的几何图形规则、整齐地堆砌的填料，这种填料人为地规定了填料层中气、液的流路，减少了沟流和壁流的现象，大大降低了压降，提高了传热、传质的效果。规整填料的种类，根据其结构可分为丝网波纹填料、板波纹填料及格栅填料。

(1) 丝网波纹填料

丝网波纹填料由若干平行直立放置的波网片组成，如图 9-25 所示。网片的波纹方向与塔轴线成 30°或 45°，相邻两片波纹方向相反，使得波纹网片之间形成一个相互交叉又相互贯通的三角形截面的通道网，如图 9-26 所示。组装在一起的波纹片周围用带状丝网圈箍住，构成一个圆柱形的填料盘。

图 9-24 金属环矩鞍填料

图 9-25 丝网波纹填料

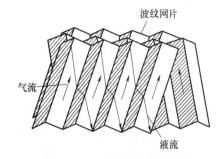
图 9-26 波纹网片示意图

操作时，液体沿丝网表面以曲折的路径向下流动，气体在两网片间的交叉通道网内通过，所以，气、液两相在流动过程中不断地、有规律地转向，从而获得较好的横向混合。由于填料层内气、液分布均匀，故放大效应不明显。这一特点有利于丝网波纹填料在大型塔器中应用。

丝网波纹填料可用金属丝网或塑料丝网制成。金属丝网材料常用的有不锈钢、黄铜、碳钢、镍、蒙乃尔合金等。塑料丝网材料有聚丙烯、聚四氟乙烯等。常用的金属丝网波纹填料的缺点是造价高、抗污能力差，且清洗困难。

(2) 板波纹填料

板波纹填料可分为金属板、塑料及陶瓷板波纹填料三大类。

金属板波纹填料保留了金属丝网波纹填料几何规则的结构特点，所不同的是改用表面具有沟纹及小孔的金属板波纹片代替金属网波纹片，即每个填料盘由若干金属板波纹片相互叠合而成。相邻两波纹片间形成通道且波纹流道成交错，上、下两盘填料中波纹片的叠合方向旋转90°，同样，对小型塔可用整盘的填料，而对于大型塔或无法兰连接的塔体则可用分块型填料。

金属板波纹填料保留了金属丝网波纹填料压降低、通量高、持液量小，气液分布均匀，几乎无放大效应等优点，传质效率也比较高，但其造价比丝网波纹填料要低得多。

（3）格栅填料

格栅填料是以条状单元体经一定规则组合而成的，具有多种结构形式。工业上应用最早的格栅填料为木格栅填料。目前应用较为普遍的有格里奇格栅填料、网孔格栅填料、蜂窝格栅填料等，其中以格里奇格栅填料最具代表性。格栅填料的比表面积较低，主要用于要求压降小、负荷大及防堵等场合。

二、填料的选择与安装

1. 填料的选择

填料的选择主要根据其比表面积、空隙率、通量及压降等重要的性能参数决定。它们决定了塔能力的大小及操作费用。在实际应用中，考虑到塔体的投资，一般选用具有中等比表面积（单位体积填料中填料的表面积，m^2/m^3）的填料比较经济。比表面积较小的填料空隙率大，可用于流体高通量、大液量及物料较脏的场合。对于老塔改造，在塔高和塔径确定的前提下应根据改造的目的，选择性能相宜的填料。在同一塔中，可根据塔中不同高度处两相流量和分离难易而采用多种不同规格的填料。此外，在选择填料时还应考虑系统的腐蚀性、成膜性和是否含有固体颗粒等因素来选择不同材料、不同种类的填料。

2. 填料的安装

（1）散装填料的安装

陶瓷填料和非碳钢金属填料，若条件允许，应采用湿法填充。采用湿法填充，安装支持板后，往塔内充水，将填料从水面上方轻轻倒入水中，填料从水中漂浮下落，水面要高出填料1m以上。湿法填充可减少填料破损、变形。湿法填充还增加了散装填料的均匀性，填料用量减少约5％，填料通量增大，压力降减小。

采用干法填充填料应始终从离填料层一定高度倒入，对于大直径塔采用干法填充，有时需人站在填料层上填充。应需注意，人不可直接站在填料上，以防填料受压变形及密度不均，可在填料上铺设木板使受力飞散。

无论采用湿法填充还是干法填充，都应由塔壁向中心填充，以防填料在塔壁处架桥，填料不应压迫到位，以防变形，密度不均。各段填料安装完毕后应检查上端填料是否推平，若有高低不平现象，应将其推平。

（2）规整填料的安装

对于直径小于800mm的小塔，规整填料通常做成整圆盘由法兰孔装入。对于直径大于800mm的塔，规整填料通常分成若干块，由人孔装入塔内，在塔内组圆，无论整圆还是分块组圆，其直径都要小于塔径，否则无法装入。填料与塔壁之间的间隙，应根据采用的防壁流圈形式而定，各填料生产厂家通常有自己的标准。

通常为防止由于填料与塔壁间隙而产生气液壁流,在此间隙加防壁流圈。此防壁流圈可与填料做成一体,也可分开到塔内组装。

三、填料塔内件结构

1. 液体分布器

填料塔在操作时,保证在任一截面上气、液的分布均匀十分重要,它直接影响到塔内填料表面的有效利用率,进而影响传质效率。液体从管口进入塔内的均匀喷淋,是保证填料塔达到预期分离效果的重要条件。液体是否初始分布均匀,依赖于液体分布器的结构与性能。为了满足不同塔径、不同液体流量以及不同均布程度的要求,液体分布器有多种结构形式,按操作原理可分为喷洒型、溢流型、冲击型等,按结构又可分为管式、喷头式、盘式、槽式等形式。

(1) 管式液体分布器

管式分布器结构简单,制作、安装方便,造价低廉,仅适合于液体物料的分布,一般用于中、小型填料塔中。常用的形式有图 9-27 所示的排管式和环管多孔式两种。这类分布器的淋液小孔开在管子下面,液体一般靠泵供给,属压力型分布器。对于排管式,它由液体进口主管和多列排管组成。主管将进口液体分流给各列排管。每根排管上开有 1~3 个排布液孔。排管式分布器一般采用可拆连接,以便通过人孔进行安装和拆卸。安装位置至少要高于填料表面层 150~200mm。当液体负荷小于 $25m^3/(m^2 \cdot h)$ 时,排管式分布器可提供更好的液体分布。但当液体分布负荷过大时,液体高速喷出,易形成雾沫夹带,影响分布效果,且操作弹性不大。

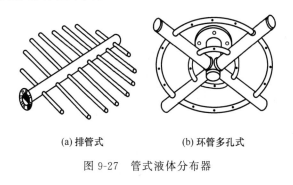

(a) 排管式　　(b) 环管多孔式

图 9-27　管式液体分布器　　　　图 9-28　喷洒式分布器

(2) 喷洒式液体分布器

这类分布器的结构与压力型管式分布器相似(图 9-28),它是在液体压力下,通过喷嘴将液体分布在填料上。最早使用的喷洒式液体分布器是莲蓬头喷淋式液体分布器,由于其分布性能差,现很少使用。利用喷嘴代替莲蓬头,取得较好的分布效果。由于喷嘴的作用,一个淋液点就能喷射到床层顶部较大圆区,故所需的淋液点密度可以减小。喷洒式液体分布器的关键是喷嘴的设计,包括喷嘴的结构、布置、喷射角度、液体的流量及喷嘴的安装高度等。喷嘴喷出的液体呈锥形,为了达到均匀分布,锥底需有部分重叠,重叠率一般为 30%~40%,喷射角度约 120°。

这种分布器的结构比较简单,制作和安装容易,造价较低廉,占用塔截面面积小,适合于气流量大的场合,但雾沫夹带现象较严重,需安装除沫器,且压头损失大,使用时要避免液体直接喷到塔壁上,产生过大的壁流。

（3）槽式液体分布器

槽式液体分布器属于溢流型分布器，其结构如图 9-29 所示。操作时，液体由上部进液管进入分配槽，漫过分配槽顶部缺口流入喷淋槽，喷淋槽内的液体经槽的底部孔道和侧部的堰口分布在填料上。分配槽通过螺钉支承在喷淋槽上，喷淋槽用卡子固定在塔体的支持圈上。

槽式喷淋器的液体分布均匀，处理量大，操作弹性好，抗污染能力强，适应的塔径范围广，是应用比较广泛的液体分布装置。但因液体是由分配槽的 V 形缺口流出，故对安装的水平度有一定的要求。

（4）盘式液体分布器

如图 9-30 所示为一溢流型盘式喷淋器。它与多孔式液体喷淋器不同，进入布液器的液体超过堰的高度时，依靠液体的自重通过堰口流出，并沿着溢流管壁呈膜状流下，淋洒至填料层上。溢流型布液装置目前广泛应用于大型填料塔。它的优点是操作弹性大，不易堵塞，操作可靠且便于分块安装。

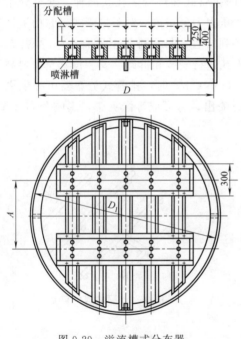

图 9-29 溢流槽式分布器

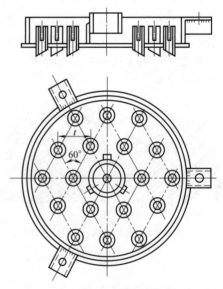

图 9-30 溢流盘式分布器

操作时，液体从中央进液管加到分布盘内，然后从分布盘上的降液管溢出，淋洒到填料上。气体则从分布盘与塔壁的间隙和各升气溢流管上升。降液管一般按正三角形排列。为了避免堵塞，降液管直径不小于 15mm，管子中心距为管径的 2～3 倍。分布盘的周边一般焊有三个耳座，通过耳座上的螺钉，将分布盘支承在支座上。拧动螺钉，还可调整分布盘的水平度，以便液体均匀地淋洒到填料层上。

2. 液体收集再分布器

当液体沿填料层流下时，由于周边液体向下流动阻力较小，故液体有逐渐向塔壁方向流动的趋势，使液体沿塔截面分布不均匀，降低了传质效率。为了克服这种现象，必须设置液体再分布装置。同时，为了提高塔的传质效率，应将填料层分段，在各填料层之间，安装液体再分布器。当采用金属填料时，每段填料高度不应超过 7m，采用塑料填料时，每段填料高度不应超过 4.5m。

工厂中应用最多的是锥形分布器，其结构见图 9-31。图 9-31（a）所示为一分配锥。锥壳下端直径为 0.7~0.8 倍塔径，上端直径与塔体内径相同，并可直接焊在塔壁上。分配锥结构简单，但安装后减少了气体流通面积，扰乱了气体流动，且在分配锥与塔壁连接处形成了死角，妨碍填料的装填。分配锥只能用于直径小于 1m 的塔内。

图 9-31（b）为一槽形分配锥。它的结构特点是将分配锥倒装以收集壁流，并将液体通过设在锥壳上的 3~4 根管子引入塔的中央。槽形分配锥有较大的自由截面，可用于较大直径的塔。图 9-31（c）为一带通孔的分配锥。它是在分配锥的基础上，开设 4 个管孔以增大气体通过的自由截面，使气体通过分配锥时，不致因速度过大而影响操作。为了解决分配锥自由截面过小的缺点，可将分配锥做成玫瑰状，称为改进分配锥。其结构如图 9-32 所示。它具有自由截面积大、液体处理能力大、不易堵塞、不影响塔的操作和填料的装填，可装入填料层内等优点。

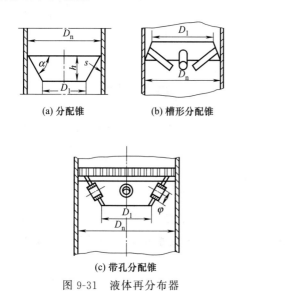
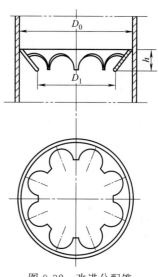

图 9-31　液体再分布器　　　　图 9-32　改进分配锥

3. 填料的支承装置

填料的支承装置安装在填料层的底部。其作用是防止填料穿过支承装置而落下；支承操作时填料层的重量；保证足够的开孔率，使气液两相能自由通过。常用的填料支承装置有栅板、格栅板、波形板等。

（1）栅板型支承

填料支承栅板是结构最简单、最常用的填料支承装置，如图 9-33 所示。它由相互垂直的栅条组成，放置在焊接在塔壁的支承圈上。塔径较小时可采用整块式栅板，大型塔则可采用分块式栅板。

栅板支承的缺点是如将散装填料直接乱堆在栅板上，会将空隙堵塞从而减少其开孔率，故这种支承装置广泛用于规整填料塔。

（2）波形板支承

开孔波形板属于梁型气体喷射式支承装置。波形板由开孔金属平板冲压为波形而成。其结构见图 9-34。波形梁的侧面和底部上开有许多小孔，上升的气体从侧面小孔喷出，下降的液体从底部小孔流下，故气液在波形板上为分道逆流。既减少了流体阻力，又使气、液分布均匀。

开孔波形板的特点是：支承板上开孔的自由截面积大；支承板上气液分道逆流，允许较高的气、液负荷；气体通过支承板时所产生的压降小；支承板做成波形，提高了刚度和强度。波形板结构为多块拼装形式，每块支承件之间用螺栓连接，波形的间距与高度和塔径有关。

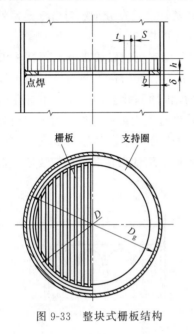

图 9-33　整块式栅板结构

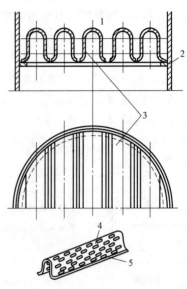

图 9-34　开孔波形板
1—塔体；2—支承圈；3,4—波形支承件；
5—长圆形孔

4. 填料的压紧和限位装置

当气速较高或压力波动较大时，会导致填料层的松动从而造成填料层内各处的装填密度产生差异，引起气、液相的不良分布，严重时会导致散装填料的流化，造成填料的破碎、损坏、流失。为了保证填料塔的正常、稳定操作，在填料层上部应当根据不同材质的填料安装不同的填料压紧器或填料限位器。填料压紧器是一种放置于填料上端，仅靠自身重力将填料压紧的填料限定装置；填料限位器是另一种将填料限定装置固定于塔壁上的限定装置。

一般情况下，陶瓷、石墨等脆性散装填料适用于填料压紧器，以免脆性填料发生移动撞击，造成填料破碎。而金属、塑料制散装填料及各种规整填料则使用填料限位器，以防止由于填料层膨胀，改变其初始堆积状态而造成流体分布不均匀现象。

另外，填料塔内件还包括液体出口及气体进、出口装置，其结构与板式塔中相似。

第四节　传质设备日常维护与故障处理

一、塔设备的操作及维护

1. 板式塔设备开车前准备

一般塔设备在检修完毕或重新开车前应做好以下几项工作：

① 认真检查水、电、汽是否能够保证正常生产需要。
② 各种物料输送装置如泵、压缩机等设备是否能正常运转。
③ 设备、仪表、防火安全设施是否齐全完备，有计算机自控装置应试调系统。
④ 所有阀门要处于正常运行的开、闭状态，并保证不能有渗漏、逃汽跑液现象。
⑤ 各冷凝、冷却器事先要试验是否渗漏，安排先后送水预冷，整个塔设备要先送蒸汽温塔。
⑥ 疏通前后工段联系，掌握进料浓度和储罐槽液量，通知化验室作取样分析准备工作。

2. 典型板式塔设备的操作要求

由于板式塔设备在化工生产中的应用非常广泛，无法一一说明其操作过程，这里仅以石油炼制中常见的常减压蒸馏装置的精馏塔为例介绍其操作规程。

① 检查精馏塔系统阀门关/开是否正确。蒸馏开始前，开启冷却水循环系统，并打开泄压阀，然后打开冷凝器冷却水阀门，将水压调整到 0.15MPa，关闭进料转子流量计阀门。
② 开启精馏塔系统真空，真空度按具体工艺要求选择，如蒸馏物料挥发性较强，开启盐水机组，启用冷凝系统，捕集物料。
③ 启动磁力泵，将蒸馏物料送入计量罐内，再输送至高位槽。
④ 打开预热蒸汽阀，打开塔釜蒸汽阀，并将蒸汽压力控制在需要的范围之内，保持设备的温度。
⑤ 检查塔体、塔釜、残液槽之间连接管道的阀门开启是否正确。
⑥ 选择合适的进塔料口，打开转子流量计，流量根据具体情况加以调整。
⑦ 整个蒸馏过程必须监控真空度、蒸汽压力、流量、物料输送以及出料情况。
⑧ 蒸馏完毕，排渣，清洗系统。

3. 板式塔设备的停车

通常每年要定期停车检修，将塔设备打开，检修其内部部件。注意在拆卸塔板时，每层塔板要作出标记，以免重新装配时出现差错。此外，在停车检查前预先准备好备件，如密封件、连接件等，以更换或补充。停车检查项目如下。

① 取出塔板或填料，检查、清洗污垢或杂质。
② 检测塔壁厚度，做出减薄预测曲线，评价腐蚀情况，判断塔设备使用寿命；检查塔体有无渗漏现象，做出渗漏处的修理安排。
③ 检查塔板或填料的磨损破坏情况。
④ 检查液面计、压力表、安全阀是否发生堵塞和在规定压力下动作，必要时重新调整和校正。
⑤ 如果在运行中发现有异常振动，停车检查时要查明原因。

二、塔设备常见机械故障及排除方法

塔设备在操作时，不仅受到风载荷、地震载荷等外部环境的影响，还承受着内部介质压力、温度、腐蚀等作用。这些因素将可能导致塔设备出现故障，影响塔设备的正常使用。所以在设计与使用时，应采取预防措施，减少故障的发生。一旦出现故障，应及时发现，分析产生故障的原因，制订排除故障的措施，以确保塔设备的正常运行。

塔设备的故障可分为两大类。一类是工艺性故障，如操作时出现的液泛、漏液量大、雾沫夹带过多、传质效率下降等现象。另一类是机械性故障，如塔设备振动、腐蚀破坏、密封失效、工作表面积垢、壳体壁厚减薄或产生裂纹等。

1. 塔设备的振动

脉动风力是塔设备产生振动的主要原因。当脉动风力的变化频率与塔自振频率相近时，塔体便发生振动。塔体产生共振后，使塔发生弯曲、倾斜，塔板效率下降，影响塔设备的正常操作，甚至导致塔设备严重破坏，造成重大事故。因此在塔的设计阶段就应考虑塔设备产生共振的可能性，采取预防措施，防止共振的发生。防止塔体产生共振通常采用以下三方面的办法。

① 提高塔体的固有频率，从根本上消除产生共振的根源。具体的方法有：降低塔体总高度，增加塔体内径（但需与工艺设计一并考虑）；加大塔体壁厚，或采用密度小、弹性模量大的材料；如条件允许，可在离塔顶 $0.22H$ 处（相应于塔的第二振形曲线节点位置），安装一个铰支座。

② 增加塔体的阻尼，抑制塔的振动。具体方法有：利用塔盘上的液体或塔内填料的阻尼作用；在塔体外部装置阻尼器或减振器；在塔壁上悬挂外包橡胶的铁链条；采用复合材料等。

③ 采用扰流装置。合理地布置塔体上的管道、平台、扶梯和其它连接件，以破坏或消除周期性形成的旋涡。在大型钢制塔体周围焊接螺旋条，也有很好的防振作用。

2. 塔设备的腐蚀

由于塔设备一般由金属材料制造，所处理的物料大多为各种酸、碱、盐、有机溶剂及腐蚀性气体等介质，故腐蚀现象非常普遍。据统计，塔设备失效有一半以上是由腐蚀破坏造成的。因此，在塔设备设计和使用过程中，应特别重视腐蚀问题。

塔设备腐蚀几乎涉及腐蚀的所有类型。既有化学腐蚀，又有电化学腐蚀，既可能是局部腐蚀，又可能是均匀腐蚀。造成腐蚀的原因更是多种多样，它与塔设备的选材、介质的特性、操作条件及操作过程等诸多因素有关。如炼油装置中的常压塔，产生腐蚀的原因与类型有：原油中含有的氯化物、硫化物和水对塔体和内件产生的均匀腐蚀，致使塔壁减薄，内件变形；介质腐蚀造成浮阀点蚀而不能正常工作；在塔体高应力区和焊缝处产生应力腐蚀，导致裂纹扩展穿孔；在塔顶部因温度过低而产生露点腐蚀等。

为了防止塔设备因腐蚀而破坏，必须采取有效的防腐措施，以延长设备使用寿命，确保生产正常进行。防护措施应针对腐蚀产生的原因、腐蚀类型来制定。一般采用的方法有如下几种。

(1) 正确选材

金属材料的耐腐蚀性能，与所接触的介质有关，因此，应根据介质的特性合理选择。如各种不锈钢在大气和水中或氧化性的硝酸溶液中具有很好的耐蚀性能，但在非氧化性的盐酸、稀硫酸中，耐蚀性能较差；铜及铜合金在稀盐酸、稀硫酸中相当耐蚀，但不耐硝酸溶液的腐蚀。

(2) 采用覆盖层

覆盖层的作用是将主体与介质隔绝开来。常用的有金属覆盖层与非金属覆盖层。金属覆盖层是用对某种介质耐蚀性能好的金属材料覆盖在耐蚀性能较差的金属材料上。常用的方法如电镀、喷镀、不锈钢衬里等。非金属保护层常用的方法是在设备内部衬以非金属材料或涂防腐涂料。

(3) 采用电化学保护

电化学保护是通过改变金属材料与介质电极电位来达到保护金属免受电化学腐蚀的办法。电化学保护分阴极保护和阳极保护两种。其中阴极保护法应用较多。

(4) 设计合理的结构

塔设备的腐蚀在很多场合下与它们的结构有关,不合理的结构往往引起机械应力、热应力、应力集中和液体的滞留。这些都会加剧或产生腐蚀。因此,设计合理的结构也是减少腐蚀的有效途径。

(5) 添加缓蚀剂

在介质中加入一定量的缓蚀剂,可使设备腐蚀速度降低或停止。但选择缓蚀剂时,要注意对某种介质的针对性,要合理确定缓蚀剂的类型和用量。

3. 其它常见机械故障

(1) 介质泄漏

介质泄漏不仅影响塔设备正常操作,恶化工作环境,甚至可能酿成重大事故。介质泄漏一般发生在构件连接处,如塔体连接法兰、管道与设备连接法兰以及人孔等处。泄漏的原因有:法兰安装时未达到技术要求;受力过大引起法兰刚度不足而变形;法兰密封件失效,操作压力过大等。采取的措施是保证安装质量;改善法兰受力情况或更换法兰;选择合适的密封件材料或更换密封件;稳定操作条件,不超温、不超压。

(2) 壳体减薄与局部变形

塔设备在工作一段时间后,由于介质的腐蚀和物料的冲刷,壳体壁厚可能减小。对于可能壁厚减薄的塔设备,首先应对其进行厚度测试,确定是否能继续使用,以确保安全。其次是在塔设备设计时,应针对介质腐蚀特性和操作条件合理选择耐蚀、耐磨的材料或采用衬里,以确保其服役期内的正常运转。

在塔设备的局部区域,可能由于峰值应力、温差应力、焊接残余应力等原因造成过大的变形。对此,要通过改善结构来改善应力分布状态;在满足工艺条件的前提下减少温差应力;在设备制造时进行焊后热处理以消除焊接残余应力。当局部变形过大时,可采用挖补的方法进行修理。

(3) 工作表面积垢

塔设备工作表面的积垢通常发生在结构的死角区(如塔盘支持圈与塔壁连接焊缝处、液体再分布器与塔壁连接处等),因介质在这些地方流动速度降低,介质中杂质等很容易形成积淀,也可能出现在塔壁、塔盘和填料表面。积垢严重时,将影响塔内件的传质、传热效率。积垢的消除通常有机械除垢法和化学除垢法等方法。

思考与练习

9-1 工业生产对塔设备的一般要求有哪些?

9-2 简述塔设备的作用及总体结构。

9-3 常见板式塔的类型有哪些?各有何特点?

9-4 简述板式塔的主要内件及作用。
9-5 填料塔的传质机理与板式塔有何不同?
9-6 常用填料有哪几种?怎样选择填料?
9-7 液体分布器有哪几种结构形式?各有何特点?
9-8 工业生产上应用较多的液体分布器有哪些?
9-9 简述设置液体再分布器的原因。
9-10 塔设备在停车时检查的重点项目是什么?

第十章

反 应 设 备

本章学习指导

● **能力目标**
- 能结合企业实际需求，正确操作维护相关反应设备。

● **知识点**
- 了解反应设备的类型及在化工生产中的应用；
- 掌握常见反应设备的结构特点；
- 了解反应设备操作维护基本要求。

为完成化学反应或生物质变化过程而提供空间和条件的装置称为反应设备，它是化工生产中普遍应用的典型工艺设备。反应设备结构形式多种多样，适用场合各不相同。本章主要介绍反应设备的应用及类型；搅拌釜式反应器的总体结构，搅拌装置的作用、结构类型和适用条件，传动装置作用，轴封的类型、作用，搅拌反应器制造与检验主要技术要求；简要介绍聚合反应釜、固化床、流化床等常见反应器结构与工作原理。

第一节 反应设备的应用与分类

一、反应设备的应用

化工生产中反应设备是发生化学反应或生物质变化等过程的场所，是流程性物料产品生产中的核心设备。通过化学反应或生物质变化等将原料加工成产品，是化工、冶金、石油、新能源、医药、食品和轻工等领域的重要生产方式。任何一种流程性物料产品的生产流程都可概括为原料预处理、化学反应或生物质变化、反应产物的分离与提纯等。

反应设备应用应考虑以下因素：物料性质，如黏度、密度、腐蚀性、相态等；反应条件，如温度、压力、浓度等；反应过程的特点，如气相的生成、固相的沉积和多相的输送等。反应设备应满足传质、传热和流体流动的要求，其通过影响反应速率、选择性和化学平衡等，对产品的生产成本、能耗和环保等起决定作用。综合运用反应动力学、传递过程原理、机械设计和机电控制等知识，正确选用反应设备的结构型式，以获得最佳的反应操作特性和控制方式，开发高效、节能和绿色的反应设备，是当今过程工业应用的重点。

二、反应设备的分类

化学反应器的形式多种多样，下面从分类的角度对常见的工业反应器进行简单的介绍。

1. 根据物料的聚集状态分类

按物料的聚集状态可以把化学反应器分为均相和非均相两种类型。均相反应器又可分为气相反应器和液相均相反应器两种，反应物料均匀地混合或溶解成为单一的气相或液相。其特点是没有相界面，反应速度只与温度、浓度（压力）有关；非均相反应器中有气-固、气-液、液-液、液-固、气-液-固五种类型，在非均相反应器中存在相界面，总反应速度不但与化学反应本身的速度有关，而且与物质的传递速度有关，因而受相界面积的大小和传质系数大小的影响。

2. 根据反应器结构型式分类

按反应器的形状和结构可以把反应器分为釜式（槽式）、管式、塔式、固定床、流化床、移动床等各种反应器。釜式反应器应用十分广泛，除气相反应外还适用于其它各类反应。常见的是用于液相的均相或非均相反应；管式反应器大多用于气相和液相均相反应过程，以及气-固、气-液非均相反应过程；固定床、流化床、移动床大多用于气-固相反应过程。

3. 按传热方式分类

按反应器与外界有无热量交换，可以把反应器分为绝热式反应器和外部换热式反应器。绝热式反应器在反应进行过程中，不向反应区加入或从反应区取出热量，当反应吸热或放热强度较大时，常把绝热式反应器作成多段，在段间进行加热或冷却，此类反应器中温度与转化率之间呈直线关系；外部换热式有直接换热式（混合式、蓄热式）和间接换热式两种，此类反应器应用甚广。此外尚有自热式反应器，利用反应本身的热量来预热原料，以达到反应所需的温度，此类反应器开工时需要外部热源。

4. 根据操作方式分类

按操作方式可以把反应器分为间歇式、连续式和半间歇式。间歇式又叫批量式，一般都是在釜式反应器中进行。其操作特点是将反应物料一次加入到反应器中，按一定条件进行反应，在反应期间不加入或取出物料。当反应物达到所要求的转化率时停止反应，将物料全部放出，进行后续处理，清洗反应器进行下一批生产。此类反应器适用于小批量、多品种以及反应速度慢不宜于采用连续操作的场合，在制药、染料和聚合物生产中应用广泛。间歇式反应器操作简单，但体力劳动量大，设备利用率低，不易自动控制。

连续式反应器，物料连续地进入反应器，产物连续排出，当达到稳定操作时（稳态时），反应器内各点的温度、压力及浓度均不随时间而变化。此类反应器设备利用率高、处理量大，产品质量均匀，需要较少的体力劳动，便于实现自动化操作，适用于大规模的生产场合。常用于气相、液相和气-固相反应体系。

介于上述两者之间的为半间歇式（或称半连续式）反应器，其特点是先在反应器中加入一种或几种反应物（但不是全部反应物），其它反应物在反应过程中连续加入，反应结束后物料一次全部排出。另外当用气体来处理液体时（如氯化反应和氢化反应）也常采用此类半间歇式反应器。第二种半间歇式反应器，各种反应物一次加入，但产物连续产出（例如连续蒸出），此种反应器适用于需要抑制逆反应的场合，可以使转化率不受平衡的限制，并降低逆反应的速度，提高反应的净速度。

上述反应器的分类方法，它们不是相互排斥的，而是互相补充的。例如乙烯在银催化下制环氧乙烷,常用的一种反应器为非均相的、连续式的、管式反应器,因为反应热效应大,与外界换热,所以又是换热式的;反应器中各点温差较大,所以又是非恒温的;催化剂颗粒固定不动,因而又是固定床反应器。

第二节 搅拌釜式反应器

这种反应器可用于均相反应,也可用于多相(如液-液、气-液、液-固)反应,可以间歇操作,也可以连续操作。连续操作时,几个釜串联起来,通用性很大,物料停留时间可以得到有效地控制。机械搅拌反应器灵活性大,根据生产需要,可以生产不同规格、不同品种的产品,生产的时间可长可短。可在常压、加压、真空下生产操作,可控范围大。反应结束后出料容易,反应器的清洗方便,机械设计十分成熟。

搅拌釜式反应器适用于各种物性(如黏度、密度)和各种操作条件(温度、压力)的反应过程,广泛应用于合成塑料、合成纤维、合成橡胶、医药、农药、化肥、染料、涂料、食品、冶金、废水处理等行业。如实验室的搅拌反应器可小至数十毫升,而污水处理、湿法冶金、磷肥等工业大型反应器的容积可达数千立方米。除用作化学反应器和生物反应器外,搅拌反应器还大量用于混合、分散、溶解、结晶、萃取、吸收或解吸、传热等操作。

搅拌反应釜主要由筒体、传热装置、传动装置、轴封装置和各种接管组成。如图10-1所示为夹套式搅拌反应釜。

釜体内筒通常为一圆柱形壳体,它提供反应所需空间;传热装置的作用是满足反应所需温度条件;搅拌装置包括搅拌器、搅拌轴等,是实现搅拌的工作部件;传动装置包括电动机、减速器、联轴器及机架等附件,它提供搅拌的动力;轴封装置是保证工作时形成密封条件,阻止介质向外泄漏的部件。

一、釜体

釜体的作用是为物料反应提供合适的空间。釜体的内筒一般为钢制圆筒,封头常采用椭圆形封头、碟形封头和平盖,以椭圆形封头应用最广。根据工艺需要,容器上装有各种接管,以满足进料、出料、排气等要求。为对物料加热或取走反应热,常设置外夹套或内盘管。上封头焊有凸缘法兰,用于搅拌容器与机架的连接。操作过程中为了对反应进行控制,必须测量反应物的温度、压力、成分及其它参数,容器上还设置有温度、压力等传感器。支座选用时应考虑容器的大小和安装位置,小型的反应器

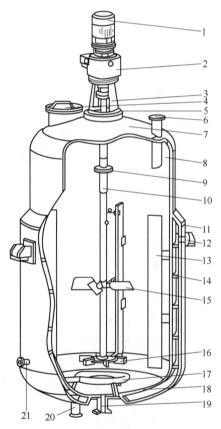

图10-1 夹套式搅拌反应釜结构
1—电动机;2—减速器;3—机架;4—人孔;
10—密封装置;6—进料口;7—上封头;
8—筒体;9—联轴器;10—搅拌轴;
11—夹套;12—载热介质出口;13—挡板;
14—螺旋导流板;15—轴向流搅拌器;
16—径向流搅拌器;17—气体分布器;
18—下封头;19—出料口;20—载热
介质进口;21—气体进口

一般用悬挂式支座，大型的用裙式支座或支承式支座。

在确定搅拌容器的容积时，应考虑物料在容器内充装的比例即装料系数，其值通常可取 0.6～0.85。如果物料在反应过程中产生泡沫或呈沸腾状态，取 0.6～0.7；如果物料在反应中比较平稳，可取 0.8～0.85。

工艺设计给定的容积，对直立式搅拌容器通常是指筒体和下封头两部分容积之和；对卧式搅拌容器则指筒体和左右两封头容积之和。根据使用经验，可选取搅拌容器中筒体的高径比。设计时，根据搅拌容器的容积、所选用的筒体高径比，就可确定筒体直径和高度。

有传热要求的搅拌反应器，为维持反应的最佳温度，需要设置传热元件。常用的传热装置有夹套结构的壁外传热和釜内装设换热管传热两种形式，如图 10-2 所示。当夹套的换热面积能满足传热要求时，应优先采用夹套传热方式，这样可减少容器内构件，便于清洗，不占用有效容积。当反应釜采用衬里结构或夹套传热不能满足温度要求时，常用蛇管传热方式。蛇管浸没在物料中，热量损失小，传热效果好，但检修较困难。

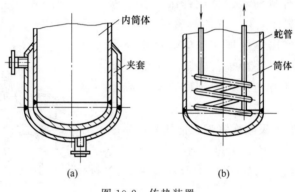

图 10-2 传热装置

二、搅拌装置

搅拌装置是反应釜的关键部件。反应釜内的反应物借助搅拌器的搅拌，达到物料充分混合、增强物料分子碰撞、加快反应速率、强化传质与传热效果、促进化学反应的目的。所以设计和选择合理的搅拌装置是提高反应釜生产能力的重要手段。搅拌装置通常包括搅拌器、搅拌轴、支承结构以及挡板、导流筒等部件。

1. 搅拌器

搅拌器的型式很多。常用的搅拌器有桨式、涡轮式、推进式、锚式、框式和螺杆式等。

搅拌器的主要部件是桨叶。桨叶形状按搅拌器的运动方向与桨叶表面的角度可分为三类：平叶、折叶和螺旋面叶。桨式、涡轮式、锚式和框式的桨叶都是平叶或折叶，而推进式、螺杆式等的桨叶为螺旋面叶。

不同桨叶在搅拌过程中所产生的流型不完全相同。平叶的运动方向与桨叶垂直，桨叶低速运动时，流体的主要流场为水平环流，当桨叶转速增大时，液体的径向流就逐渐增大。

折叶的桨面与运动方向成一定倾斜角，所以在桨叶运动时，除有水平环流外，还有轴向流，在桨叶速度增加时，还会有径向流。螺旋面叶的桨面与运动方向的倾斜角是逐渐变化的，它产生的流向有水平环流、径向流和轴向流，其中以轴向流量最大。

为了区分桨叶排液的流向特点，根据主要排液方向将桨叶分为径向流和轴向流两种类型。平叶的桨式和涡轮式为径向流型，螺旋面叶的推进式、螺杆式等是轴流型，折叶桨则介于二者之间，一般认为它更接近于轴流型。

当搅拌器以一定的转速旋转时，从桨叶排出的高速流体将吸引挟带周围的液体，使静止液或低速流卷入到高速流中，从而使流体在搅拌设备内发生体积循环作用。液体的这种循环流动是达到物料混合所必不可少的流动状态。当要求有效地混合或进行传热传质等搅拌操作时，必须提高液流速度以形成强烈的湍流扩散及剪切流动。

(1) 桨式搅拌器

桨式搅拌器结构较简单，一般叶片用扁钢制成，焊接或用螺栓固定在轮毂上，叶片数是2、3或4片，叶片形式可分为平直叶式和折叶式两种，如图10-3所示。

平直叶的叶片与旋转方向垂直，主要使物料产生切线方向的流动，若加设有挡板也可产生一定程度的轴向搅拌作用。折叶式则与旋转方向成一倾斜角度，产生的轴向分流比平直叶多。

桨式搅拌器主要用于流体的循环，由于在同样排量下，折叶式比平直叶式的功耗少，操作费用低，故轴流桨叶使用较多。桨式搅拌器也可用于高黏流体的搅拌，促进流体的上下交换，代替价格高的螺带式叶轮，能获得良好的效果。

桨式搅拌器的直径一般为筒体内径的 0.35～0.8 倍，其中 $D/B=4\sim10$。搅拌桨转速较低，一般为 20～80r/min。当液层较高时，常装多层桨叶，且相邻两层桨叶交错安装。

(2) 推进式搅拌器

推进式搅拌器形状与船舶用螺旋桨相似。推进式搅拌器一般采用整体铸造方法制成，常用材料为铸铁或不锈钢，也可采用焊接成形。桨叶上表面为螺旋面，叶片数一般为三个。桨叶直径较小，一般为筒体内径的1/3左右，宽度较大，且从根部向外逐渐变宽，其结构形式如图10-4所示。

搅拌时，流体由桨叶上方吸入，下方以圆筒状螺旋形排出，流体至容器底再沿壁面返至桨叶上方，形成轴向流动。推进式搅拌器搅拌时流体的湍流程度不高，但循环量大。容器内

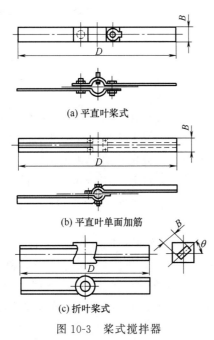

图 10-3 桨式搅拌器

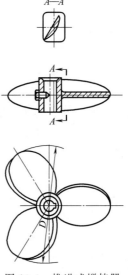

图 10-4 推进式搅拌器

装挡板、搅拌轴偏心安装或搅拌器倾斜,可防止漩涡形成。

推进式搅拌器结构简单,制造方便,适用于黏度低、流量大的场合,利用较小的搅拌功率,通过高速转动的桨叶能获得较好的搅拌效果,主要用于液-液系混合、使温度均匀在低浓度固-液系中防止淤泥沉降等。推进式搅拌器的循环性能好,剪切作用不大,属于循环型搅拌器。

(3) 涡轮式搅拌器

涡轮式搅拌器(又称透平式叶轮),是应用较广的一种搅拌器,能有效地完成几乎所有的搅拌操作,并能处理黏度范围很广的流体。图 10-5 给出一种典型的涡轮式搅拌器结构。涡轮式搅拌器可分为开式和盘式两类。开式有平直叶、斜叶、弯叶等;盘式有圆盘平直叶、圆盘斜叶、圆盘弯叶等。开式涡轮常用的叶片数为 2 叶和 4 叶;盘式涡轮以 6 叶最常见。为改善流动状况,有时把桨叶制成凹形或箭形。

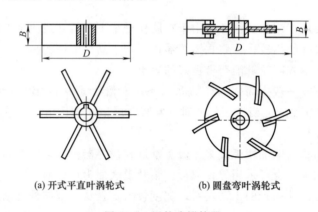

(a) 开式平直叶涡轮式　　(b) 圆盘弯叶涡轮式

图 10-5　涡轮式搅拌器

涡轮式搅拌器的桨叶直径一般为筒体内径的 $0.25 \sim 0.5$ 倍,且 $D/B = 5 \sim 8$。

涡轮式搅拌器有较大的剪切力,可使流体微团分散得很细,适用于低黏度到中等黏度流体的混合、液-液分散、液-固悬浮,以及促进良好的传热、传质和化学反应。平直叶剪切作用较大,属剪切型搅拌器。弯叶是指叶片朝着流动方向弯曲,可降低功率消耗,适用于含有易碎固体颗粒的流体搅拌。

(4) 锚式和框式搅拌器

锚式搅拌器结构简单,适用于黏度在 $100Pa \cdot s$ 以下的流体搅拌,当流体黏度在 $10 \sim 100Pa \cdot s$ 时,可在锚式桨中间加一横桨叶,即为框式搅拌器,以增加容器中部的混合。锚式或框式桨叶的混合效果并不理想,只适用于对混合要求不太高的场合。由于锚式搅拌器在容器壁附近流速比其它搅拌器大,能得到大的表面传热系数,故常用于传热、晶析操作,也常用于搅拌高浓度淤浆和沉降性淤浆。当搅拌黏度大于 $100Pa \cdot s$ 的流体时,应采用螺带式或螺杆式。

锚式搅拌器是由垂直桨叶和形状与底封头形状相同的水平桨叶所组成,如图 10-6 (a) 所示。若在锚式搅拌器的桨叶上加固横梁即成为框式搅拌器,见图 10-6 (b)。锚式和框式搅拌器的共同特点是旋转部分的直径较大,可达筒体内径的 0.9 倍以上,一般取 $D/B = 10 \sim 14$。由于直径较大,能使釜内整个液层形成湍动,减少沉淀或结块,故在反应釜中应用较多。

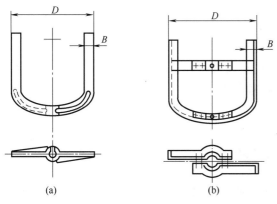

图 10-6　锚式及框式搅拌器

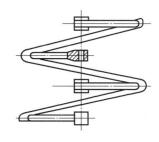

图 10-7　螺带式搅拌器

（5）螺带式搅拌器

由螺旋带、轴套和支撑杆所组成的螺带式搅拌器如图 10-7 所示。其桨叶是一定宽度和一定螺距的螺旋带，通过横向拉杆与搅拌轴连接。螺旋带外直径接近筒体内直径，搅动时液体呈现复杂运动，混合和传质效果较好。

2. 搅拌轴

搅拌轴是连接减速机和搅拌器而传递动力的构件。搅拌轴属于非标准件，需要自行设计。搅拌轴的材料常用 45 优质碳素钢，对强度要求不高或不太重要的场合，也可选用 Q325 钢。当介质具有腐蚀性或不允许铁离子污染时，可采用不锈耐酸钢或采取防腐措施。

搅拌轴的结构与一般机械传动轴相同。搅拌轴一般采用圆截面实心轴或空心轴。其结构形式视轴上安装的搅拌器类型、轴的支承形式、轴与联轴器连接等要求而定，如连接推进式和涡轮式搅拌器的轴头常采用如图 10-8 所示的结构。

搅拌轴通常依靠减速箱内的一对轴承支承，如图 10-9 所示，支承形式为悬臂梁。由于搅拌轴往往细而长，而且要带动搅拌器进行搅拌操作。搅拌轴工作时承受着弯扭联合作用，如变形过大，将产生较大离心力而不能正常转动，甚至使轴遭受破坏。

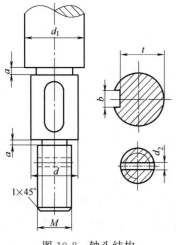

图 10-8　轴头结构

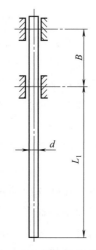

图 10-9　搅拌轴的支承

为保证轴的正常运转，悬臂支承的条件为：

$$L_1/B = 4 \sim 5$$
$$L_1/d = 40 \sim 45$$

其中，L_1 表示悬臂轴的长度，m；B 表示轴承间距，m；d 表示搅拌轴直径。

若轴的直径裕量大、搅拌器经过平衡检验且转速较低时可取偏大值。如不能满足上述要求，则应考虑安装中间轴承或底轴承，搅拌轴的直径大小要经过强度计算、刚度计算、临界转速验算，还要考虑介质腐蚀情况。

3. 挡板及导流筒

挡板的安装方式如图 10-10 所示。挡板的作用是将环向流动转变为轴向流动和径向流动，从而限制了流体的流型，增大被搅拌液体的湍动程度，加强搅拌效果。

导流筒是一个圆筒，安装在搅拌器外面，常用于推进式和涡轮式搅拌器（见图 10-11）。导流筒的作用是使从搅拌器排出的液体在导流筒内部和外部形成上下循环的流动，以增加流体湍动程度，减少短路机会，增加循环流量和控制流型。

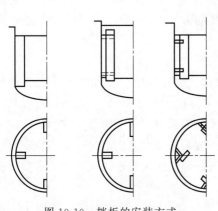

图 10-10　挡板的安装方式

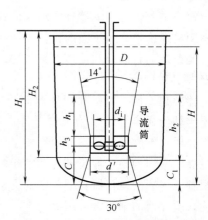

图 10-11　推进式搅拌器的导流筒

三、轴封装置和内部构件

用于搅拌釜式反应器的轴封主要有两种：填料密封和机械密封。轴封的目的是避免介质通过转轴从搅拌容器内泄漏或外部杂质渗入搅拌容器内。

1. 填料密封

填料密封是搅拌反应釜最早采用的一种转轴密封形式。填料密封结构简单，制造容易，适用于非腐蚀性和弱腐蚀性介质、密封要求不高并允许定期维护的搅拌设备。

（1）填料密封原理

填料密封的结构如图 10-12 所示，它由填料、填料箱体、衬套、填料压盖及压紧螺栓等组成。

填料箱本体固定在反应器顶盖的底座上，装在搅拌轴与填料箱本体之间的填料，在压盖压力作用下对搅拌轴表面产生径向压紧力。由于填料中含有润滑剂，因此，在对搅拌轴产生径向压紧力的同时，形成一层极薄的液膜，一方面使搅拌轴得到润滑，另一方面阻止设备内流体的逸出或外部流体的渗入，达到密封的目的。

（2）填料

填料是形成密封的主要元件，其性能优劣对密封效果起关键性作用。对填料的基本要求是：具有足够的塑性，在压盖压紧力下能产生较大的塑性变形；具有良好的弹性，吸振性能好；具有较好的耐介质及润滑剂浸泡、腐蚀性能；耐磨性好，使用寿命长；摩擦系数小，降低摩擦功的消耗；导热性能好，散热快；耐温性能好。

填料的选用应根据介质特性、工艺条件、搅拌轴的轴径及转速等情况进行。对于低压、无毒、非易燃易爆等介质，可选用石棉绳作填料。对于压力较高且有毒、易燃易爆的介质，一般可用油浸石墨石棉填料或橡胶石棉填料。对于高温高压下操作的反应釜，密封填料可选用铅、紫铜、铝、蒙乃尔合金、不锈钢等金属材料作填料。

（3）填料箱及压盖

填料箱已有标准件。标准的制订以标准轴径为依据，轴径系列有八种规格，已能适应大部分厂家的要求。填料箱的材质有铸铁、碳钢、不锈钢三种。结构形式有带衬套及冷却水夹套和不带衬套与冷却水夹套两种。当操作条件符合要求时，可直接选用。

压盖的作用是盖住填料，并在压紧螺母拧紧时将填料压紧，从而达到轴封的目的。压盖的内径应比轴径稍大，而外径应比填料室内径稍小，使轴向活动自由，以便于压紧和更换填料。

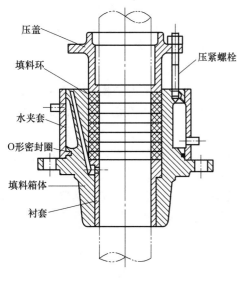

图 10-12 填料密封结构

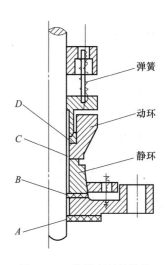

图 10-13 机械密封的结构

2. 机械密封

用垂直于轴的平面来密封转轴的装置称为机械密封或端面密封，如图 10-13 所示。与填料密封相比，机械密封是一种功耗小、泄漏率低、密封性能可靠、使用寿命长的转轴密封形式。

四、传动装置

传动装置通常设置在反应釜顶盖上，一般采用立式布置。反应釜传动装置包括电动机、减速器、支架、联轴器、搅拌轴等，如图 10-14 所示。

传动装置的作用是将电动机的转速，通过减速器，调整至工艺要求所需的搅拌转速，再通过联轴器带动搅拌轴旋转，从而带动搅拌器工作。

1. 电动机

电动机型号应根据电动机功率和工作环境等因素选择。工作环境包括防爆、防护等级、腐蚀情况等。电动机选用主要是确定系列、功率、转速、安装方式等内容。

电动机的功率 P_e 是选用的主要参数，决定于搅拌功率及传动装置的机械效率，即

$$P_e = \frac{P + P_m}{\eta}$$

式中，P 为搅拌功率，kW；P_m 为轴封的摩擦损失功率，kW；η 为传动装置的机械效率。

2. 减速器

减速器的作用是传递运动和改变转动速度，以满足工艺条件的要求。减速器是工业生产中应用很广的典型装置。为了提高产品质量，节约成本，适应大批量专业生产，已制订了相应的标准系列，并由有关厂家定点生产。

反应釜用减速器常用的有摆线针轮行星减速器、齿轮减速器、V 带减速器以及圆柱蜗杆减速器。一般根据功率、转速来选择减速器。选用时应优先考虑传动效率高的齿轮减速器和摆线针轮行星减速器。

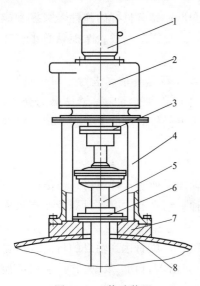

图 10-14 传动装置
1—电动机；2—减速器；3—联轴器；4—支架；10—搅拌轴；6—轴封装置；7—凸缘；8—上封头

3. 机架

搅拌反应釜的传动装置是通过机架安装在釜体顶盖上的。机架的结构形式要考虑安装联轴器、轴封装置以及与之配套的减速器输出轴径和定位结构尺寸的需要。釜用机架的常用结构有单支点机架和双支点机架两种。

单支点机架用以支承减速器和搅拌轴，适合电动机或减速器可作为一个支点，或容器内可设置中间轴承和可设置底轴承的情况。

当减速器中的轴承不能承受液体搅拌所产生的轴向力时，应选用双支点机架，由机架上的两个支点承受全部的轴向载荷。对于大型设备，或对搅拌密封要求较高的场合，一般都采用双支点机架。

第三节　聚合反应器

一、聚合釜

聚合反应釜，是各类反应器中结构较为简单且应用较广的一种，主要应用于液-液均相反应过程，在气-液、液-液非均相反应过程中也有应用。

聚合釜内部常设有搅拌装置，高径比较小时可采用单层搅拌桨叶，高径比较大时可采用多层搅拌桨叶。它可以使物料混合均匀，强化传热传质，使气体或固体颗粒在液相中均匀分散或悬浮，普遍用于化工、制药、染料以及化纤生产中的磺化、硝化、缩合、聚合、烃化等反应，是三大合成材料生产的常用设备。釜式反应器具有结构简单，应用广泛，操作简便灵活，操作弹性大，物料的浓度、温度和压力的可控范围广，适应性强，反应结束容易出料，便于清洗等特点。主要用于间歇操作过程，又可单釜或多釜串联用于连续操作过程。通常在

压力、温度较低,操作条件较稳定时,多采用此类反应器。

二、塔式聚合反应器

塔式反应器的典型特点是,一般高度为直径的数倍乃至十余倍,塔内设有增加两相接触的构件,如填料、筛板等。塔式反应器主要用于两种流体相之间的反应过程,如气-液反应和液-液反应等。

常见的有鼓泡塔反应器,气体以鼓泡形式通过液层进行化学反应,它广泛用于气-液相反应过程。鼓泡塔反应器基本结构是内盛液体的空心圆筒,底部装有气体分布器,壳外装有夹套或其它型式换热器或设有扩大段、液滴捕集器等,如图10-15所示。反应气体通过分布器上的小孔鼓泡而入,液体间歇或连续加入,连续加入的液体可以和气体并流或逆流,一般采用并流形式较多。气体在塔内为分散相,液体为连续相,液体返混程度较大。为了提高气体分散程度和减少液体轴向循环,可以在塔内安置水平多孔隔板。当吸收或反应过程热效应不大时,可采用夹套换热装置,热效应较大时,可在塔内增设换热蛇管或采用塔外换热装置。也可以利用反应液蒸发的方法带走热量。简单鼓泡塔具有结构简单、运行可靠、易于实现大型化、适宜于加压操作、在采取防腐措施(如衬橡胶、瓷砖、搪瓷等)后可以处理腐蚀性介质等优点。但在简单鼓泡塔内不能处理密度不均一的液体,如悬浊液等。

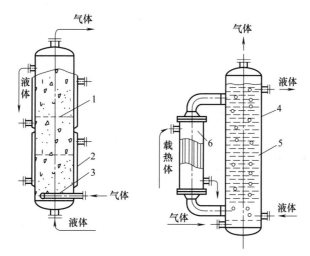

图 10-15 鼓泡塔反应器结构示意图
1—分布格板;2—夹套;3—气体分布器;4—塔体;5—挡板;6—塔外换热器

为了增加气、液相接触面积和减少返混,可在塔内的液体层中放置填料,这种塔称为填料鼓泡塔。它与一般填料塔不同,一般填料塔中的填料不浸泡在液体中,只是在填料表面形成液层,填料之间的空隙中是气体。而填料鼓泡塔中的填料是浸没在液体中,填料间的空隙全是鼓泡液体。这种塔的大部分反应空间被惰性填料所占据,因而液体在反应器中的平均停留时间很短,虽有利于传质过程,但传质效率较低,故不如中间设有隔板的多段鼓泡塔效果好。

三、管式聚合反应器

管式反应器主要用于气相、液相、气-液相连续反应过程,由单根(直管或盘管)连续或多根平行排列的管子组成,一般设有套管或壳管式换热装置。操作时,物料自一端连续加入,在管中连续反应,从另一端连续流出,便达到了要求的转化率。由于管式反应器能承受较高的压力,故用于加压反应尤为合适,例如油脂或脂肪酸加氢生产高碳醇、裂解反应用的管式炉便是管式反应器。此种反应器具有容积小、比表面大、返混少、反应混合物连续性变化、易于控制等优点;但若反应速度较慢时,则有所需管子长、压降较大等不足。随着化工生产越来越趋于大型化、连续化、自动化,连续操作的管式反应器在生产中使用越来越多,某些传统上一直使用间歇搅拌釜的高分子聚合反应,目前也开始改用连续操作的管式反应器。

管式反应器与釜式反应器相比在结构上差异较大,主要有直管式、盘管式、多管式等,如图 10-16 所示。

单管(直管或盘管)式是最简单的一种反应器,因其传热面积较小,一般仅适用于热效应较小的反应过程,如环氧乙烷水解制乙二醇和乙烯高压聚合制聚乙烯等便使用这种反应器,管式裂解炉中的炉管亦属于盘管反应器。

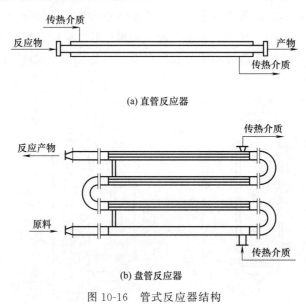

图 10-16 管式反应器结构

四、固定床反应器

气体流经固定不动的催化剂床层进行催化反应的装置称为固定床反应器。它主要用于气-固相催化反应,具有结构简单、操作稳定、便于控制、易实现大型化和连续化生产等优点,是现代化工和反应中应用很广泛的反应器。例如,氨合成塔、甲醇合成塔、硫酸及硝酸生产的一氧化碳变换塔、三氧化硫转化器等。

固定床催化反应器的特点是除床层极薄和气体流速很低的特殊情况外,床层内气体的流动均可视为理想平推流流动,因而化学反应速度较快,为完成同样生产任务所需要的催化剂用量和反应器体积较小。流体通过床层的停留时间可以严格控制,温度分布可以适当调节,因而有利于提高化学反应的转化率和选择性。固定床内的催化剂不易磨损,可以较长时间连续使用,适宜于在高温高压条件下操作。

固定床反应器有三种基本形式:轴向绝热式、径向绝热式和列管式。轴向绝热式固定床反应器见图 10-17（a），催化剂均匀地放置在一多孔筛板上，预热到一定温度的反应物料自上而下沿轴向通过床层进行反应，在反应过程中反应物系与外界无热量交换。径向绝热式固定床反应器见图 10-17（b），催化剂装载于两个同心圆筒的环隙中，流体沿径向通过催化剂床层进行反应。径向反应器的特点是在相同筒体直径下增大流道截面积。列管式固定床反应器见图 10-17（c），这种反应器由很多并联管子构成，管内（或管外）装催化剂，反应物料通过催化剂进行反应，载热体流经管外（或管内），在化学反应的同时进行换热。

由于固定床中固体催化剂颗粒固定不动，受压限制气速不能太高，颗粒粒径不能太小，故固定床床内传热和床层与器壁之间的传热性能较差，温度控制比较困难，连续换热式固定床反应器在径向与轴向都存在较大的温差，对反应结构影响较大。对于热效应比较大的反应，固定床反应器往往做成列管式，管内装催化剂，管外走换热介质。

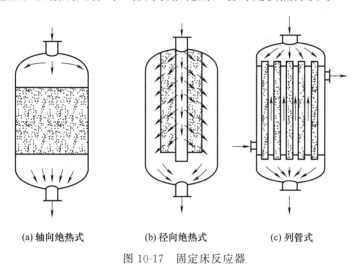

(a) 轴向绝热式　　(b) 径向绝热式　　(c) 列管式

图 10-17　固定床反应器

五、流化床反应器

流体（气体或液体）以较高的流速通过床层，带动床内的固体催化剂颗粒运动，使之悬浮在流动的主体流中进行反应，并具有类似流体流动的一些特性的装置称为流化床反应器。流化床反应器是工业上应用较广泛的反应装置，适用于催化或非催化的气-固、液-固和气-液-固反应，如萘氧化制苯酐、乙烯氧化制环氧乙烷、乙炔与醋酸合成醋酸乙烯（见图 10-18）等合成反应。在反应器中固体颗粒被流体吹起呈悬浮状态，可做上下左右剧烈运动和翻动，好像是液体沸腾一样，故流化床反应器又称沸腾床反应器。

流化床反应器的结构形式很多，一般由壳体、气体分布装置、换热装置、气-固分离装置、内构件以及催化剂加入和卸出装置等组成。在流化床反应器中，反应气体从进气管进入反应器，经气体分布板进入床层。反应器内设置有换热器，气体离开床层时总要带走部分细小的催化剂颗粒，为此将反应器上部直径增大，使气体速度降低，从而使部分较大的颗粒沉降下来，落回床层中，较细的颗粒经过反应器上部的旋风分离器分

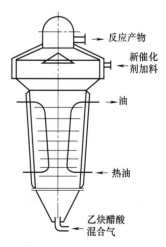

图 10-18　乙炔与醋酸合成醋酸乙烯反应器

离出来后返回床层，反应后的气体由顶部排出。

流化床反应器的最大优点是传热面积大、传热系数高和传热效果好。流态化较好的流化床，床内各点温度相差一般不超过5℃，可以防止局部过热。流化床的进料、出料、废渣排放都可以用气流输送，易于实现自动化生产。流化床反应器的缺点是：反应器内物料返混大，粒子磨损严重，通常要有回收和集尘装置，内构件比较复杂；操作要求高等。

第四节　其它类型反应器

一、电极式反应器

电化学反应器由两个电极和电解质构成，用于输入或产生电能。对于工业上常用的氢氧燃料电池，是以氢气作燃料，氧气作氧化剂。通过向氢电极供应氢气，同时向载电极供应氧气，氢气和氧气在电极上催化剂作用下，通过电解质生成水。氧电极上有多余的电子而带负电，在氧电极上由于缺少电子而带正电，由于氧化还原反应，最终将化学能转变为电能。

因此，电化学反应是发生在第一类导体（电子导体）和第二类导体（离子导体）界面上的有电子得失的反应，既是多相反应，又是氧化还原反应。由于反应粒子带电，在体相内，反应粒子的传递必然伴随电荷的传递，发生在电化学反应器中的传递过程，除了一般的质量、热量和动量传递，还伴随着电荷传递。传质的方式除了扩散和对流，还存在电迁移，即带电粒子在电场作用下的定向移动。在界面上，带电粒子参与电化学反应，其通过界面的电量与参加电化学反应的物质量，或是产物的质量，符合法拉第（Farady）定律。

二、微反应器

微反应器是通过纳米、微米加工和细观精密集成技术制造的小型反应系统。微反应器内反应流体的通道尺寸在纳米、亚微米、微米到亚毫米量级，串、并流等高度集成，可以制成微混合、微换热、微分离、微反应和集多功能于一体的微芯片等诸多形式。微反应器不仅所需空间小、质量和能量消耗少、响应时间短，而且单位时间和空间获得的信息量大，可大批量生产和自动化安装，成本低，很容易实现一体化集成。微反应器内，微尺度下质量、热量和动量等传递不同于宏观尺度现象，如气体表现为稀薄效应，液体表现出颗粒效应，其以分子运动效应为主，同时具有电、磁、热和光等多物理场耦合性质，需要用波兹曼方程描述。

每种反应器都有其优点和缺点，设计时应根据使用场合和设计要求等因素，确定最合适的反应器结构。

第五节　反应器的操作与维护

化工产品的种类繁多，各种产品的生产工艺和生产条件各不相同，但基本上都采用连续性生产的工艺流程。因此，生产过程中的化工设备进行操作、维护时，既要保证质量，又要安全、迅速。

一、釜式反应器的日常运行与操作

以生产高密度低压聚乙烯的搅拌反应釜聚合系统（图10-19）为例说明釜式反应器的日

常运行与操作。

1. 开车

用氮气对系统试漏、置换。检查设备后，投运冷却水、蒸汽、热水、氮气、工厂风、仪表风、润滑油密封油等系统。投运仪表、电气、安全联锁系统。往聚合釜中加入溶剂或液态聚合单体。当釜内液体淹没最低一层搅拌叶后，启动聚合釜搅拌器。继续往釜内加入溶剂或单体，直到达正常料位为止。升温使釜温达到正常值。在升温的过程中，当温度达到某一规定值时，向釜内加入催化剂、单体、溶剂、分子量调节剂等，并同时控制聚合温度、压力、聚合釜料位等工艺指示，使之达正常值。

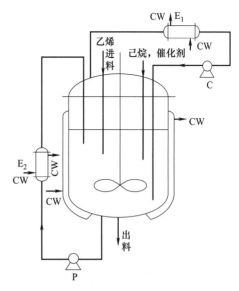

图 10-19 搅拌反应釜聚合系统示意图

2. 聚合系统的操作

（1）温度控制

聚合温度的控制一般有如下三种方法。

① 通过夹套冷却水换热。

② 如图 10-19 所示，循环风机 C、气相换热器 E_1、聚合釜组成气相外循环系统，通过气相换热器 E_1 能够调节循环气体的温度，并使其中的易冷凝气相冷凝，冷凝液流聚合釜，从而达到控制聚合温度的目的。

③ 浆液循环泵 P、浆液换热器 E_2 和聚合釜组成浆液外循环系统，通过浆液换热器 E_2 能够调节循环浆液的温度，从而达到控制聚合温度的目的。

（2）压力控制

聚合温度恒定时，在聚合单体为气相时可主要通过催化剂的加料量和聚合单体的加料量来控制聚合压力。如聚合单体为液相时，聚合釜压力主要决定单体的蒸气分压，也就是聚合温度。聚合釜气相中，不凝性惰性气体的含量过高是造成聚合釜压力超高的原因之一。此时需通过减压阀排出不凝性气体以降低聚合釜的压力。

（3）料位控制

聚合釜料位应该严格控制。一般聚合釜液位控制在 70% 左右，通过聚合浆液的出料速率来控制。连续聚合时聚合釜必须有自动料位控制系统，以确保料位准确控制。料位控制过低，聚合产率低；料位控制过高甚至满釜，就会导致聚合浆液进入换热器、风机等设备中造成事故。

（4）聚合浆液浓度控制

浆液过浓，造成搅拌器电动机电流过高，引起超负载跳闸、停转，就会造成釜内聚合物结块，甚至引发飞温、爆聚事故。停搅拌是造成爆聚事故的主要原因之一。控制浆液浓度主要通过控制溶剂的加入量和聚合产率来实现。

3. 停车

首先停进催化剂、单体，溶剂继续加入，维持聚合系统继续运行，在聚合反应停止后，停进所有物料，卸料，停搅拌器和其它运转设备，用氮气置换，置换合格后交检修。

二、固定床反应器操作与维护

（1）温度调节

催化剂床层温度是反应部分最重要的工艺参数。提高反应温度可使反应速率加快，组分含量增加，产率增高。但反应温度的提高，使催化剂表面积炭结焦速率加快，影响使用寿命。所以，温度的调节控制十分重要。

① 控制反应器入口温度：以加热炉式换热器提供热源的反应，要严格控制反应器入口物料的温度，即控制加热炉出口温度或换热器终温，这是装置重要的工艺指标。如果有两股以上物料同时进反应器，则还可以调节两股物料的比例，达到反应器入口温度恒定的要求，如加氢裂化反应器可以通过加大循环氧量或减少新鲜进料，来降低反应器的入口温度。

② 控制反应床层间的冷却介质量：如加氢裂化过程是急剧的放热反应，如热量不及时移走，将使催化剂温度升高。而催化剂床层温度的升高，又加速了反应的进行，如此循环，会使反应器温度在短时间急剧升高，造成反应失控，造成严重的操作事故。正常的操作中，用调节冷氢量来降低床层温度。

③ 原料组成的变化会引起温度的变化：原料组成发生变化，反应热也会变化，从而会引起床层温度的变化。如原料组分或杂质增多，都会引起床层温度的变化。一般来说，原料变重，温度升高；而原料含水量增加，则床层温度会上下波动。

④ 反应器初期与末期的温度变化：通常在开工初期，催化剂的活性较高，反应温度可低一些，随着开工时间的延续，催化剂活性有所下降，为保证相对稳定的反应速率，可以在允许范围内适当提高反应温度。

⑤ 反应温度的限制：化工反应器规定反应器床层任何一点温度超过正常温度某一限度时即应停止进料；超过正常温度极限值时，则要采用紧急措施，启动高压放空系统。因为压力下降，反应剧烈程度减缓，使温度不致进一步剧升，造成反应失控。

（2）催化剂器内再生操作

器内再生即是反应物料停止进反应器后，催化剂保留在反应器内，而将再生介质通过反应器，进行再生操作。这种再生方式，避免了催化剂的装卸，缩短了再生时间，是一种广泛使用的方式。

再生前首先降温，遵循"先降温后降量"的原则，严格按照工艺要求的降温速率进行。温度降到规定要求，并停止进料后，就可以用惰性气体，一般是工业氮气，对系统进行吹扫，将反应系统的烃类气体和氢气吹扫干净。经化验，反应器出口的气体内烃类和氢气的含量小于1%即可。

三、流化床反应器的操作

对于一般的工业流化床反应器，需要控制和测量的参数主要有颗粒粒度、颗粒组成、床层压力和温度、流量等。这些参数的控制除了受所进行的化学反应的限制外，还要受到流态化要求的影响。实际操作中是通过安装在反应器上的各种测量仪表了解流化床中的各项指标，以便采取正确的控制步骤达到反应器的正常工作。

由粗颗粒形成的流化床反应器，开车启动操作一般不存在问题。而细颗粒流化床，特别是采用旋风分离器的情况下，开车启动操作需按一定的要求来进行。这是因为细颗粒在常温下容易团聚。当用未经脱油、脱湿的气体流化时，这种团聚现象就容易发生，常使旋风分离器工作不正常，导致严重后果。正常的开车程序如下。

① 先用被间接加热的空气加热反应器，以便赶走反应器内的湿气，使反应器趋于热稳定状态。对于一个反应温度在 300～400℃ 的反应器，这一过程要使排出反应器的气体温度达到 200℃ 为准。必须指出，绝对禁止用燃油或燃煤的烟道气直接加热，因为烟道气中含有大量燃烧生成的水，与细颗粒接触后，颗粒先要经过吸湿，然后随着温度的升高再脱水，这一过程会导致流化床内旋风分离器的工作不正常，造成开车失败。

② 当反应器达到热稳定状态后，用热空气将催化剂由储罐输送到反应器内，直至反应器内的催化剂量足以封住一级旋风分离器料腿时，才开始向反应器内送入速度超过空塔气速不太多的热风（热风进口温度应大于 400℃），直至催化剂量加到规定量的 1/2～2/3 时，停止输送催化剂，适当加大流态化热风。对于热风的量，应随着床温的升高予以调节，以不大于正常操作气速为度。

③ 当床温达到可以投料反应的温度时，开始投料。如果是放热反应，随着反应的进行，逐步降低进气温度，直至切断热源，送入常温气体。如果有过剩的热能，可以提高进气温度，以便回收高值热能的余热，只要工艺许可，应尽可能实行。

④ 当反应和换热系统都调整到正常的操作状态后，再逐步将未加入的 1/3～1/2 催化剂送入床内，并逐渐把反应操作调整到要求的工艺状况。

正常的停车操作对保证生产安全，减少对催化剂和设备的损害，为开车创造有利条件等都是非常重要的。不论是对固相加工或气相加工，正常停车的顺序都是首先切断热源（对于放热反应过程，则是停止送料），随后降温。至于是否需要停气或放料，则视工艺特点而定。一般情况下，固相加工过程有时可以采取停气，把固体物料留在装置里不会造成下次开车启动的困难；但对气相加工来说，特别是对于采用细颗粒而又用旋风分离器的场合，就需要在床温降至一定温度时，立即把固体物料用气流输送的办法转移到储罐里去，否则会造成下次开车启动的困难。

为了防止突然停电或异常事故的突然发生，考虑紧急地把固体物料转移出去的手段是必需的。同时，为了防止颗粒物料倒灌，所有与反应器连接的管道，如进、出气管，进料管，测压与吹扫气管，都应安装止逆阀门，使之能及时切断物料，防止倒流，并使系统缓慢地泄压，以防事故的扩大。

思考与练习

10-1 简述反应设备的类别。
10-2 简述釜式反应器的基本结构及各部件的作用。
10-3 试分析常见搅拌器的结构型式及特点。
10-4 简述管式和塔式反应器的结构及特点。
10-5 简述固定床反应器的结构及特点。
10-6 简述流化床反应器的类别及特点。

第十一章

储 存 设 备

本章学习指导

● 能力目标
- 能根据生产需要，正确使用维护各类储存设备。

● 知识点
- 了解储存设备的类型及在化工生产中的应用；
- 掌握立式储罐的结构特点及应用；
- 了解压力容器相关标准规范。

储存设备主要是指用于储存与运输气体、液体、液化气体等介质的设备，如储存液化石油气、煤气以及其它气体和低沸点的石油化工原料用的各类球罐、立式罐和卧式储油罐等。储存设备在能源、轻工、制药、冶金及其它行业也有广泛的应用。本章主要介绍储存设备的类型和应用，立式储罐的结构、主要附件及使用维护等内容。

第一节 储存设备的应用与分类

一、储罐的应用

用于储存液体或气体的钢制密封容器即为钢制储罐。钢制储罐是石油、化工、粮油、食品、消防、交通、冶金、国防等行业必不可少的、重要的基础设施，是储存各种液体（或气体）原料及成品的专用设备，对许多企业来讲没有储罐就无法正常生产，特别是国家战略物资储备均离不开各种容量和类型的储罐。我国的储油设施多以地上储罐为主，且以金属结构居多，故本章将着重介绍在国内普遍使用的拱顶储罐、内浮顶储罐以及卧式储罐的一些基础知识。

二、储存设备的分类

由于储存介质的不同，储罐的形式也是多种多样的。
（1）按制造材料分类
可分为非金属储罐、塑料防震储罐、软体储罐、金属储罐等。

（2）按压力分类

常压储罐：储罐的气相侧压力与大气压相同或小于 1/3 大气压（表）时，称常压储罐。

低压储罐：大于 1/3 大气压（表）、小于 0.1MPa 时，称为低压储罐。

可见低压储罐的工作压力大于常压储罐，但是其压力小于 0.1MPa。

（3）按所处环境分类

地上储罐、半地下储罐、地下储罐。

地上储罐：指储罐的罐底位于设计标高±0.00 及以上；罐底在设计标高±0.00 以下但不超过油罐高度的 1/2，也称为地上油罐。

半地下储罐：指储罐埋入地下深于其高度的 1/2，而且油罐液位的最大高度不超过设计标高±0.00 以上 0.2m。

地下储罐：指罐内液位处于设计标高±0.00 以下 0.2m 的油罐。

（4）按几何形状分

立式圆柱形储罐：按其罐顶结构又可分为固定顶储罐［锥顶储罐、拱顶储罐、伞形顶储罐、网壳顶储罐（球面网壳）、滴形储罐］、活动顶储罐（外浮顶罐、内浮顶罐、无力矩储罐）。

卧式圆柱形储罐：适用于储存容量较小且需压力较高的液体。

球形储罐：适用于储存容量较大有一定压力的液体，如液氨、液化石油气、乙烯等。

浮顶的形式有双盘式、单盘式、浮子式等。浮顶罐的使用范围在一般情况下，原油、汽油、溶剂油以及需控制蒸发损耗及大气污染，控制放出不良气体，有着火危险的液体化学品都可采用浮顶罐。浮顶罐按需要可采用二次密封。

（5）按油品分类

可分为原油储罐、燃油储罐、润滑油罐、食用油罐、消防水罐等。

（6）按大小分类

$100m^3$ 以上为大型储罐，多为立式储罐；$100m^3$ 以下的为小型储罐，多为卧式储罐。

大型立式储罐主要用于储存数量较大的液体介质，如原油、轻质成品油等。大型卧式储罐用于储存压力不太高的液化气和液体。小型的卧式和立式储罐主要作为中间产品罐和各种计量罐、冷凝罐使用。球形储罐用于储存石油气及各种液化气。

三、储罐的材质及结构设计

石化生产中的储存设备主要用于储存流体介质，如原油、轻质成品油、液化天然气、石油气等，很多介质具有易燃、易爆及腐蚀性等特性；因此在石化生产中对储存设备有些基本要求：

① 安全可靠：材料的强度高、韧性好；材料与介质相容；结构有足够的刚度和抗失稳能力；密封性能好。

② 满足过程要求：功能要求；寿命要求。

③ 综合经济性好：生产效率高、消耗系数低；结构合理、制造简便；易于运输和安装。

④ 易于操作、维护和控制：操作简单；可维护性和可修理性好；便于控制。

储罐的容积与其几何尺寸有关。按钢材耗量最小的原则，对大型的立式储罐，当公称容量在 $1000\sim2000m^3$ 时，取高度约等于直径；对 $3000m^3$ 以上的储罐取高度等于 3/8～3/4 的直径较为合理。常用容积有以下几种。

① 计算容积（几何容积）：是指按罐壁高度和内径计算的圆筒几何容积。

② 名义容积（公称容积）：是指储罐的圆筒几何容积（计算容积）圆整后，以整数表示的容积，通常所说的 10000m³ 储罐是指公称容积。

③ 实际容积（储存容积）：是指储罐实际上可储存的最大容积。对于储罐特别是大型立式储罐，在进料、卸料或工作温度变化较大的情况下，储液液面会出现较大波动；为了防止液面波动造成储液泄漏或影响储罐上部附件（如泡沫发生器、罐壁通气孔等）的正常工作，一般在储罐上部留有高度为 A 的缓冲空间，A 的取值由储罐的类型及容积大小而定，一般取 300～1100mm。所以储罐的实际容积就是计算容积减去 A 部分的容积。

④ 操作容积（工作容积）：是指储罐液面上、下波动范围内的容积（即在储罐的操作过程中输出最大的满足质量要求的容积）。也就是说油罐使用时，进出油管下部的一些油品不能发出，这些油品通常称"死量"，其高度为 B。该容量通常是油库计量员、司泵员等所必须掌握的，以便合理调度和安全收发。B 值与储罐出料口结构有关。

1. 储罐设计条件与考虑因素

（1）建罐地区的温度

建罐地区的温度高低与储液的蒸发损失、能量损耗、储罐材料和检测仪表的选用密切相关，或者说对储液的储存成本产生直接影响。

对同一种介质，气温越高和持续天数越长，储罐内储液温度也增高，相应其气压越大，蒸发损失越多（建罐地区的昼夜温差和大气压的变化越大，所引起的储罐"小呼吸"也会使蒸发损失增加）。为降低其蒸发损失，在高温季节往往对储罐采用水喷淋装置以降低其罐体温度。对一些液体需要在低于室温状态下储存（如液化气、液态氧、氨、氯乙烯等），除保冷措施外，还需要采用冷冻装置供给其冷量以维持其较低温度。在这里储存压力和储存温度是互相依赖的，在储罐能承受一定压力的情况下，要寻找一个适当的储存温度，以尽可能减少冷冻装置的能量。

在寒冷季节，对储存黏性较大或凝固点较低的介质，储罐除保温外还需加热，使其保持便于输送的流动状态。

（2）风载荷

建罐地区的风载荷，对储罐的稳定性和经济性会产生影响。在风载荷较大地区，往往把储罐设计成"矮胖"的形式较为经济。在强风季节，要注意储罐的位移和倾覆（空罐或储液很少时）。在计算风力时，必须考虑储罐的绝热层厚度、梯子、平台、管线、顶盖的形状等产生的影响。在风沙较多较大的地区，为了保证储液的纯度和洁净，必须十分注意储罐形式的选择。

（3）雪载荷

建罐地区的雪载荷，对储罐的罐顶设计和运行都会产生影响，特别是雪载荷较大的地区，对直径较大的大型储罐的罐顶载荷影响更大，对储液的洁净度或纯度有要求的介质更要注意储罐类型的选择。对储罐的附加设施，如泵、呼吸阀、阻火器、检测仪表、绝热层等，要采取防冻、保温、防水措施或采用全天候结构产品。

（4）地震载荷

地震时，储罐是受地震损害最严重的设备之一，因此在地震烈度为 7 度或 7 度以上的地区建罐时（烈度为 9 度区是不适宜建罐地区）应采取抗震措施。

（5）地基的地耐力和地价

建罐地区的地耐力对一定容积储罐的高径比选择和储罐基础费用起决定性作用。

地耐力较高的地区，不但可大大降低处理地基的费用，而且储罐的高径比可取得大些。这样储罐本身占地面积少，且储罐间的间距也相应缩小，对地价较高的地区其面积更能得到充分的利用。因此，地耐力较大且地价又适中的地区，可大大节约罐区的投资费用。

(6) 外部环境腐蚀（包括大气和土壤腐蚀）

储罐外表面的腐蚀往往比内表面腐蚀更不好处理。特别是在化工区大气中经常有酸雾、碱或盐尘，这些杂质与露水或蒸汽和大气中的氧形成一个活泼的腐蚀介质。

几乎每一种腐蚀（一般腐蚀、点腐蚀、局部漫出腐蚀、电化学腐蚀、缝隙晶间腐蚀和应力腐蚀），都可能在储罐中发生。

对储罐来说，常见外部环境腐蚀有：安置在基础上的储罐底板的腐蚀；空气中夹杂的氯化物引起的不锈钢储罐应力腐蚀；冷凝的水蒸气，特别是在绝热层下冷凝的水蒸气腐蚀；焊接、加强板、螺栓的缝隙腐蚀。

储罐的外部环境腐蚀，使储罐的维护检修周期缩短，甚至使储罐提前报废，影响了储运的正常运行。

2. 储存液体的性质

储存液体的性质是选择储罐形式和储罐工艺系统设计的重要因素。主要化学和物理性质有：闪点、沸点（在一个大气压下的沸点）、饱和蒸气压（简称蒸气压）、毒性、化学反应活性、腐蚀性、密度等。

(1) 闪点、沸点和饱和蒸气压

储存液体的闪点、沸点和饱和蒸气压都与液体的可燃性和挥发性密切相关，是选择储罐的形式和安全附件的主要依据。

(2) 毒性

储存有毒介质的储罐需要考虑一些特殊的问题，如防止环境污染和确保操作人员的安全。因此，呼出气体不能直接在罐区中排放，而要经过特别处理，脱除其中有害成分。所有检测仪表和附件最大限度地减少操作人员中毒的可能性，罐内所有搭接焊缝不能间断焊，应采用密封焊，有毒介质不能进入缝隙中存留。为便于储罐完全清洗，储液管口结构应能完全排尽等。

(3) 化学反应活性

储液的化学反应活性包括在一定温度下进行聚合反应、分解反应以及储液被空气污染或与空气发生化学反应等。前者一般采取搅拌、添加阻聚剂，防止聚合沉降、喷水、冷冻降温措施。后者采用充填气体保护，常用的为氮气，储罐的氮封压力为 $0.5 \sim 2.0 \mathrm{kPa}$，氮气的纯度由被保护液体的要求而定。

对高温储罐切忌把低沸点液体加入存有高沸点液体的罐中（例如水加入盛有油的储罐），以免发生爆炸性汽化，并使储罐破裂。

(4) 腐蚀性

储液的腐蚀性是选择储罐材料的根据。在储罐选材设计中除了要考虑腐蚀裕量外，还要注意罐体材料对储液的污染。如碳素钢材料的铁离子污染和是否降低产品的纯度（尤其是液体化学品）。不锈钢材料要考虑不同牌号的不锈钢对储液的晶间腐蚀和应力腐蚀性能。

(5) 密度

储液的密度影响罐壁和罐基础。罐壁的厚度与密度成正比。对某些液体化学品介质如硫酸、液碱等密度较大，这些储罐对基础的附加外压力一般都超过 200kN/m²，对弱地基，防止造成不均匀沉降或基础沉降量过大是储罐基础设计中值得注意的问题。

3. 储罐材料的选择

各种金属储罐虽然结构和用途都不尽相同，但总体而言都是能够承受一定压力的密闭容器，所充装的介质基本上都是易燃、易爆、有腐蚀性和一定的毒害作用，这些介质都具有一定的压力和温度，从储罐的受力状况看都相当于一般的压力容器，其壳体可按一般压力容器进行选材和分析计算。

储罐用材按类别可分为碳钢（碳素钢和低合金钢）、不锈钢、铝及其合金等。按储罐各部位又可分为钢板（厚、薄钢板）、结构用型钢、管子、锻件、法兰、螺柱（螺栓）、螺母、焊接用材（焊条、焊丝、焊剂或保护气体）。

由于储罐容量从 $100m^3$ 到 $10 \times 10^4 m^3$ 甚至 $20 \times 10^4 m^3$，要求钢板的品种从普通碳素结构钢到焊接结构高强度钢。其强度等级范围广，以满足储罐不同容量的需求。

由于液体化学品储存的发展，为满足各种液体腐蚀性的要求，不锈钢材质的应用越来越多，主要牌号有 0Cr18Ni9、00Cr19Ni1、0Cr17Ni12Mo2、00Cr17Ni14Mo2。对某些液体化学品，小容量储罐也有采用铝及其合金材质的。

储罐用材的选择应根据储罐的设计温度（最低和最高设计温度）、物料的特性（腐蚀性、毒性、易爆性等）、钢材的性能和使用限制，在保证储罐各部位安全、可靠的基础上节省投资的原则。储罐罐壁，尤其是底圈壁板、第二层圈壁板和罐底的边缘板对选材来说是主要的，也是最重要的。它们之间的连接焊缝受力较大，且较复杂，也往往容易出现事故。为从材料的选择方面保证强度和焊缝质量，罐底边缘板应与底圈壁板同材质。储罐的其它部分，如罐底的中幅板、罐顶及肋板、抗风圈、加强圈等一般可选用 Q235A、Q235B 或 Q235A—F 牌号钢材。

不锈钢储罐材质的选择，主要是根据液体化学品物料的腐蚀性要求，一般选择 0Cr18Ni9 就可以，当物料有特殊要求时可选择其它不锈钢牌号。铝及其合金材质的储罐，其容量一般很小且只有个别液体化学品适用。

第二节 立式储罐

一、立式储罐的总体结构

立式圆筒形储罐属于大型仓储式常压或低压储存设备，主要用于储存压力不大于 0.1MPa 的消防水、石油、汽油等常温条件下饱和蒸气压较低的物料。

立式储罐主要由基础、罐底、罐壁、罐顶及附件组成。

基础：油罐装载后在自重和所装油品重力的作用下，地基土壤被压实并产生少量的均匀沉降，这是必然的，也是允许的，基础起到补充这种自然沉降的作用，以保证沉降稳定后基础仍高出附近地坪 200～400mm。油罐基础的另一作用是保证油罐安装精度和隔绝地下水，保持罐底干燥、防止罐底钢板被腐蚀。

罐底：罐底是由若干块钢板焊接而成，直接铺在基础上，其直径略大于罐壁底圈直径，伸出底圈壁板外缘的宽度一般为罐底边板厚度的 6 倍且不小于 40mm，底板结构如图 11-1 所示。立式圆柱形油罐底部不受力，油品和油罐本身的重量均经底板直接作用在基础上。底板的外表面与基础接触，容易受潮，底板的内表面又经常接触油料中沉积的水分和杂质，所以底板容易受到腐蚀。再加上底板不易检查和修理，所以尽管它不受力，一般也采用 5mm 以上的钢板。

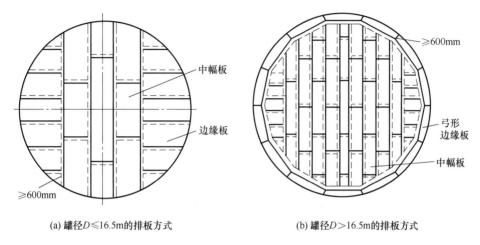

图 11-1 储罐底板结构

为防油品计量时量油尺尺砣对地板的腐蚀，目前新建油罐一般在量油孔的正下方铺设一块 5mm×500mm×500mm 的钢板，它还可起到计量基准本板的作用。

罐壁：油罐的主要受力构件，它是由若干层的圈板组装而成，每层圈板上的竖直焊缝均采用对接，圈板与圈板之间的环向焊缝则可根据使用要求采用对接或搭接方式，如图 11-2 所示，在液体压力作用下承受环向拉应力。液体的压力是随液面的高度增加而增大，壁板下部的环向拉力大于上部，因此在等应力原则下由计算决定的罐壁厚度上面小、下面大。

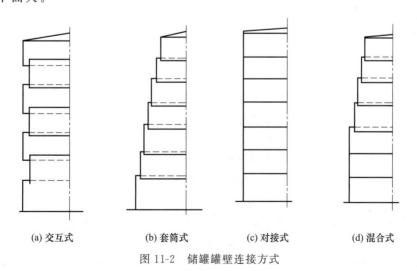

图 11-2 储罐罐壁连接方式

罐顶：依据罐顶命名下面具体介绍。

(1) 固定顶储罐

固定顶储罐按罐顶的形式可分为锥顶储罐、拱顶储罐、伞顶形储罐和网壳顶储罐。

① 锥顶储罐：锥顶储罐又可分为自支撑锥顶和支撑锥顶两种。锥顶坡度最小为 1/16，

最大为 3/4。锥形罐顶是一种形状接近于正圆锥体表面的罐顶。自支撑锥顶其锥顶载荷靠锥顶板周边支撑在罐壁上，如图 11-3 所示。自支撑锥顶分无加强肋锥顶和有加强肋锥顶两种结构。储罐容量一般小于 $1000m^3$。支撑式锥顶其锥顶载荷主要靠梁或檩条（桁架）及柱来承担，如图 11-4 所示，其储罐容量可大于 $1000m^3$。

锥顶罐制造简单，但耗钢量较多，顶部气体空间较小，可减少"小呼吸"损耗。自支撑锥顶罐还不受地基条件限制。然而，支撑式锥顶不适用于有不均匀沉降的地基或地震载荷较大的地区。除容量很小的罐（$200m^3$ 以下）外，锥顶罐在国内很少应用，在国外特别是地震很少发生的地区，如新加坡、英国、意大利等用得较多。

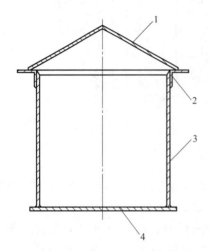

图 11-3 自支撑锥顶罐简图
1—锥顶；2—包边角钢；
3—罐壁；4—罐底

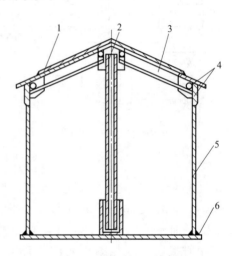

图 11-4 支撑式锥顶罐简图
1—锥顶板；2—中间支柱；3—梁；
4—承压圈；5—罐壁；6—罐底

② 拱顶储罐：拱顶储罐的罐顶类似于球冠形封头，如图 11-5 所示，其结构一般只有自支撑拱顶一种。自支撑拱顶又可分为无加强肋拱顶（容量小于 $1000m^3$）、有加强肋拱顶（容量大于 $1000\sim20000m^3$）。

有加强肋拱顶由 $4\sim6mm$ 薄钢板和加强肋（通常用扁钢构成）以及拱形架（用型钢组成）构成。它可承受较高的饱和蒸气压，蒸发损耗较少，与锥顶罐相比，耗钢量少，但罐顶气体空间较大，制作需用胎具，是国内外广泛采用的一种储罐结构。为了增强罐体上部的刚度，罐顶圈板的端部必须加强，但罐壁与罐顶结合处的强度必须减弱，其目的在于一旦油罐发生爆炸，可以先将该处炸开，保护罐底和罐壁不受损害，油品不外泄，从而减少火灾范围。因此，建议采用"弱顶"结构。国内最大的拱顶罐容积为 $3\times10^4m^3$，国外拱顶罐的容积已达 $5\times10^4m^3$。

③ 伞顶形储罐：自支撑伞形顶是自支撑拱顶的变种，其任何水平截面都具有规则的多边形。罐顶载荷靠伞顶支撑于罐壁上，其强度接近于拱形顶，但安装较容易，因为伞形板仅在一个方向弯曲。这类罐在美国、日本应用较多，在我国很少采用。

④ 网壳顶储罐：应用在储罐上的球面网壳顶的主体结构是一个与罐壁相连并置于罐顶钢板内的单层球面网壳（即网格），类似于近代大型体育馆屋顶的网架结构，如图 11-6 所示。国内在 20 世纪 90 年代已建成多个 $2\times10^4\sim3\times10^4m^3$ 的大型油罐，国外的容积则更大。

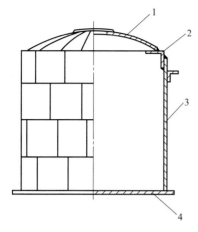

图 11-5 自支撑拱顶罐简图
1—拱顶；2—包边角钢；3—罐壁；4—罐底

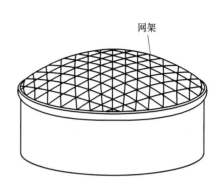

图 11-6 网壳结构罐顶示意图

(2) 浮顶储罐

浮顶储罐可分为外浮顶储罐和内浮顶储罐（带盖浮顶罐）。

① 外浮顶储罐：这种罐的浮动顶（简称浮顶）漂浮在储液面上。浮顶与罐壁之间有一个环形空间，环形空间内装有密封元件，浮顶与密封元件一起构成了储液面上的覆盖层，随着储液上下浮动，使得罐内的储液与大气完全隔开，减少介质储存过程中的蒸发损耗，保证安全，并减少大气污染。浮顶的形式有单盘式、双盘式、浮子式等，如图 11-7 所示，一般情况下，原油、汽油、溶剂油等需要控制蒸发损耗及大气污染，有火灾危险的液体化学品都可采用外浮顶罐。外浮顶罐需要二次密封。

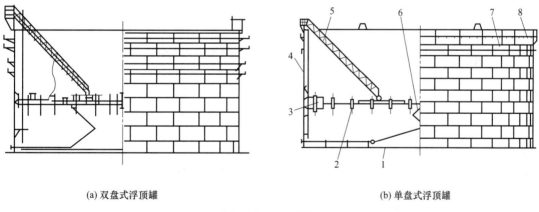

(a) 双盘式浮顶罐　　　　　　　　　(b) 单盘式浮顶罐

图 11-7 外浮顶罐
1—罐底板；2—浮顶立柱；3—浮舱；4—罐壁；5—滑动浮梯；6—单盘板；7—加强圈；8—抗风圈

储罐容积较小时，浮顶做成双盘式，它由上下两层圆形钢板，以及中间用隔板隔成若干个沿圆周形排列的单个封闭舱组成。为了排除雨水，其上层顶板做成向中心坡向，再由可折的排水管引至罐底排水孔排出。而其下层顶板中心比周边略高，以便收集油蒸气。双盘式浮顶中间隔有一层空气，它可起很好的隔热作用，减少了大气温度对油品的影响，但双盘式浮顶钢材用量大，而且结构复杂。

储罐容积较大时，为了节省钢材，在保证足够浮力的条件下，浮顶一般为单盘式，其周边也做成双层浮舱，只是中间部分为单层钢板，其余设施与双盘式浮顶相同。

② 内浮顶储罐：内浮顶油罐罐体外形结构与拱顶油罐大体相同，主要由罐体、内浮盘、密封装置、导向和防转装置、静电导线、通气孔、高低位液体报警器等组成，如图 11-8 所示。

内浮顶储罐与固定顶储罐和浮顶储罐比较有以下优点。

a. 由于液面上有浮动顶覆盖，储液与空气隔离，减少空气污染和着火爆炸危险，易于保证储液质量，特别适用于储存高级汽油和喷气燃料以及有毒、易污染的液体化学品。

b. 因有固定顶，能有效地防止风沙、雨雪或灰尘污染储液，在各种气候条件下保证储液的质量，有"全天候储罐"之称。

c. 在密封效果相同的情况下，与浮顶罐相比，能进一步降低蒸发损耗，这是由于固定顶盖的遮挡以及固定顶与内浮盘之间的气相层甚至比双盘式浮顶具有更为显著的隔热效果。

d. 内浮顶罐的内浮盘与浮顶罐上部敞开的浮盘不同，不可能有雨、雪载荷，内浮盘上载荷少、结构简单、轻便，可以省去浮盘上的中央排水管、转动浮梯等附件，易于施工和维护，密封部分的材料可以避免日光照射而老化。

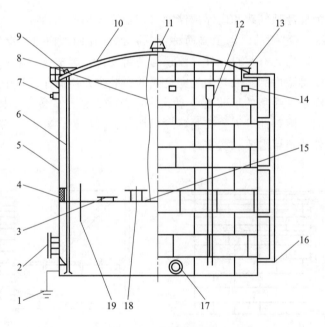

图 11-8　内浮顶储罐

1—接地线；2—带芯人孔；3—浮盘人孔；4—密封装置；5—罐壁；6—量油管；7—高液位报警器；
8—静电导线；9—手工量油口；10—固定罐顶；11—罐顶通气孔；12—消防口；13—罐顶人孔；
14—罐壁通气孔；15—内浮盘；16—液面计；17—罐壁人孔；
18—自动通气阀；19—浮盘立柱

在工业生产中，根据储液的性质和储液的需要，确定选用浮顶储罐还是固定顶储罐。若是常压储存，主要为了减少蒸发损耗或防止污染环境，保证储液不受空气污染，要求干净等宜选用外浮顶储罐或内浮顶储罐。

若是常压或低压储存，蒸发损耗不是主要问题，环境污染也不大，可不必设置浮顶，且需要适当加热储存，宜选用固定顶储罐。

二、立式储罐的主要附件

立式储罐除罐顶、罐壁、罐底外,还有一系列附件。

1. 透光孔

透光孔主要用于储罐放空后通风和检修。它安装于固定顶储罐顶盖上,一般可设在储液进出口管上方的位置、与人孔对称布置(方位180°处),其边缘距罐壁800~1000mm。透光孔的公称直径一般为$DN50$。

如有两个以上的透光孔时,则透光孔与人孔、清扫孔(或排污孔)的位置尽可能沿圆周均匀布置,便于通风采光,为了开闭安全,透光孔附近的罐顶栏杆需局部加高,局部平台最好用花纹钢板,以便防滑。

2. 人孔

人孔主要在检修和清除液渣时进入储罐用。人孔的公称压力可按储液的高度和密度来选择,公称直径一般有$DN500$、$DN600$、$DN750$三种。人孔安装于罐壁最下圈钢板上,其中心距罐底约750mm。人孔位置应与透光孔、清扫孔相对应,以便于采光通气,避开罐内附件,并设在操作方便的位置。

当储罐只有一个透光孔时,人孔应设在透光孔之180°位置上,储罐至少设一个人孔。

3. 量液孔与量液管

尽管一般储罐都装有液面自动测量装置,但是直到目前为止,使用检尺通过量液孔测量液面以计算储液量仍是一种有效的补充手段而被普遍采用。量液孔只适用于安装有通气管的储罐,一般为铸铁的,在量油孔一侧装有铜制或铝制的导向槽,以便测量油高时每次沿导向槽下尺。这样既可减少测量误差,又可避免由于测量时钢卷尺与量油孔侧壁摩擦而产生火花,如图11-9所示。正对量油孔下方的油罐底部不应有焊缝,必要时可在该处焊接一块计量基准板,以减少各种测量的相对误差。量油孔距罐壁的距离一般不小于1m;其公称直径一般为$DN150$,安装在固定顶罐靠近罐壁附近的顶部,往往在透光孔附近,如果同时设有液位计时,则应装在盘梯平台附近,用于手工计量或取样。量液孔的正下方应避开加热器或其它设备,其法兰要水平安装。为了测量准确,量液口上必须有固定的测深点,因此有的量液孔内设置导向槽。测量时,检尺沿着导向槽放入罐底。

在浮顶罐上则安装量油管,其作用与量油孔相同,同时还起防止浮盘水平扭转的限位作用,如图11-10所示。

4. 通气管(孔)

通气管主要用于储存不易挥发介质(如重柴油)的固定顶储罐(包括内浮顶储罐的固定顶)。在储罐的顶部靠近罐顶中心安装起呼吸作用。

5. 呼吸阀

呼吸阀是维护储罐气压平衡、减少介质挥发的安全节能产品。呼吸阀充分利用储罐本身的承压能力来减少介质排放,其原理是利用正负压阀盘的重量来控制储罐的排气正压和吸气负压,如图11-11所示。呼吸阀安装在常压储罐顶部,既防止储罐超压或真空使储罐罐体遭受损坏,又在一定程度上减少油品的蒸发损耗,同时呼吸阀使罐内空间与大气隔绝,保持常压储罐始终处于密闭状态。当罐内压力达到呼吸阀额定呼出正压时,罐内蒸气才能排出;同样只有罐内真空度达到吸入负压时空气才能进入,这就减少了"小呼吸"损失。如果能使呼吸阀的呼吸压力差设计成略大于日夜温差所引起的储罐内气体的压力差,则"小呼吸"损失可以避免。呼吸阀常用规格为 $DN50\sim250$。

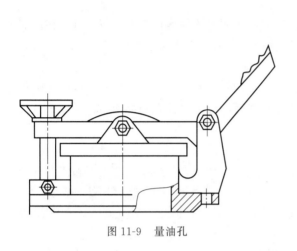

图 11-9 量油孔

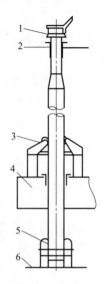

图 11-10 量油管
1—量油孔；2—罐顶操作平台；
3—导向轮；4—浮盘；5—固
定肋板；6—罐底

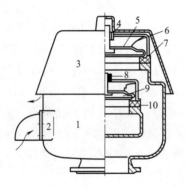

图 11-11 全天候机械呼吸阀
1—阀体；2—空气吸入口；3—阀罩；4—压力阀导杆；5—压力阀阀盘；6—接地导线；
7—压力阀阀座；8—真空阀导杆；9—真空阀阀盘；10—真空阀阀座

6. 液压安全阀

液压安全阀又称 Y 型液压安全阀。Y 型液压安全阀是装设在油罐顶上，保护油罐安全的一个重要附件，如图 11-12 所示。为防止呼吸阀因锈蚀或气温较低时出现的堵塞和冻结，阻碍呼吸阀正常工作，必要时罐顶还要设置液压安全阀（或采取其它措施）。由于液压安全阀控制的压力和真空度都比呼吸阀高，所以正常运行的情况下，不会产生动作，只有在呼吸阀失灵的状态下，罐内的压力或真空度达到了液压安全阀的控制值时，才会产生动作。为使液压安全阀的运行不受外界气温的影响，阀内充装的液体应当是凝固点低、沸点高、不易挥发的介质。

液压安全阀设在固定顶储罐的顶部（靠近罐顶中心）。液压安全阀与罐顶接合管之间，必须安装阻火器。若呼吸阀运行可靠，除冰冻地区外，可不安装液压安全阀。

因液压安全阀经常发生喷油现象，影响安全和污染罐顶，近来已逐渐被淘汰，而采用两个机械呼吸阀或对液压安全阀进行改型。特别要强调的是，不论用两个呼吸阀还是一个呼吸阀、一个液压阀，安装时应保持在同一水平高度，避免有高度差存在。

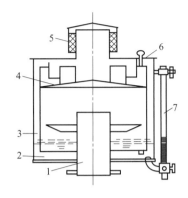 

图 11-12　液压安全阀

1—接合管；2—盛液槽；3—悬式隔板；4—罩盖；5—带钢网的通风短管；6—装液管；7—液位指示器

7. 空气泡沫发生器

空气泡沫发生器是一种固定安装在油罐上，产生和喷射空气泡沫的灭火设备。泡沫发生器一端和泡沫管线相连，一端带有法兰焊在罐壁最上一层圈板上。当泡沫比例混合装置通过固定消防泵供给的泡沫混合液，流经输送管道，通过泡沫发生器时产生一定的压力，从而与空气接触，形成泡沫，扑灭油类火灾。

8. 阻火器

阻火器是用来阻止易燃气体和易燃液体蒸气的火焰蔓延的安全装置，油罐上的阻火器通常与呼吸阀配套使用，如图 11-13 所示。阻火器也常用在输送易燃气体的管道上，假若易燃气体被引燃，气体火焰就会传播到整个管网。为了防止这种危险的发生，也要采用阻火器。阻火器也可以使用在有明火设备的管线上（加热炉燃烧器管线），以防止回火事故。阻火器能阻止火焰由外部向储罐内混合气体的传播，从而保证储罐的安全。

阻火器的滤芯是由许多细小通道或孔隙组成的，当火焰进入这些细小通道后，就形成许多细小的火焰流。由于通道的传热面积大，火焰通过通道壁进行热交换后，温度下降，达到一定程度火焰可以熄灭。常用的是波纹阻火器。

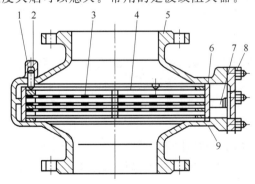 

图 11-13　阻火器

1—密封螺母；2—紧固螺钉；3—隔环；4—滤芯元件；5—壳体；
6—防火匣；7—手柄；8—盖板；9—软垫

三、立式储罐事故的原因、预防与处理

1. 溢油

发生溢油事故主要原因是计量失误或油泵输转时间过长，油罐内油品超过安全储量，油品从泡沫发生器、呼吸阀等处溢出，内浮顶罐可从罐壁通气孔溢出，当浮顶进入上止点后，油泵继续输转将出现沉船事故。

一旦发生溢油事故，应立即停止油泵的输转作业，检查油罐区地沟地井、阀门是否可靠关闭，事故现场不能有任何产生火花的操作，同时拨打报警电话。

2. 内浮顶油罐沉盘事故

发生内浮顶沉盘事故的原因有：

① 浮盘变形：在长期频繁运行过程中，受到油品腐蚀、油品温度变化、罐体变形、浮盘附件损坏等因素影响，浮盘逐渐变形，出现表面凹凸不平。变形后的浮盘在运行中，由于各处受到的浮力不同，以致出现浮盘倾斜，浮盘量油导向管滑轮卡住，浮盘运动倾斜逐渐增大。当浮盘所受浮力不能克服其上升阻力时，最后导致油品从密封圈及自动呼吸阀孔跑漏到浮船上而沉船。当浮盘密封圈局部脱落或压破后油品进入浮盘上的可能性增大，更易造成沉盘。

② 浮盘支柱松落：内浮顶油罐浮盘上的支柱均匀分布在浮盘底部。当浮盘在上下运动过程中，如支柱轴销安装不当或轴销滑落将导致浮盘支柱掉入罐底，当浮盘处于低位工作时，由于失去支柱支撑，使浮盘受力不均匀，浮盘变形，严重时浮盘部分或全部倒塌，造成沉盘。

③ 维护管理不当：内浮盘导向轮要定期加油润滑，浮盘自动呼吸阀、浮盘表面、浮盘密封圈、油罐内表面防腐情况都要及时了解，发现问题及时解决，否则操作不当很可能造成沉盘事故。另外进油速度过快，油品中含气量较多会导致浮盘受力不均匀，处于摇晃状态造成沉盘事故。

为了防止沉盘事故的发生，内浮顶油罐实际储存油品高度严禁超过油罐的安全油品高度。空罐进油时油品初速不得超过 1m/s，油品浸没进出油管后油品流速不宜大于 4.5m/s，发油时浮顶罐内存油量不得低于浮盘起伏点以下，否则在下次进油时如油品流速过快可能会因气体作用使浮盘各处受力不均，倾斜卡死而沉盘。对内浮顶油罐应每月检查浮顶密封装置、导向轮完好情况，浮盘面的凹凸情况和浮盘平稳状况，发现异常情况，及时采取措施，检查时切记要制定严密可靠的安全措施。

3. 油罐吸瘪事故

金属油罐发生局部吸瘪多发生在油罐顶部或上部圈板，且修复困难。在储油过程中，罐内的正负压由呼吸阀进行调节，油罐吸瘪是由于罐内真空度过大所致，事故通常发生在向外发油且速度过快时，偶尔在夏季雷阵雨过后发生油罐吸瘪事故。

（1）油罐吸瘪原因

油罐在出油过程中，如果单位时间内发出的油料体积大于经呼吸阀补充的进罐空气，罐内真空度就会增大，上述差值越大，罐内真空度也越大，当罐内真空度超过油罐工作负压时，很容易引起油罐吸瘪，甚至造成事故。

油罐吸瘪事故归根结底就出在呼吸阀上，呼吸阀阀盘卡死，冬天时被冻结或被雪封死，呼吸阀出入口阻塞，阻火器阻塞或气体流通阻力过大；另外油罐出油流量变化幅度过大，与

呼吸阀呼吸量不匹配,进气量不能满足要求也是造成油罐吸瘪的主要原因。

(2) 防止油罐吸瘪事故的措施

加强对呼吸阀的检查与维护,确保其安全并使其始终保持在完好的工作状态是防止油罐吸瘪的主要措施,要做到每月的定期检查制度,特别是大雪天气,发现堵塞物应立即清理,严格控制作业流量也可防止油罐吸瘪事故发生。

第三节 其它类型储罐

一、卧式储罐

卧式储罐和立式储罐相比,容量小,适宜在各种工艺条件下工作,适合于工厂成批制造,成本相对较低,便于搬运和安装,机动性强。卧式储罐在炼油厂广泛用于储存液化石油气、丙烯等低沸点的石油化工气体,各种工艺性储罐也大多用小型卧式储罐。在中小型油库中卧式储罐用于储存汽油、柴油和数量较少的润滑油。另外,汽车罐车和铁路油罐车也大多用卧式储罐。

卧式储罐由罐体、支座及附件等组成。罐体包括筒体和封头,筒体由钢板拼接卷板,组对焊接而成,各筒节间的环缝既可以是对接,也可以是搭接连接。封头常用椭圆形、蝶形及平封头。

卧式储罐常用支座形式有鞍式支座、圈式支座和支承式支座。大中型卧式储罐通常设置在两个对称布置的鞍式支座上,其中一个固定在地脚螺栓上是不动的,称为固定支座。另一个其底板上与地脚螺栓配套的孔采用长圆形,当罐体受热膨胀时可沿轴向移动,避免产生温差应力。由于鞍座处罐体受力复杂,为了提高罐体的局部强度和刚度,一般在鞍座处筒体内壁设置用角钢弯成的加强环。

卧式储罐的附件根据其所充装的介质、压力、用途等不同有较大的差异,一般油品储罐或工艺罐,主要有进出油管、人孔或手孔、量油孔、排污放水管、通气孔等。

卧式储罐根据安装位置的不同,可分为地面卧式储罐与地下卧式储罐。

1. 地面卧式储罐

属于典型的卧式压力容器,基本结构主要由筒体、封头、支座、接管、安全附件等组成,其中支座通常采用鞍式支座。因受运输条件等限制,这类储罐的容积一般在 $100m^3$ 以下,最大不超过 $150m^3$;若是现场组焊,其容积可更大一些。图 11-14 为 $100m^3$ 液化石油气储罐结构简图。

2. 地下卧式储罐

主要用于储存汽油、液化石油气等液化气体。将储罐埋于地下,既可以减少占地面积,缩短安全防火间距,也可以避开环境温度对储罐的影响,维持地下储罐内介质压力的基本稳定。

卧式储罐的埋地措施分两种:一种是将卧式储罐安装在地下预先构筑好的空间里,实际上就是把地面罐搬到地下室里;另一种是先对卧式储罐的外表面进行防腐处理,如涂刷沥青防锈漆、设置牺牲阳极保护设施等,然后放置在地下基础上,最后采用地土覆盖埋没并达到规定的埋土深度。

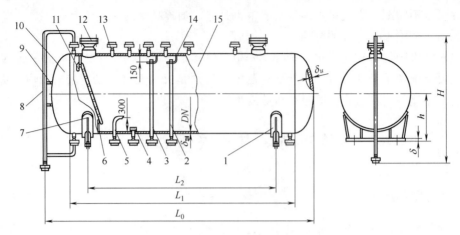

图 11-14　100m³ 液化石油气储罐结构示意图

1—活动支座；2—气相平衡引入管；3—气相引入管；4—出液口防涡器；5—进液口引入管；6—支撑板；7—固定支座；8—液位计连通管；9—支撑；10—椭圆形封头；11—内梯；12—人孔；13—法兰接管；14—管托架；15—筒体

二、球形储罐

球形储罐与圆筒形球罐相比，具有容积大、承载能力强、节约钢材、占地面积少、基础工程量少、介质蒸发损耗少等优点，但也存在制造安装技术要求高、焊接工程量大、制造成本高等缺点。在炼油厂，球形储罐主要用于储存液化石油气及其它低沸点的石油化工原料，在城市大中型液化气库中也采用球形储罐。

球形储罐通常可按照外观形状、壳体构造方式和支承方式的不同进行分类。从形状看有圆球形和椭球形之分；从壳体层数看有单层球壳和双层球壳之分；从球壳的组合方案看有橘瓣式、足球瓣式和二者组合的混合式之分；从支座结构看有支柱式支座、筒形或锥形裙式支座之分。

球罐的结构一般由如下几个部分组成：罐体（包括上下极板、上下温带板和赤道板）、支柱、拉杆、操作平台、盘梯以及各种附件（包括人孔、接管、液面计、压力计、温度计、安全泄放装置等）。在某些特殊场合，球罐内还设有内部转梯、外部隔热或保温层、隔热或防火水幕喷淋管等附属设施。

下面将分别对罐体、支座、人孔和接管以及附件等进行讨论。

1. 罐体

罐体是球形储罐的主体，它是储存物料、承受物料工作压力和液柱静压力的重要构件。罐体按其组合方式常分为以下三种。

（1）橘瓣式罐体

橘瓣式罐体是指球壳全部按橘瓣瓣片的形状进行分割成形后再组合的结构，如图 11-15 所示。橘瓣式罐体的特点是球壳拼装焊缝较规则，施焊组装容易，加快组装进度并可对其实施自动焊。由于分块分带对称，便于布置支柱，因此罐体焊接接头受力均匀，质量较可靠。这种罐体适用于各种容量的球罐，为世界各国普遍采用。我国自行设计、制造和组焊的球罐多为纯橘瓣式结构。这种罐体的缺点是球瓣在各带位置尺寸大小不一，只能在本带内或上、下对称的带之间进行互换；下料及成形较复杂，板材的利用率低；球极板往往尺寸较小，当需要布置人孔和众多接管时可能出现接管拥挤，有时焊缝不易错开。

（2）足球瓣式罐体

足球瓣式罐体的球壳划分和足球壳一样，所有的球壳板片大小相同，它可以由尺寸相同或相似的四边形或六边形球瓣组焊而成。图 11-16 表示的就是足球瓣式罐体及其附件。这种罐体的优点是每块球壳板尺寸相同，下料成形规格化，材料利用率高，互换性好，组装焊缝较短，焊接及检验工作量小。缺点是焊缝布置复杂，施工组装困难，对球壳板的制造精度要求高，由于受钢板规格及自身结构的影响，一般只适用于制造容积小于 $120 m^3$ 的球罐，中国目前很少采用足球瓣式球罐。

（3）混合式罐体

混合式罐体的组成是赤道带和温带采用橘瓣式，而极板采用足球瓣式结构。图 11-17 表示三带混合式球罐。由于这种结构取橘瓣式和足球瓣式两种结构之优点，材料利用率较高，焊缝长度缩短，球壳板数量减少，且特别适合于大型球罐。极板尺寸比橘瓣式大，容易布置人孔及接管，与足球瓣式罐体相比，可避开支柱搭在球壳板焊接接头上，使球壳应力分布比较均匀。近年来，随着我国石油、化工、城市煤气等工业的迅速发展，已全面掌握了该种球罐的设计、制造、组装和焊接技术。

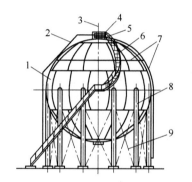

图 11-15　橘瓣式单壳层球罐

1—球壳；2—液位计导管；3—避雷针；
4—安全泄放阀；5—操作平台；6—盘梯；
7—喷淋水管；8—支柱；9—拉杆

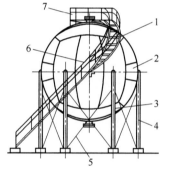

图 11-16　足球瓣式球罐

1—顶部极板；2—赤道板；3—底部极板；
4—支柱；5—拉杆；6—扶梯；
7—顶部操作平台

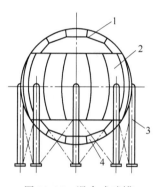

图 11-17　混合式球罐

1—上极；2—赤道带；
3—支柱；4—下极

2. 支座

球罐支座是球罐中用以支承本体重量和物料重量的重要结构部件。由于球罐设置在室外，受到各种环境的影响，如风载荷、地震载荷和环境湿度变化的作用，为此支座的结构形式比较多。

球罐的支座分为柱式支座和裙式支座两大类。柱式支座中又以赤道正切柱式支座用得最多，为国内外普遍采用。

赤道正切柱式支座结构特点是：多根圆柱状支柱在球壳赤道带等距离布置，支柱中心线与球壳相切或相割而焊接起来。当支柱中心线与球壳相割时，支柱的中心线与球壳交点同球心连线与赤道平面的夹角约为 $10°\sim 20°$。为了使支柱支承球罐之重量的同时，还能承受风载荷和地震载荷，保证球罐的稳定性，必须在支柱之间设置连接拉杆。这种支座的优点是受力均匀，弹性好，能承受热膨胀的变形，安装方便，施工简单，容易调整，现场操作和检修也方便。它的缺点主要是球罐重心高，相对而言稳定性比较差。

裙式支座，球壳重心低，较稳定，支座钢材消耗少，但这种支座的球形储罐操作、检修不便，所以应用较少。

3. 人孔和接管

球罐设置人孔是为了工作人员进出球罐以进行检验和维修之用。球罐在施工过程中，罐内的通风、烟尘的排除、脚手架的搬运甚至内件的组装等亦需通过人孔。人孔的位置应适当，其直径必须保证工作人员能携带工具进出球罐方便。球罐应开设两个人孔，分别设置在上下极板上；若球罐必须进行焊后整体热处理，则人孔应设置在上下极板的中心。球罐人孔直径以 $DN500$ 为宜，小于 $DN500$ 人员进出不便；大于 $DN500$，开孔削弱较大，往往导致补强元件结构过大。人孔的材质应根据球罐的不同工艺操作条件选取。

人孔的结构在球罐上最好采用带整体锻件凸缘补强的回转盖或水平吊盖形式，在有压力情况下，人孔法兰一般采用带颈对焊法兰，密封面大都采用凹凸面形式。

球罐由于工艺操作需要安装各种规格的接管。接管与球壳连接处是强度的薄弱环节，一般采用厚壁管或整体锻件凸缘等补强措施以提高其强度。

球罐接管设计还要采取以下措施：与球壳相焊的接管最好选用与球壳相同或相近的材质；低温球罐应选用低温配管用钢管，并保证在低温下具有足够的冲击韧性；球罐接管除工艺特殊要求外，应尽量布置在上下极板上，以便集中控制，并使接管焊接能在制造厂完成制作和无损检测后统一进行焊后消除应力热处理。

4. 附件

进行球形储罐结构设计时，还必须考虑便于工作人员操作、安装和检查而设置的梯子和平台，控制球罐内部物料温度和压力的水喷淋装置以及隔热或保冷设施。

作为球罐附件的还有液面计、压力表、安全阀和温度计等，这些压力容器的安全附件，由于型式很多，性能不同，构造各异，在选用时要注意其先进、安全、可靠，并满足有关工艺要求和安全规定。

三、低温储槽

低温储槽一般是指具有双层金属壳体的低温绝热储存容器。其内容器为与介质相容的耐低温材料制成，多为低温容器用钢、有色金属及其合金，设计温度可低至 $-253℃$，主要用于储存或运输低温低压液化气体；外容器壳体在常温下工作，一般为普通碳素钢或低合金钢制造；在内、外容器壳体之间通常填充有多孔性或细粒型绝热材料，或填充具有高绝热性能的多层间隔防辐射材料，同时将夹层空间再抽至一定的真空，以最大限度地减少冷量损失。

根据绝热类型，低温储槽可分为非真空绝热型低温储槽和真空绝热型低温储槽。前者主要用于储存液氧、液氮和液化天然气，工作压力较低，大多采用正压堆积绝热技术，常制成平底圆柱形结构，可大规模储存低温液体，容积可达数千至数万立方米；后者主要用于中小型液氧、液氮、液氩、液氢和液氮的储存与运输。而真空型低温绝热容器又可分为高真空绝热容器（图 11-18）、

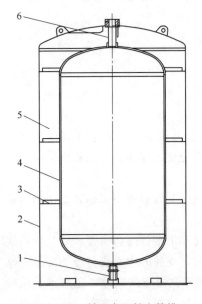

图 11-18 低温真空粉末储槽
1—底部支撑；2—外壳体；3—拉杆；
4—内容器；5—绝热层；
6—进出口管

真空粉末（或纤维）绝热容器、高真空多层绝热容器。

低温储槽的总体结构一般包括：容器本体，包括储液内容器、绝热结构、外壳体和连接内、外壳体的支撑构件等；低温液体和气体的注入、排出管道与阀门及回收系统；压力、温度、液面等检测仪表；安全设施，如内、外壳体的防爆膜、安全阀、紧急排液阀等；其它附件，如底盘、把手、抽气口等。

在低温环境下长期运行的容器，最容易产生的是低温脆性断裂。由于低温脆断是在没有明显征兆的情况下发生的，危害很大。为此，在容器的选材、结构设计和制造检验等方面应采取严格的措施，并选择良好的低温绝热结构和密封结构。

思考与练习 ◂◂◂

11-1　储存设备有哪些类型？各有什么作用？

11-2　储存设备的结构设计应遵循哪些原则？

11-3　立式储罐由哪几部分组成？

11-4　根据罐顶结构不同，立式储罐分为哪几类？各有什么特点？

11-5　球罐适用于哪些场合？主要结构是什么？

11-6　低温储槽在使用过程中应注意哪些问题？

11-7　油罐在使用过程中，什么是溢油、沉盘和吸瘪事故？如何处理？

参 考 文 献

[1] 马秉骞. 化工设备使用与维护. 北京：高等教育出版社，2017.
[2] 王绍良. 化工设备基础. 北京：化学工业出版社，2002.
[3] 邢晓林. 化工设备. 北京：化学工业出版社，2005.
[4] 卓震. 化工容器及设备. 北京：中国石化出版社，1998.
[5] 潘传九. 化工设备机械基础. 北京：化学工业出版社，2002.
[6] 马秉骞. 化工设备. 北京：化学工业出版社，2001.
[7] 曾宗福. 工程材料及其成型. 北京：化学工业出版社，2004.
[8] 余国琮. 化工机械工程手册. 北京：化学工业出版社，2003.
[9] 郑津洋. 过程设备设计. 北京：化学工业出版社，2010.
[10] 苏兴冶，石油化工管道技术. 北京：中国石化出版社，2015.
[11] 上海市教育委员会，王志文. 化工容器设计. 北京：化学工业出版社，1998.
[12] 化工厂机械手册编辑委员会. 化工厂机械手册：化工设备的维护检修. 北京：化学工业出版社，1989.
[13] 刘鸿文. 板壳理论. 杭州：浙江大学出版社，1987.
[14] 潘家祯. 压力容器材料实用手册：碳钢及合金钢. 北京：化学工业出版社，1989.
[15] 胡忆沩. 化工设备与机器. 北京：化学工业出版社，2010.
[16] 《化工设备设计全书》编委会，秦叔经，叶文邦，等. 换热器. 北京：化学工业出版社，2003.
[17] 《化工设备设计全书》编委会，王凯，虞军，等. 搅拌设备. 北京：化学工业出版社，2003.
[18] 《化工设备设计全书》编委会，路秀，王者相，等. 塔设备. 北京：化学工业出版社，2004.
[19] 黄璐，王保国. 化工设计. 北京：化学工业出版社，2001.
[20] 林世雄. 石油炼制工程. 北京：石油工业出版社，1988.
[21] 蔡尔辅. 石油化工管道设计. 北京：化学工业出版社，2004.
[22] 陈风棉. 压力容器安全技术. 北京：化学工业出版社，2004.
[23] 尹洪福. 过程装备管理. 北京：化学工业出版社，2005.
[24] 张涵. 化工机器. 北京：化学工业出版社，2005.
[25] TSG 21—2016. 固定式压力容器安全技术监察规程.
[26] NB/T 47041—2014. 塔式容器.
[27] NB/T 47042—2014. 卧式容器.
[28] GB 150—2011. 压力容器.
[29] GB/T 151—2014. 热交换器.
[30] GB/T 20801.2—2006. 压力管道规范.
[31] TSG D0001—2009. 压力管道安全技术监察规程——工业管道.
[32] JB/T 4736—2002. 补强圈.
[33] GB/T 25198—2010. 压力容器封头.
[34] HG/T 21514～21535—2005. 钢制人孔和手孔.
[35] NB/T 47065—2018. 容器支座.